응용
해결의 법칙

▼

[응용 해결의 법칙] 초등 수학 4-1

기획총괄   김안나
편집개발   이근우, 서진호
디자인총괄   김희정
표지디자인   윤순미, 여화경
내지디자인   박희춘, 이혜미
제작   조규영, 이상협, 정현석, 김정호

발행일   2024년 10월 15일 개정초판 2025년 10월 1일 2쇄
발행인   (주)천재교육
주소   서울시 금천구 가산로9길 54
신고번호   제2001-000018호
고객센터   1577-0902

모든 응용을 다 푸는 해결의 법칙

수학 4·1

일등 비법

일등 비법에서 한 단계 더 나아간 심화 개념 설명을 익히고 일등 특강으로 기본 개념을 확인할 수 있어요.

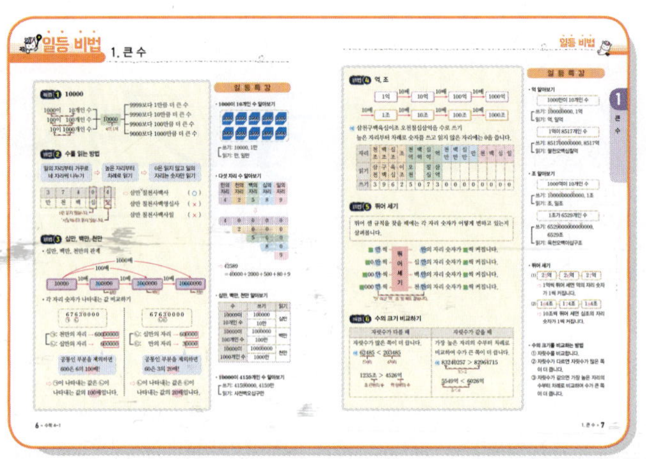

STEP 1 기본 유형 익히기

다양한 유형의 문제를 풀면서 개념을 완전히 내 것으로 만들어 보세요.

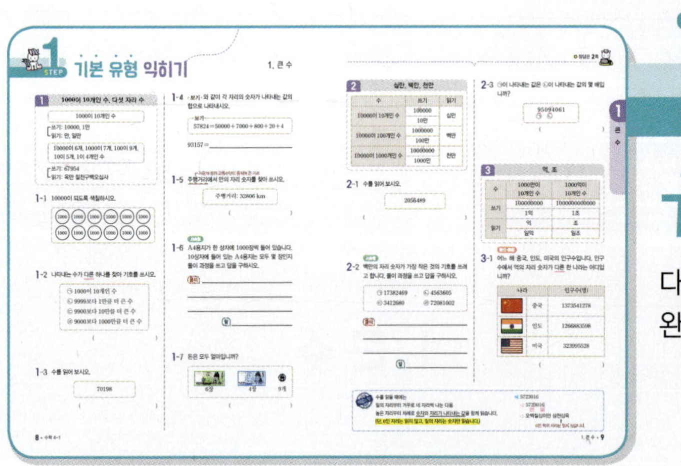

STEP 2 응용 유형 익히기

응용 유형 문제를 단계별로 푸는 연습을 통해 어려운 문제도 스스로 풀 수 있는 힘을 길러 줍니다.

▶ 동영상 강의 제공

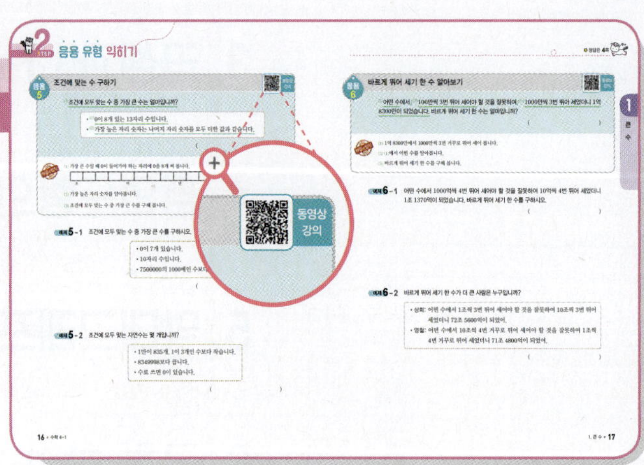

3 STEP

응용 유형 뛰어넘기

한 단계 더 나아간 심화 유형 문제를
풀면서 수학 실력을 다져 보세요.

- 동영상 강의 제공
- 쌍둥이 문제 제공

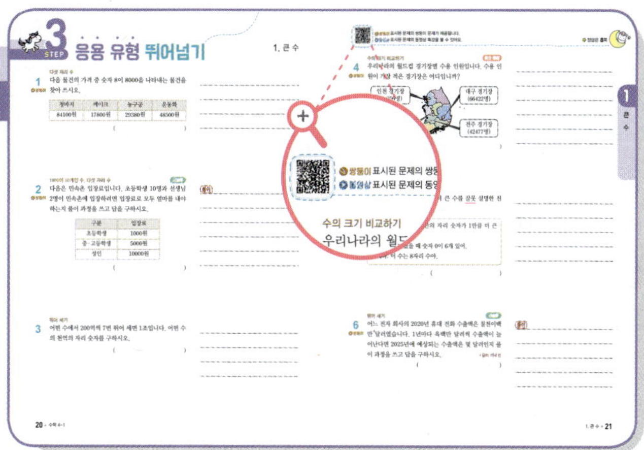

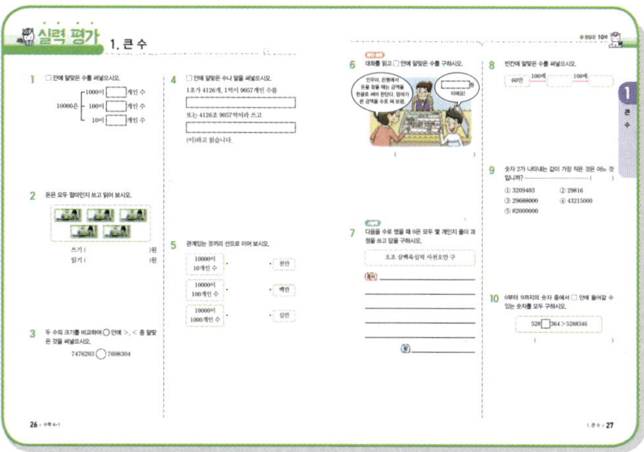

실력 평가

실력평가를 풀면서 앞에서 공부한 내용
을 정리해 보세요. 학교 시험에 잘 나오
는 유형과 좀 더 난이도가 높은 문제까
지 수록하여 확실하게 유형을 정복할
수 있어요.

창의 사고력

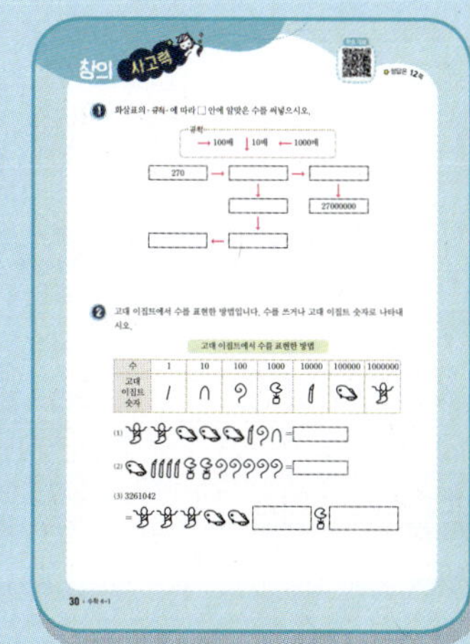

창의 사고력 문제를 풀어 보면서 실력을
높여 보세요.

📹 동영상 강의 제공

선생님의 더 자세한 설명을 듣고 싶거나 혼자 해결하기 어려운 문제는 교재 내 QR 코드를 통해 동영상 강의를 무료로 제공하고 있어요.

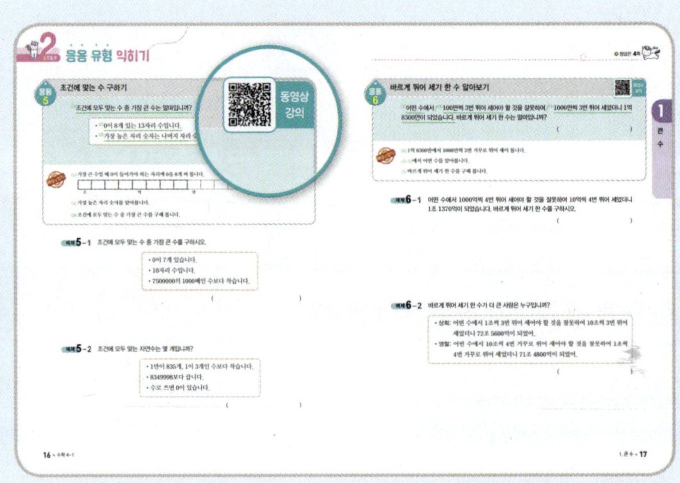

👭 쌍둥이 문제 제공

3단계에서 비슷한 유형의 문제를 더 풀어 보고 싶다면 QR 코드를 찍어 보세요. 추가로 제공되는 쌍둥이 문제를 풀면서 앞에서 공부한 내용을 정리할 수 있어요.

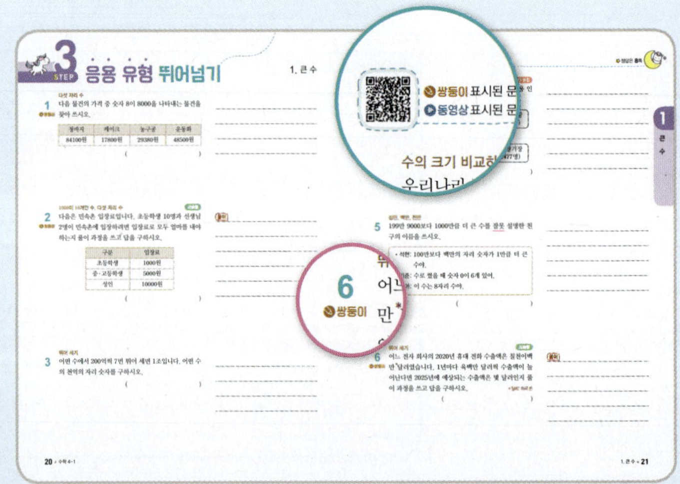

▶️ 학습 게임 제공

단원 끝에 있는 QR 코드를 찍어 보세요. 게임을 하면서 단원을 마무리할 수 있어요.

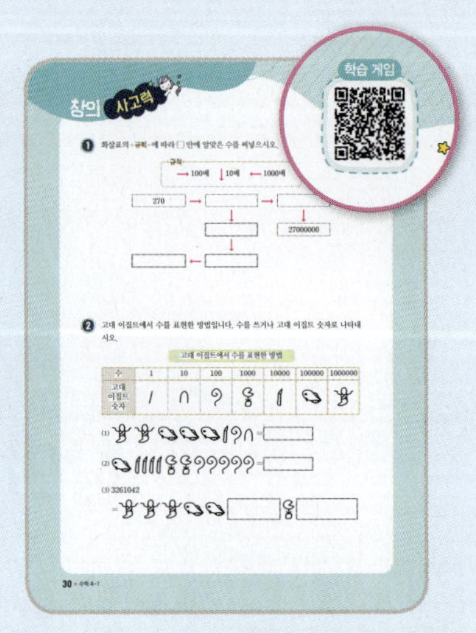

1 큰 수

일·등·특·강

비법 ① 10000

1000이 10개인 수 ┐
100이 100개인 수 ├ **10000**
10이 1000개인 수 ┘　　0이 4개

- 9999보다 1만큼 더 큰 수
- 9990보다 10만큼 더 큰 수
- 9900보다 100만큼 더 큰 수
- 9000보다 1000만큼 더 큰 수

비법 ② 수를 읽는 방법

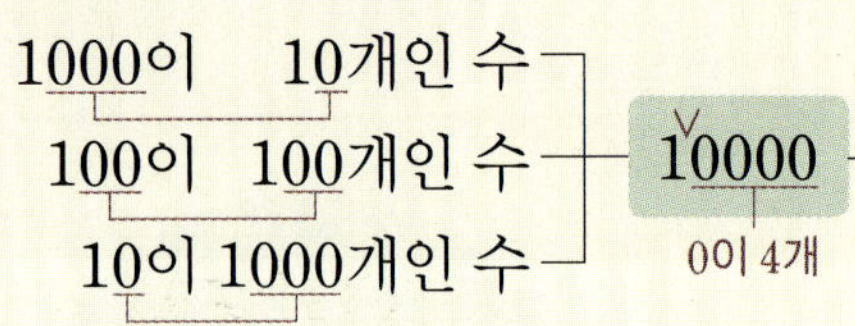

일의 자리부터 거꾸로 네 자리씩 나누기 ⇨ 높은 자리부터 차례로 읽기 ⇨ 0은 읽지 않고 일의 자리는 숫자만 읽기

3	7	4	0	4
만	천	백	십	일

0은 읽지 않습니다.
'사일'이라고 읽지 않습니다.

⇨ 삼만 칠천사백사 　　　　(○)
　　삼만 칠천사백영십사 　(×)
　　삼만 칠천사백사일 　　(×)

비법 ③ 십만, 백만, 천만

- 십만, 백만, 천만의 관계

1000배
100배
10000 →10배→ 100000 →10배→ 1000000 →10배→ 10000000
　　　　　　　└ 십만　　　　└ 백만　　　　└ 천만

- 각 자리 숫자가 나타내는 값 비교하기

6 7 **6** 3 0 0 0 0
　　ⓐ ⓑ

- ⓐ: 천만의 자리 → 60000000
- ⓑ: 십만의 자리 → 600000

공통인 부분을 제외하면 600은 6의 100배!

⇨ ⓐ이 나타내는 값은 ⓑ이 나타내는 값의 **100배**입니다.

6 7 6 **3** 0 0 0 0
　　　ⓑ ⓒ

- ⓑ: 십만의 자리 → 600000
- ⓒ: 만의 자리 → 30000

공통인 부분을 제외하면 60은 3의 20배!

⇨ ⓑ이 나타내는 값은 ⓒ이 나타내는 값의 **20배**입니다.

- **1000이 10개인 수 알아보기**

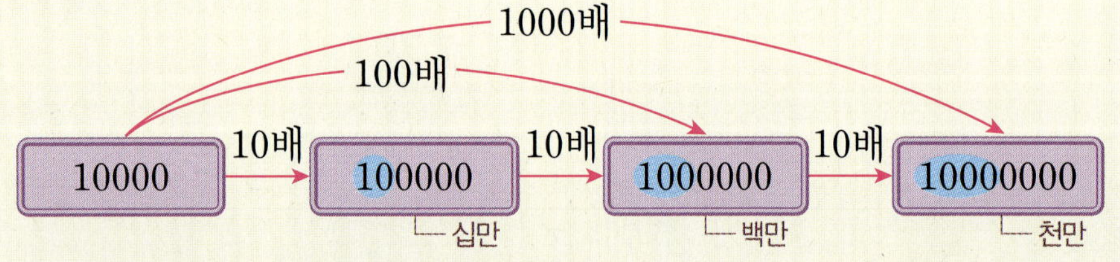

쓰기: 10000, 1만
읽기: 만, 일만

- **다섯 자리 수 알아보기**

만의 자리	천의 자리	백의 자리	십의 자리	일의 자리
4	2	5	8	9

⇩

4	0	0	0	0
	2	0	0	0
		5	0	0
			8	0
				9

⇨ 42589
＝40000＋2000＋500＋80＋9

- **십만, 백만, 천만 알아보기**

수	쓰기	읽기
10000이 10개인 수	100000 10만	십만
10000이 100개인 수	1000000 100만	백만
10000이 1000개인 수	10000000 1000만	천만

- **10000이 4159개인 수 알아보기**

쓰기: 41590000, 4159만
읽기: 사천백오십구만

비법 ④ 억, 조

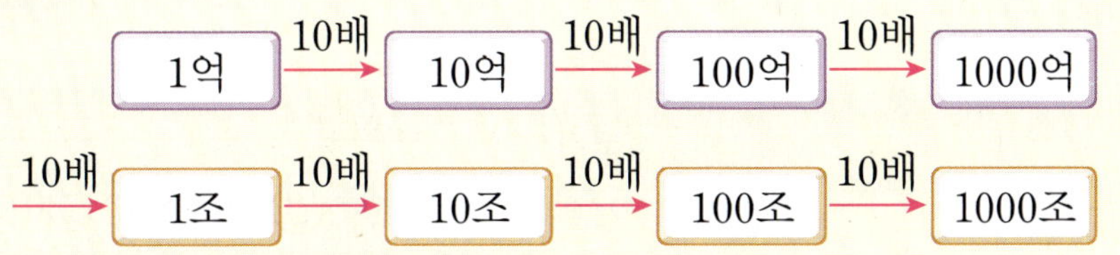

| 1억 | →10배→ | 10억 | →10배→ | 100억 | →10배→ | 1000억 |

| →10배→ | 1조 | →10배→ | 10조 | →10배→ | 100조 | →10배→ | 1000조 |

예 삼천구백육십이조 오천칠십삼억을 수로 쓰기

높은 자리부터 차례로 숫자를 쓰고 읽지 않은 자리에는 0을 씁니다.

자리	천조	백조	십조	조	천억	백억	십억	억	천만	백만	십만	만	천	백	십	일
읽기	삼천	구백	육십	이조	오천		칠십	삼억								
쓰기	3	9	6	2	5	0	7	3	0	0	0	0	0	0	0	0

비법 ⑤ 뛰어 세기

뛰어 센 규칙을 찾을 때에는 각 자리 숫자가 어떻게 변하고 있는지 살펴봅니다.

- ■만 씩 → 만의 자리 숫자가 ■씩 커집니다.
- ■0만 씩 → 십만의 자리 숫자가 ■씩 커집니다.
- ■00만 씩 → 백만의 자리 숫자가 ■씩 커집니다.
- ■000만 씩 → 천만의 자리 숫자가 ■씩 커집니다.

뛰어 세기

'만' 대신 '억', '조' 일 때도 같습니다.

비법 ⑥ 수의 크기 비교하기

자릿수가 다를 때	자릿수가 같을 때
자릿수가 많은 쪽이 더 큽니다. **예** 62485 < 203485 (5자리) (6자리)	가장 높은 자리의 수부터 차례로 비교하여 수가 큰 쪽이 더 큽니다. **예** 83240257 > 82964715 (3>2)
1235조 > 4526억 (조 단위의 수) (억 단위의 수)	5549억 < 6026억 (5<6)

· 억 알아보기

> 1000만이 10개인 수

- 쓰기: 100000000, 1억
- 읽기: 억, 일억

> 1억이 8517개인 수

- 쓰기: 851700000000, 8517억
- 읽기: 팔천오백십칠억

· 조 알아보기

> 1000억이 10개인 수

- 쓰기: 1000000000000, 1조
- 읽기: 조, 일조

> 1조가 6529개인 수

- 쓰기: 6529000000000000, 6529조
- 읽기: 육천오백이십구조

· 뛰어 세기

(1) 25억 — 26억 — 27억

⇒ 1억씩 뛰어 세면 억의 자리 숫자가 1씩 커집니다.

(2) 164조 — 174조 — 184조

⇒ 10조씩 뛰어 세면 십조의 자리 숫자가 1씩 커집니다.

· 수의 크기를 비교하는 방법

① 자릿수를 비교합니다.

② 자릿수가 다르면 자릿수가 많은 쪽이 더 큽니다.

③ 자릿수가 같으면 가장 높은 자리의 수부터 차례로 비교하여 수가 큰 쪽이 더 큽니다.

STEP 1 기본 유형 익히기

1 1000이 10개인 수, 다섯 자리 수

> 1000이 10개인 수

쓰기: 10000, 1만
읽기: 만, 일만

> 10000이 6개, 1000이 7개, 100이 9개, 10이 5개, 1이 4개인 수

쓰기: 67954
읽기: 육만 칠천구백오십사

1-1 10000이 되도록 색칠하시오.

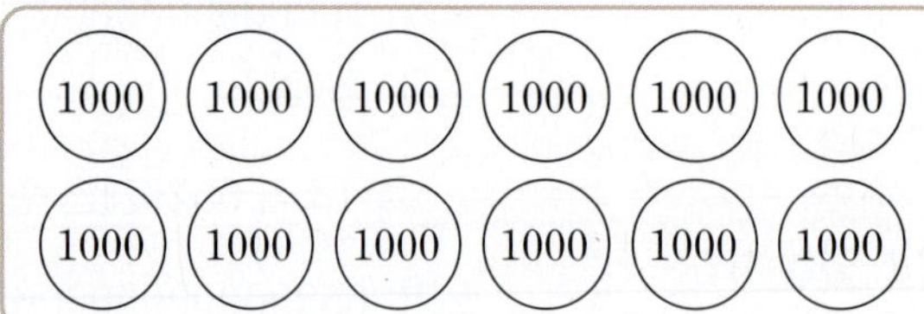

1-2 나타내는 수가 <u>다른</u> 하나를 찾아 기호를 쓰시오.

> ㉠ 1000이 10개인 수
> ㉡ 9999보다 1만큼 더 큰 수
> ㉢ 9900보다 10만큼 더 큰 수
> ㉣ 9000보다 1000만큼 더 큰 수

( )

1-3 수를 읽어 보시오.

> 70198

( )

1-4 •보기•와 같이 각 자리의 숫자가 나타내는 값의 합으로 나타내시오.

> •보기•
> $57824 = 50000 + 7000 + 800 + 20 + 4$

$93157 =$ ___________________

1-5 자동차 등의 교통수단이 움직여 간 거리
주행거리에서 만의 자리 숫자를 찾아 쓰시오.

> 주행거리: 32806 km

( )

서술형

1-6 A4용지가 한 상자에 1000장씩 들어 있습니다. 10상자에 들어 있는 A4용지는 모두 몇 장인지 풀이 과정을 쓰고 답을 구하시오.

풀이 ___________________

____

답 ___________________

1-7 돈은 모두 얼마입니까?

10000	1000	100
6장	4장	9개

( )

2 십만, 백만, 천만

수	쓰기	읽기
10000이 10개인 수	100000 / 10만	십만
10000이 100개인 수	1000000 / 100만	백만
10000이 1000개인 수	10000000 / 1000만	천만

2-1 수를 읽어 보시오.

2056489

(   )

2-2 백만의 자리 숫자가 가장 작은 것의 기호를 쓰려고 합니다. 풀이 과정을 쓰고 답을 구하시오.

ㄱ 17382469 ㄴ 4563605
ㄷ 3412680 ㄹ 72081002

풀이 ___________________________________

____

____

답 ___________________________________

2-3 ㉠이 나타내는 값은 ㉡이 나타내는 값의 몇 배입니까?

95094061
ㄱ ㄴ

(   )

3 억, 조

수	1000만이 10개인 수	1000억이 10개인 수
쓰기	100000000	1000000000000
	1억	1조
읽기	억	조
	일억	일조

3-1 어느 해 중국, 인도, 미국의 인구수입니다. 인구수에서 억의 자리 숫자가 <u>다른</u> 한 나라는 어디입니까?

나라		인구수(명)
🇨🇳	중국	1373541278
🇮🇳	인도	1266883598
🇺🇸	미국	323995528

(   )

해결의 창 수를 읽을 때에는
일의 자리부터 거꾸로 네 자리씩 나눈 다음
높은 자리부터 차례로 숫자와 자리가 나타내는 값을 함께 읽습니다.
(단, 0인 자리는 읽지 않고, 일의 자리는 숫자만 읽습니다.)

예 5723016
⇨ 572│3016
　만　일
⇨ 오백칠십이만 삼천십육
0인 백의 자리는 읽지 않습니다.

3-2 ㉠과 ㉡에 알맞은 수를 차례로 쓴 것은 어느 것입니까? ·········· (   )

1조	→㉠배	10조	→㉡배	1000조

① 10, 10   ② 100, 10

③ 10, 100   ④ 100, 100

⑤ 100, 1000

3-3 1조가 4803개, 1억이 8042개인 수를 쓰고 읽어 보시오.

쓰기 ______________________

읽기 ______________________

3-4 다음을 수로 썼을 때 0은 모두 몇 개입니까?

육천이십억 천구백오만

(   )

서술형

3-5 어느 도시의 작년 복지 예산이 7000억 원이었습니다. 이 도시의 올해 복지 예산이 1조 원이 되려면 작년보다 얼마가 더 필요한지 풀이 과정을 쓰고 답을 구하시오.

풀이 ______________________

____

답 ______________________

3-6 백조의 자리 숫자에 밑줄을 그어 보시오.

4237240064084000

3-7 100만 원짜리 수표를 모아 10억 원을 만들려고 합니다. 100만 원짜리 수표를 몇 장 모아야 합니까?

(   )

3-8 다음에서 숫자 5가 나타내는 값은 50000000의 몇 배입니까?

53247800000000

(   )

창의·융합

3-9 대화를 읽고 100광년을 km 단위로 나타낸다면 숫자 4는 어느 자리 숫자인지 구하시오.

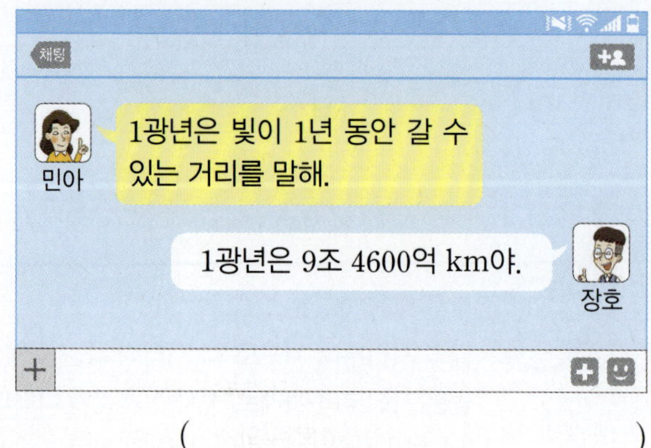

(   )

4 뛰어 세기

뛰어 센 규칙을 찾을 때에는 어느 자리 숫자가 어떻게 변하고 있는지 살펴봅니다.

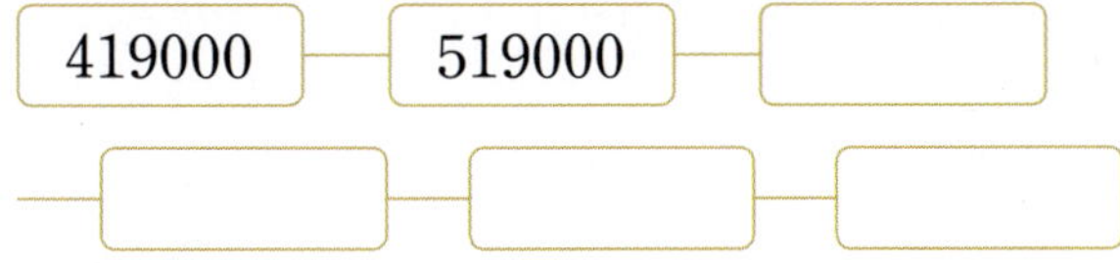

⇨ 백만의 자리 숫자가 1씩 커지므로 100만씩 뛰어 세었습니다.

4-1 100000씩 뛰어 세어 보시오.

| 419000 | 519000 | |

| | | |

4-2 얼마만큼씩 뛰어 세었는지 쓰고, 빈칸에 알맞은 수를 써넣으시오.

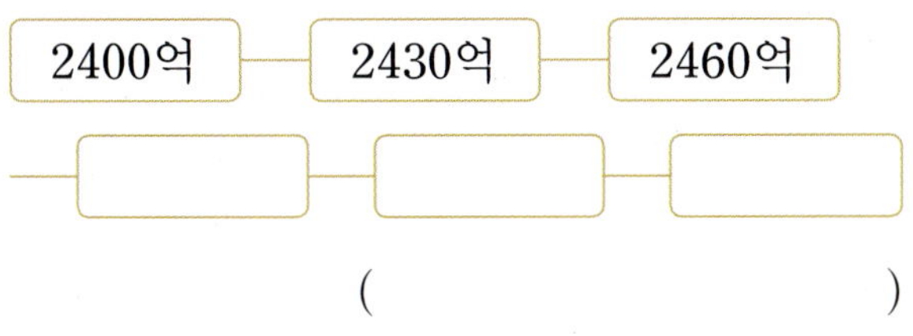

( )

4-3 다음 수에서 10000000씩 뛰어 세기를 5번 한 수를 쓰시오.

7418억 2359만

( )

5 수의 크기 비교하기

① 자릿수가 다를 때: 자릿수가 많은 쪽이 더 큽니다.
예 1573982 > 95475
   7자리   5자리
② 자릿수가 같을 때: 가장 높은 자리의 수부터 차례로 비교하여 수가 큰 쪽이 더 큽니다.
예 751930 < 755914
        1<5

5-1 두 수의 크기를 비교하여 ◯ 안에 >, < 중 알맞은 것을 써넣으시오.

(1) 7854280000 ◯ 976485000

(2) 306조 2047억 ◯ 306조 2058억

5-2 더 큰 수를 찾아 기호를 쓰시오.

㉠ 오천사십조 삼천구백억
㉡ 1조가 5400개, 1억이 3870개인 수

( )

5-3 0부터 9까지의 숫자 중에서 □ 안에 들어갈 수 있는 숫자를 모두 구하시오.

7□9893 > 775823

( )

 수를 쓸 때 높은 자리부터 차례로 숫자를 쓰되 **읽지 않은 자리에는 0을 써야 합니다.**
예 육조 삼천이백구억 ⇨ 6조 3209억 ⇨ 6320900000000
                         조   억   만   일

응용 1 수로 썼을 때 0은 모두 몇 개인지 알아보기

다음을 ⁽¹⁾수로 썼을 때 /⁽²⁾0은 모두 몇 개입니까?

> 팔천이조 구백팔억 오천사백만 삼십칠

(   )

해결의 법칙

(1) 높은 자리부터 차례로 숫자를 써 봅니다. (단, 읽지 않은 자리에는 0을 씁니다.)

(2) 0은 모두 몇 개인지 세어 봅니다.

예제 1-1 다음을 수로 각각 썼을 때 두 수에 있는 0은 모두 몇 개입니까?

> 삼백억 육천구백이십만 천오백육

> 410억 5902만

(   )

예제 1-2 경수와 혜지가 말한 것을 각각 수로 썼을 때 0이 더 많은 사람은 누구입니까?

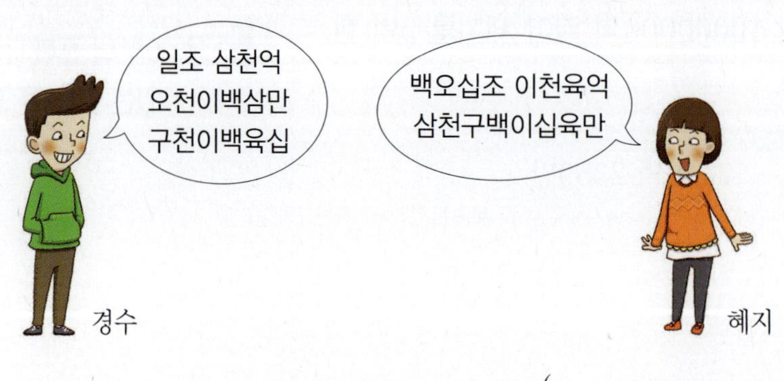

(   )

응용 2 ─ 나타내는 값이 몇 배인지 알아보기

(1) ㉠이 나타내는 값은 /(2) ㉡이 나타내는 값의 /(3) 몇 배입니까?

$$830429560000$$
㉠ ㉡

(   )

해결의 법칙

(1) ㉠은 어느 자리 숫자이고 얼마를 나타내는지 알아봅니다.

(2) ㉡은 어느 자리 숫자이고 얼마를 나타내는지 알아봅니다.

(3) ㉠이 나타내는 값은 ㉡이 나타내는 값의 몇 배인지 구해 봅니다.

예제 2-1 ㉠이 나타내는 값은 ㉡이 나타내는 값의 몇 배입니까?

$$2618795378420000$$
㉠   ㉡

(   )

예제 2-2 ㉠의 숫자 6이 나타내는 값은 ㉡의 숫자 2가 나타내는 값의 몇 배입니까?

㉠ 460조

㉡ 87조 5219억 3045만

(   )

응용 3 | 큰 수로 나타내기

미영이네 집은 이번 달에 ⁽¹⁾100만 원짜리 수표 3장, 10만 원짜리 수표 14장, 만 원짜리 지폐 7장, 천 원짜리 지폐 23장을 은행에 저금하였습니다. /⁽²⁾미영이네 집에서 이번 달에 저금한 돈은 모두 얼마입니까?

( )

(1) 은행에 저금한 100만 원짜리 수표, 10만 원짜리 수표, 만 원짜리 지폐, 천 원짜리 지폐는 각각 얼마인지 알아 봅니다.

(2) (1)에서 구한 돈을 모두 더하여 미영이네 집에서 이번 달에 저금한 돈을 구해 봅니다.

예제 3 – 1 정아가 1년 동안 저금한 돈입니다. 저금한 돈은 모두 얼마입니까?

( )

예제 3 – 2 A 은행과 B 은행의 오늘 예금액입니다. 어느 은행의 오늘 예금액이 더 많습니까?

- A 은행: 1000000원짜리 수표 23장과 100000원짜리 수표 320장
- B 은행: 1000000원짜리 수표 31장과 100000원짜리 수표 290장

( )

응용 **4** 수의 크기 비교하기

세 수의 크기를 비교하여 ⁽²⁾가장 큰 수의 기호를 쓰시오.

> ㉠ 7540208630000
> ⁽¹⁾㉡ 7804억 9236만
> ⁽¹⁾㉢ 칠조 오천사십육억

(   )

해결의 법칙

(1) 높은 자리부터 차례로 숫자를 써서 ㉡과 ㉢을 나타내 봅니다. (단, 읽지 않은 자리에는 0을 씁니다.)

(2) 먼저 자릿수를 비교하고 자릿수가 같으면 높은 자리부터 비교하여 ㉠, ㉡, ㉢ 중 가장 큰 수를 찾아봅니다.

예제 4 – 1 세 수의 크기를 비교하여 큰 수부터 차례로 기호를 쓰시오.

> ㉠ 13445865720000
> ㉡ 17조 6954억 5871만
> ㉢ 구조 칠천육백이십사억

(   )

예제 4 – 2 ㉠, ㉡, ㉢ 중 가장 작은 수의 천억의 자리 숫자를 구하시오.

> ㉠ 1조가 3572개, 1억이 1573개, 1만이 5820개인 수
> ㉡ 3578456548750000
> ㉢ 삼천오백칠십팔조 육천사십억 이백오십이만

(   )

응용 5 · 조건에 맞는 수 구하기

(3) 조건에 모두 맞는 수 중 가장 큰 수는 얼마입니까?

> • (1) 0이 8개 있는 13자리 수입니다.
> • (2) 가장 높은 자리 숫자는 나머지 자리 숫자를 모두 더한 값과 같습니다.

( )

해결의 법칙

(1) 가장 큰 수일 때 0이 들어가야 하는 자리에 0을 8개 써 봅니다.

조　　　　　억　　　　　만　　　　　일

(2) 가장 높은 자리 숫자를 알아봅니다.

(3) 조건에 모두 맞는 수 중 가장 큰 수를 구해 봅니다.

예제 5–1　조건에 모두 맞는 수 중 가장 큰 수를 구하시오.

> • 0이 7개 있습니다.
> • 10자리 수입니다.
> • 7500000의 1000배인 수보다 작습니다.

( )

예제 5–2　조건에 모두 맞는 자연수는 몇 개입니까?

> • 1만이 835개, 1이 3개인 수보다 작습니다.
> • 8349998보다 큽니다.
> • 수로 쓰면 0이 있습니다.

( )

1

큰 수

응용 6 — 바르게 뛰어 세기 한 수 알아보기

⁽²⁾어떤 수에서 /⁽³⁾100만씩 3번 뛰어 세어야 할 것을 잘못하여 /⁽¹⁾1000만씩 3번 뛰어 세었더니 1억 8300만이 되었습니다. 바르게 뛰어 세기 한 수는 얼마입니까?

(   )

해결의 법칙

(1) 1억 8300만에서 1000만씩 3번 거꾸로 뛰어 세어 봅니다.

(2) (1)에서 어떤 수를 알아봅니다.

(3) 바르게 뛰어 세기 한 수를 구해 봅니다.

예제 6–1 어떤 수에서 1000억씩 4번 뛰어 세어야 할 것을 잘못하여 10억씩 4번 뛰어 세었더니 1조 1370억이 되었습니다. 바르게 뛰어 세기 한 수를 구하시오.

(   )

예제 6–2 바르게 뛰어 세기 한 수가 더 큰 사람은 누구입니까?

> • 상희: 어떤 수에서 1조씩 3번 뛰어 세어야 할 것을 잘못하여 10조씩 3번 뛰어 세었더니 72조 5600억이 되었어.
>
> • 영철: 어떤 수에서 10조씩 4번 거꾸로 뛰어 세어야 할 것을 잘못하여 1조씩 4번 거꾸로 뛰어 세었더니 71조 4800억이 되었어.

(   )

응용 7 □가 있는 수의 크기 비교하기

동영상 강의

(2) □ 안에 0부터 9까지의 어느 숫자를 넣어도 됩니다. ㉠과 ㉡ 중 어느 수가 더 큽니까?

(1) ㉠ 9 □ 7041 □ 09   (1) ㉡ 9972 □ 0488

(   )

해결의 법칙

(1) ㉠과 ㉡은 자릿수가 같은지, 다른지 알아봅니다.

(2) 높은 자리의 □ 안에 9부터 넣어 보고 ㉠과 ㉡ 중 더 큰 수를 찾아봅니다.

예제 7-1 양쪽에 수를 올려놓으면 더 큰 수가 있는 쪽이 아래로 내려가는 저울이 있습니다. □ 안에 0부터 9까지의 어느 숫자를 넣어도 된다면 가와 나 중 어느 쪽이 아래로 내려갑니까?

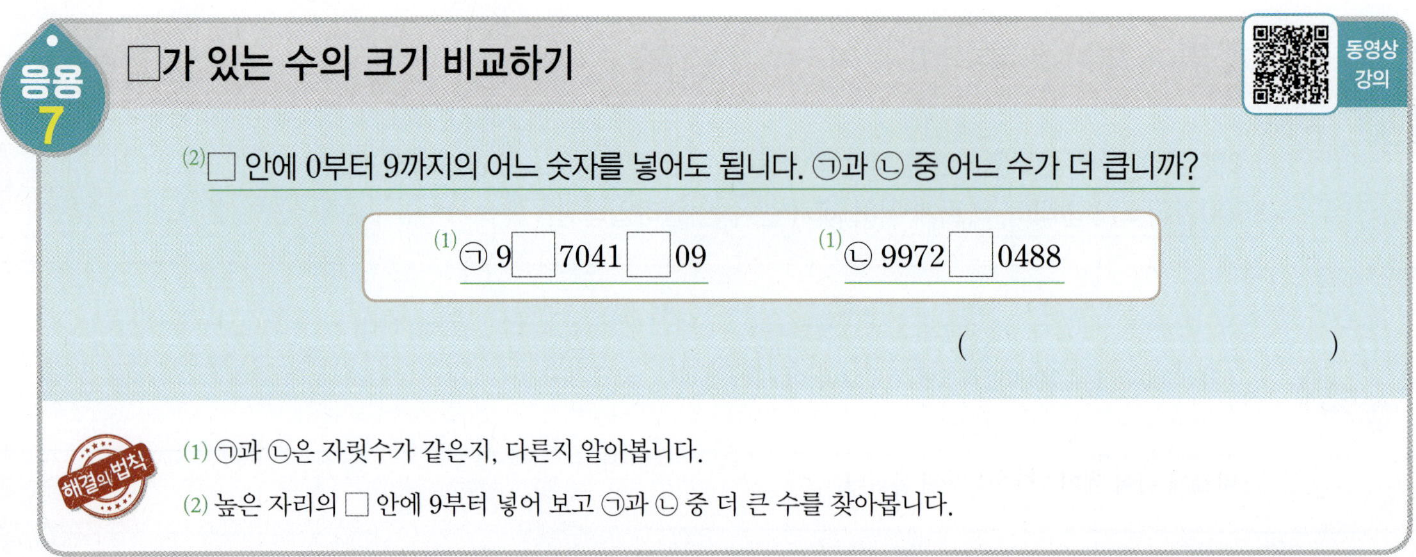

(   )

예제 7-2 오른쪽 □ 안에 0부터 9까지의 어느 숫자를 넣어도 됩니다. 세 수의 크기를 비교하여 큰 수부터 차례로 기호를 쓰시오.

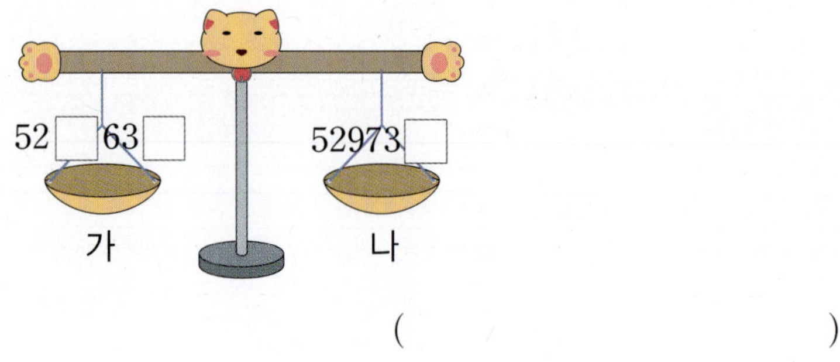

(   )

응용 8 수 카드를 사용하여 큰 수 만들기

수 카드를 2번씩 모두 사용하여 만들 수 있는 10자리 수 중 ⁽¹⁾백만의 자리 숫자가 8인/ ⁽²⁾가장 작은 수는 얼마입니까?

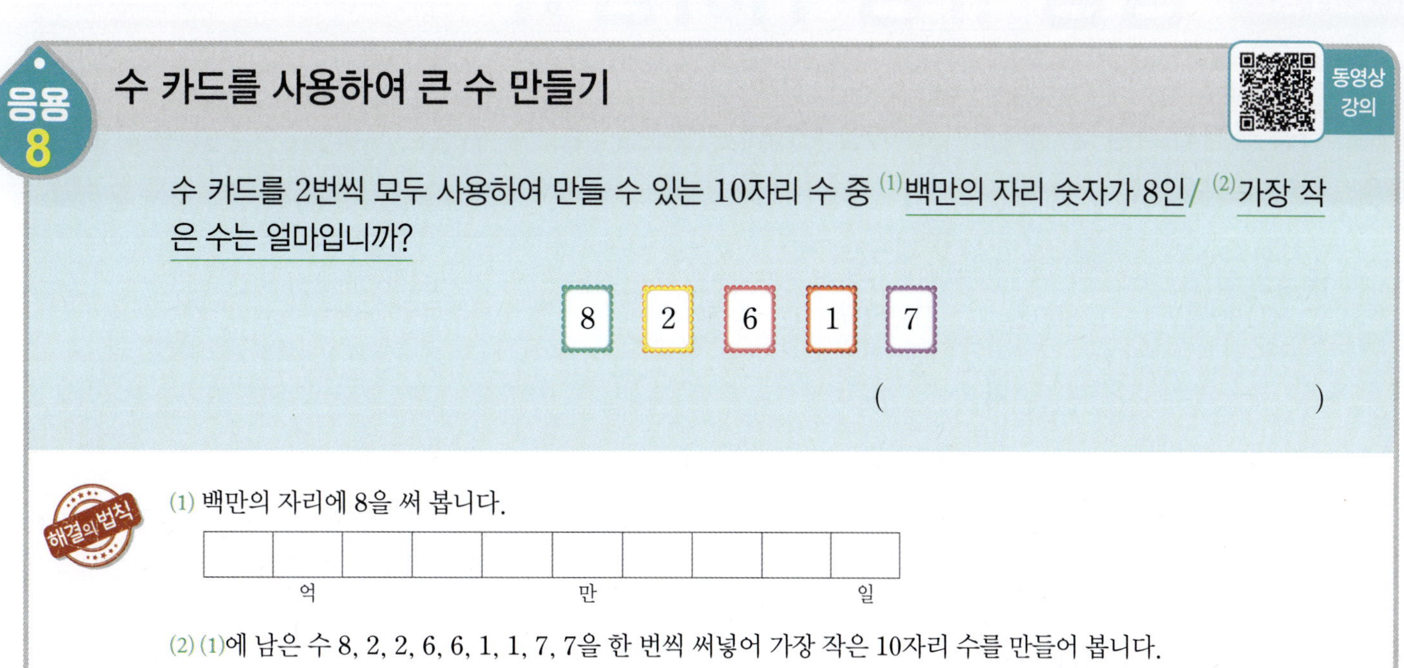

(   )

해결의 법칙

(1) 백만의 자리에 8을 써 봅니다.

억   만   일

(2) (1)에 남은 수 8, 2, 2, 6, 6, 1, 1, 7, 7을 한 번씩 써넣어 가장 작은 10자리 수를 만들어 봅니다.

예제 8 – 1 수 카드를 2번씩 모두 사용하여 만들 수 있는 12자리 수 중 천의 자리 숫자와 백만의 자리 숫자가 9인 가장 큰 수를 구하시오.

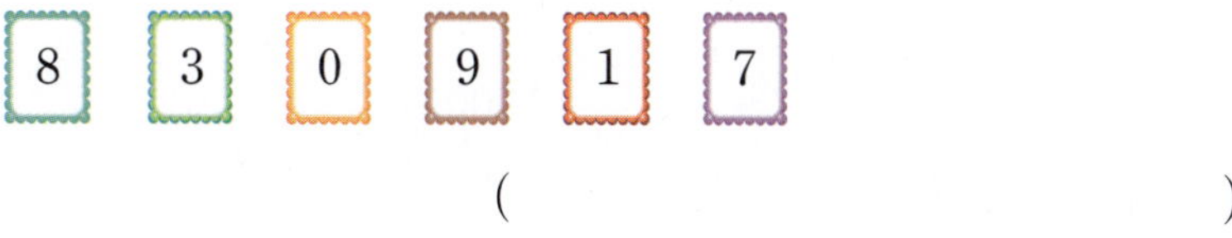

(   )

예제 8 – 2 수 카드를 한 번씩 모두 사용하여 만들 수 있는 8자리 수 중 백만의 자리 숫자가 4이면서 8000만에 가장 가까운 수를 구하시오.

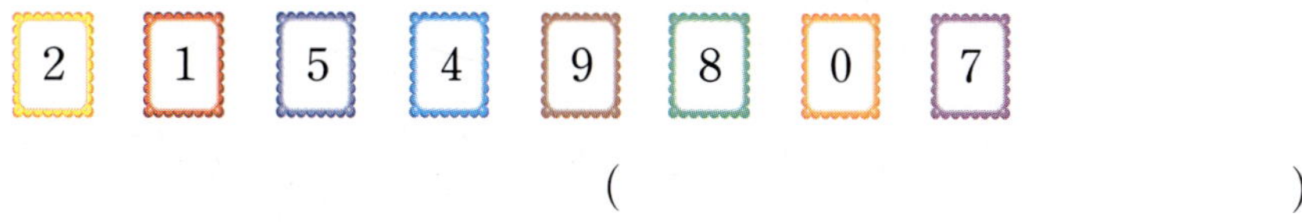

(   )

1 큰 수

다섯 자리 수

1 다음 물건의 가격 중 숫자 8이 8000을 나타내는 물건을 찾아 쓰시오.

🐴쌍둥이

청바지	케이크	농구공	운동화
84100원	17800원	29380원	48500원

(   )

1000이 10개인 수, 다섯 자리 수　　　　　　　서술형

2 다음은 민속촌 입장료입니다. 초등학생 10명과 선생님 2명이 민속촌에 입장하려면 입장료로 모두 얼마를 내야 하는지 풀이 과정을 쓰고 답을 구하시오.

🐴쌍둥이

구분	입장료
초등학생	1000원
중·고등학생	5000원
성인	10000원

(   )

풀이

뛰어 세기

3 어떤 수에서 200억씩 7번 뛰어 세면 1조입니다. 어떤 수의 천억의 자리 숫자를 구하시오.

(   )

수의 크기 비교하기 창의·융합

4 우리나라의 월드컵 경기장별 수용 인원입니다. 수용 인
◐쌍둥이 원이 가장 적은 경기장은 어디입니까?

인천 경기장
(50256명)

대구 경기장
(66422명)

대전 경기장
(42176명)

전주 경기장
(42477명)

(   )

십만, 백만, 천만

5 199만 9000보다 1000만큼 더 큰 수를 잘못 설명한 친
구의 이름을 쓰시오.

- 석현: 100만보다 백만의 자리 숫자가 1만큼 더 큰
  수야.
- 민준: 수로 썼을 때 숫자 0이 6개 있어.
- 제아: 이 수는 8자리 수야.

(   )

뛰어 세기 서술형

6 어느 전자 회사의 2020년 휴대 전화 수출액은 칠천이백
◐쌍둥이 만*달러였습니다. 1년마다 육백만 달러씩 수출액이 늘
어난다면 2025년에 예상되는 수출액은 몇 달러인지 풀
이 과정을 쓰고 답을 구하시오.
　*달러: 미국 돈

(   )

풀이

억, 수의 크기 비교하기

7 1부터 9까지의 수 카드를 한 번씩 모두 사용하여 만들 수 있는 9자리 수 중 5억보다 작으면서 5억에 가장 가까운 수를 구하시오.

| 1 | 2 | 3 | 4 | 5 | 6 | 7 | 8 | 9 |

( )

수의 크기 비교하기

8 조건에 모두 맞는 수를 구하시오.
🐾쌍둥이
▶동영상

> • 2769990보다 큽니다.
> • 이백칠십칠만보다 작습니다.
> • 일의 자리 숫자는 8입니다.

( )

수의 크기 비교하기 　　　　　　　　　　창의·융합

9 태양과 행성 사이의 거리입니다. 태양에서 먼 순서대로 행성의 이름을 쓰시오.
🐾쌍둥이
▶동영상

행성	거리(km)	행성	거리(km)
화성	2억 2800만	토성	1427000000
지구	1억 4960만	수성	57910000

( )

뛰어 세기

10 수직선을 보고 ㉠과 ㉡에 알맞은 수를 각각 구하시오.
🔲 쌍둥이
▶ 동영상

30조 8000억   31조   31조 2000억

㉠ (   ), ㉡ (   )

뛰어 세기

11 5조 6000억에서 3000억씩 뛰어 세기 한 수 중에서 7조
에 가장 가까운 수를 구하시오.

(   )

십만, 백만, 천만   창의·융합

12 제주 올레 1코스의 길이를 mm 단위로 나타내었을 때
🔲 쌍둥이   숫자 5가 나타내는 값을 구하시오.

(   )

억

13 은행에 저금한 돈 523000000원을 1000만 원짜리 수표
와 100만 원짜리 수표로만 모두 찾았더니 82장이었습니
다. 은행에서 찾은 100만 원짜리 수표는 몇 장입니까?

( )

십만, 백만, 천만

14 똑같은 생일 카드 10장의 두께를 재었더니 3 mm였습
니다. 이 생일 카드 100만 장의 두께는 몇 m입니까?

( )

억, 조

15 다음 세 수의 억의 자리 숫자를 모두 더하면 얼마입니까?

> ㉠ 124억 348만의 10배인 수
> ㉡ 3조 4021억 5900만의 100배인 수
> ㉢ 46조 700억 1670만의 10배인 수

( )

수의 크기 비교하기

16 □ 안에 0부터 9까지의 어느 숫자를 넣어도 됩니다. 큰
수부터 차례로 기호를 쓰시오.

● 쌍둥이
● 동영상

> ⊙ 797□02□□185
> ⓛ 7996□5154□□
> ⓒ 79904□8□□53
> ⓔ 7□66420□□74

(   )

조, 뛰어 세기

17 오조 천사백칠십구억에서 3번 뛰어 세기 한 수가 십이조
사백칠십구억입니다. 같은 규칙으로 오조 천사백칠십
구억에서 4번 뛰어 세기 한 수를 읽어 보시오.

● 쌍둥이

(   )

조, 수의 크기 비교하기   서술형

18 수 카드를 각각 3번까지 사용하여 만들 수 있는 14자리
수 중 다섯 번째로 큰 수를 구하려고 합니다. 풀이 과정
을 쓰고 답을 구하시오.

● 쌍둥이
● 동영상

> | 1 | 8 | 0 | 6 | 3 |

(   )

풀이

1 큰 수

1 □ 안에 알맞은 수를 써넣으시오.

10000은
- 1000이 [ ] 개인 수
- 100이 [ ] 개인 수
- 10이 [ ] 개인 수

2 돈은 모두 얼마인지 쓰고 읽어 보시오.

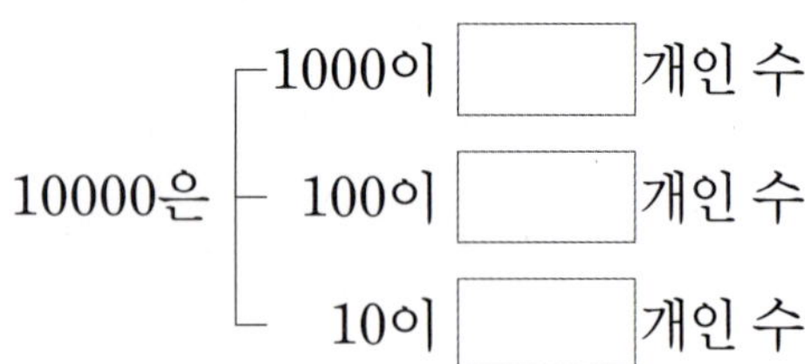

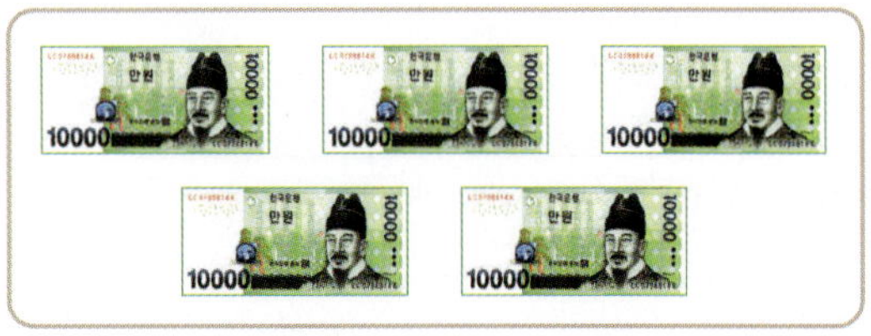

쓰기 (　　　　　　　　　)원
읽기 (　　　　　　　　　)원

3 두 수의 크기를 비교하여 ◯ 안에 >, < 중 알맞은 것을 써넣으시오.

7476203 ◯ 7698304

4 □ 안에 알맞은 수나 말을 써넣으시오.

1조가 4126개, 1억이 9057개인 수를

[　　　　　　　　　　　　　]

또는 4126조 9057억이라 쓰고

[　　　　　　　　　　　　　]

(이)라고 읽습니다.

5 관계있는 것끼리 선으로 이어 보시오.

10000이 10개인 수	•		•	천만
10000이 100개인 수	•		•	백만
10000이 1000개인 수	•		•	십만

6 대화를 읽고 □ 안에 알맞은 수를 구하시오.

( )

7 다음을 수로 썼을 때 0은 모두 몇 개인지 풀이 과정을 쓰고 답을 구하시오.

> 오조 삼백육십억 사천오만 구

풀이 _______________________

____

____

____

답 _______________________

8 빈칸에 알맞은 수를 써넣으시오.

| 60만 | 100배 → | | 100배 → | |

9 숫자 2가 나타내는 값이 가장 작은 것은 어느 것입니까? ·················· ( )

① 3209403　　　② 29816

③ 29688000　　④ 43215000

⑤ 82000000

10 0부터 9까지의 숫자 중에서 □ 안에 들어갈 수 있는 숫자를 모두 구하시오.

> 528□364 > 5288346

( )

11 285900000에 대한 설명으로 <u>잘못된</u> 것을 찾아 기호를 쓰시오.

> ㉠ 1억이 2개, 1만이 8590개인 수입니다.
> ㉡ 숫자 5는 5000000을 나타냅니다.
> ㉢ 천만의 자리 숫자는 9입니다.

( )

12 42억 5000만에서 3000만씩 3번 뛰어 세기 한 수는 얼마인지 풀이 과정을 쓰고 답을 구하시오.

풀이 ______________________

____

____

____

답 ______________________

13 얼마만큼씩 뛰어 세었는지 쓰고, 빈칸에 알맞은 수를 써넣으시오.

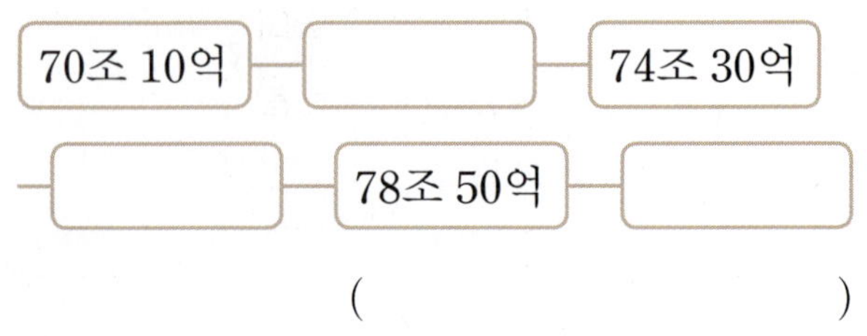

( )

14 거리의 단위 중 '1리'는 393 m입니다. 다음 속담에서 밑줄 친 부분을 m 단위로 나타내었을 때 만의 자리 숫자를 구하시오.

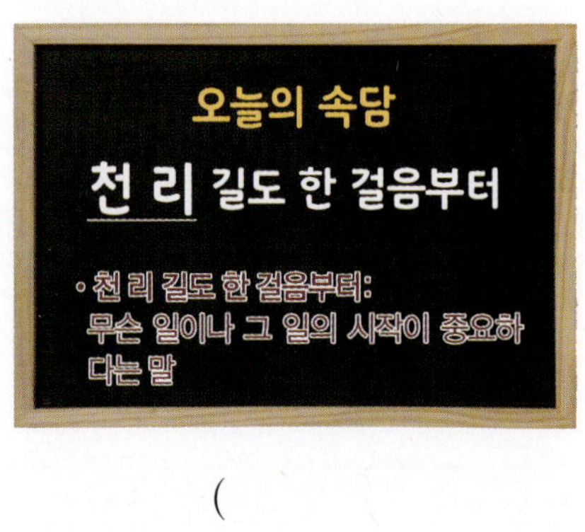

( )

15 수 카드를 2번씩 모두 사용하여 만들 수 있는 10자리 수 중 가장 작은 수를 구하시오.

| 6 | 2 | 0 | 4 | 9 |

( )

서술형

16 어느 공장의 작년 수출액은 삼천억 구천이백만 원이었습니다. 올해 수출액은 작년 수출액의 100배일 때 올해 수출액은 얼마인지 읽어 보려고 합니다. 풀이 과정을 쓰고 답을 구하시오.

풀이 _______________________________

____

____

____

답 _______________________________

17 세 수의 크기를 비교하여 가장 큰 수의 십억의 자리 숫자를 구하시오.

> ㉠ 835억 678만의 100배인 수
> ㉡ 8조 3567억 8000만
> ㉢ 1조가 8개, 1억이 359개인 수

(   )

18 어느 회사에서 1년 동안 쓴 돈은 10만 원짜리 수표 5000장과 같습니다. 이 회사에서 1년 동안 쓴 돈은 얼마입니까?

(   )

19 조건에 모두 맞는 수를 구하시오.

> • 1부터 5까지의 숫자를 한 번씩 모두 사용하여 만든 수입니다.
> • 34000보다 큽니다.
> • 34200보다 작습니다.
> • 일의 자리 숫자는 홀수입니다.

(   )

20 ☐ 안에 1부터 9까지의 어느 숫자를 넣어도 됩니다. 세 수의 크기를 비교하여 큰 수부터 차례로 기호를 쓰시오.

> ㉠ ☐08053☐07
> ㉡ 9081☐☐045
> ㉢ 908054☐☐2

(   )

☆ 정답은 **12**쪽

1 화살표의 •**규칙**•에 따라 □ 안에 알맞은 수를 써넣으시오.

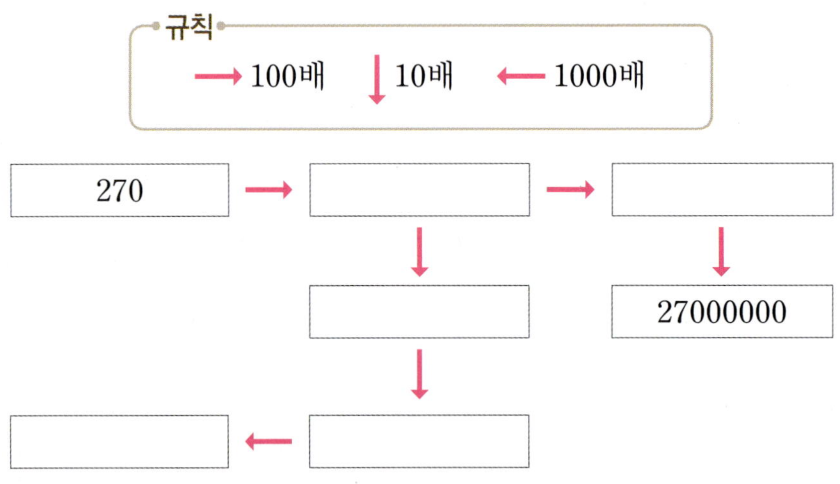

2 고대 이집트에서 수를 표현한 방법입니다. 수를 쓰거나 고대 이집트 숫자로 나타내시오.

고대 이집트에서 수를 표현한 방법

수	1	10	100	1000	10000	100000	1000000
고대 이집트 숫자							

(1) ⬚⬚⬚⬚⬚⬚⬚ = □

(2) ⬚⬚⬚⬚⬚ = □

(3) 3261042

= ⬚⬚⬚⬚⬚ □ ⬚ □

2 각도

일등 비법

2. 각도

비법 1 각의 크기 비교하기

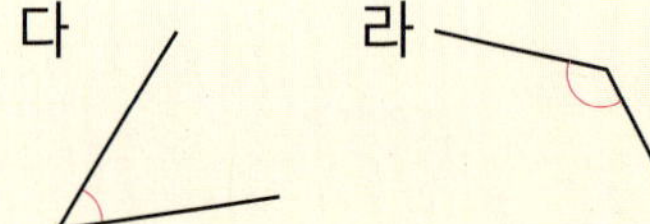

⇨ 변의 길이와 관계없이 가가 나보다 더 많이 벌어졌으므로 가 > 나입니다.

⇨ 방향과 관계없이 다가 라보다 더 적게 벌어졌으므로 다 < 라 입니다.

비법 2 각의 크기 재기

• 각의 크기 재기

① 각의 한 변이 안쪽 눈금 0에 맞춰져 있는 경우

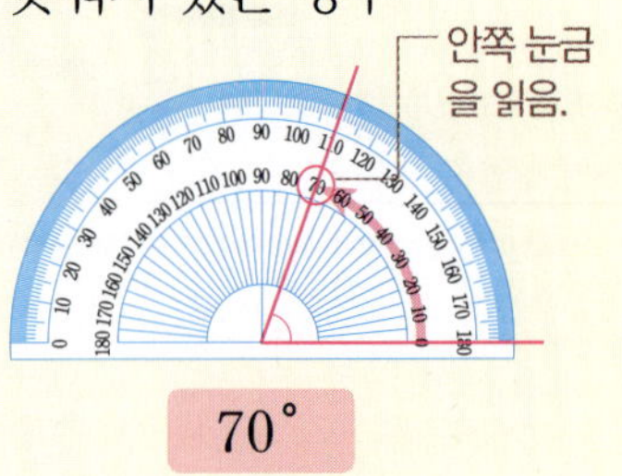

70°

② 각의 한 변이 바깥쪽 눈금 0에 맞춰져 있는 경우

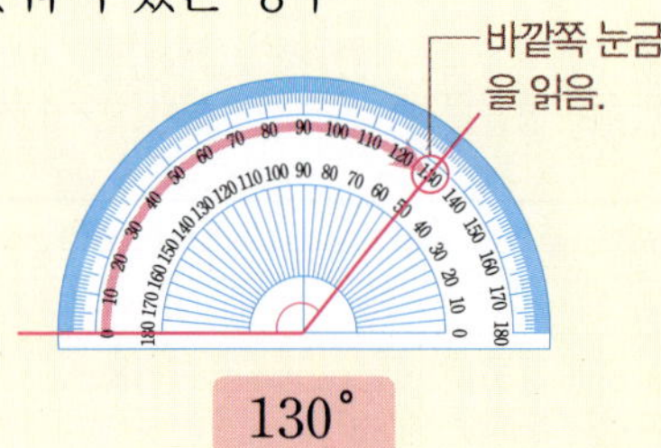

130°

• 각도를 잘못 재는 경우

① 각도기의 중심을 각의 꼭짓점에 맞추지 않고 눈금을 읽었을 때: 45°(✕)

② 각도기의 밑금을 각의 한 변에 맞추지 않고 눈금을 읽었을 때: 80°(✕)

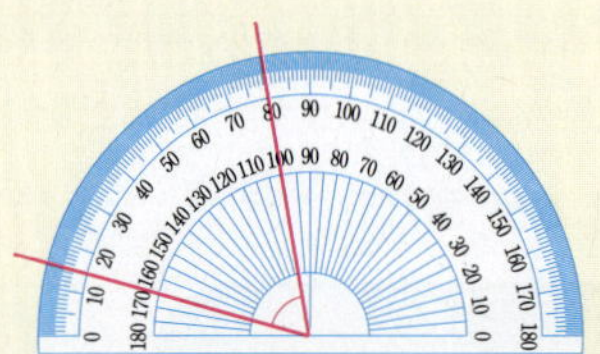

비법 3 시계에서 예각, 직각, 둔각 알아보기

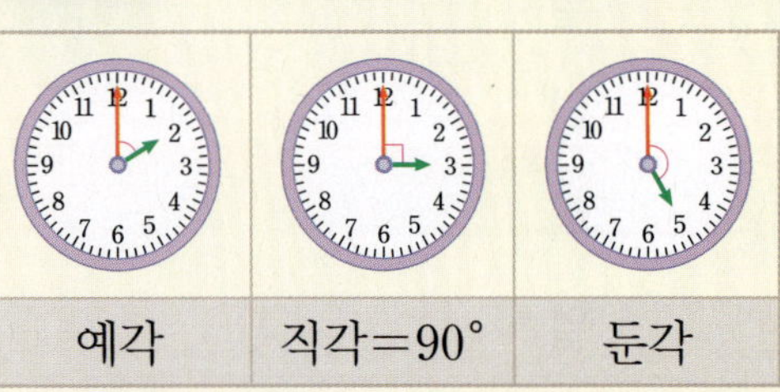

구분	시각(몇 시)
예각	1시, 2시, 10시, 11시
직각	3시, 9시
둔각	4시, 5시, 7시, 8시

• **각의 크기 비교하기**
  - 각의 변이 많이 벌어질수록 각의 크기가 큽니다.
  - 각의 변이 적게 벌어질수록 각의 크기가 작습니다.

  주의 각의 크기는 각의 변의 길이, 방향과 관계없습니다.

• **각의 크기**
  (1) 각의 크기를 각도라고 합니다.
  (2) 각도를 나타내는 단위에는 도가 있습니다.
  (3) 직각의 크기를 똑같이 90으로 나눈 것 중 하나를 1도라 하고, 1°라고 씁니다.
  (4) 직각의 크기는 90°입니다.

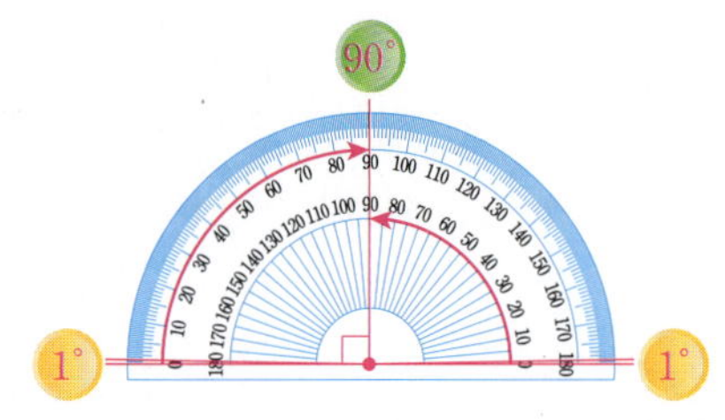

• **각도기로 각도 재는 방법**
  (1) 각도기의 중심을 각의 꼭짓점에 맞추고, 각도기의 밑금을 각의 한 변에 맞춥니다.
  (2) 각의 나머지 한 변과 만나는 각도기의 눈금을 확인합니다.

• **예각과 둔각 알아보기**
  - 예각: 각도가 0°보다 크고 직각보다 작은 각
  - 둔각: 각도가 직각보다 크고 180°보다 작은 각

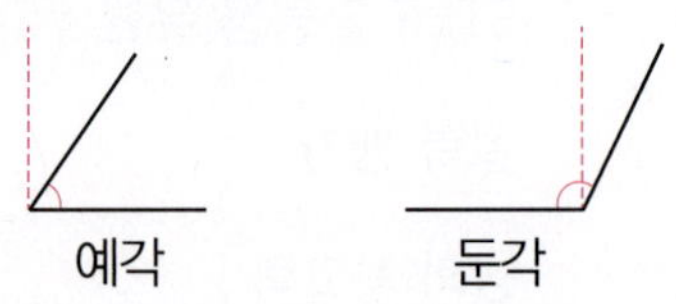

비법 4 각도의 합과 차

각도의 합	각도의 차
(예) $30°+20°$를 계산하기 $30+20=50 \Rightarrow 30°+20°=50°$	(예) $30°-20°$를 계산하기 $30-20=10 \Rightarrow 30°-20°=10°$

비법 5 삼각형과 사각형의 밖에 있는 각도 구하기

- 삼각형 밖에 있는 각도 구하기

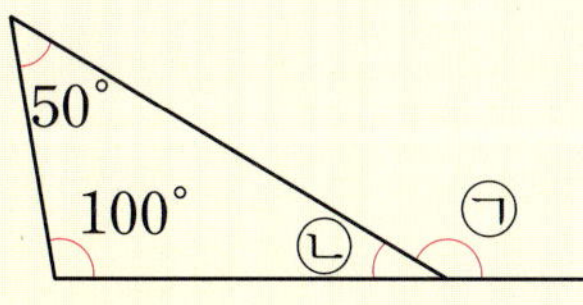

방법 1 $50°+100°+ⓛ=180°$,
$ⓛ=180°-100°-50°=30°$
$\Rightarrow ⑤=180°-30°=150°$
└ 직선은 180°입니다.

방법 2 ⑤은 ⓛ을 제외한 삼각형의 두 각의 크기의 합과 같습니다.
$\Rightarrow ⑤=50°+100°=150°$

삼각형에서 한 꼭짓점에서의 밖에 있는 각도는 다른 두 꼭짓점의 각도의 합과 같습니다.

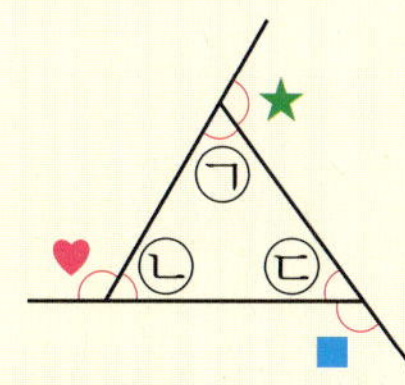
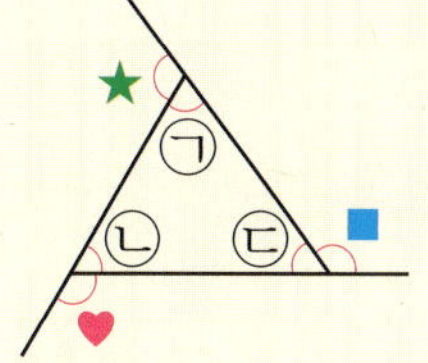

$★=ⓛ+ⓒ$
$♥=⑤+ⓒ$
$■=⑤+ⓛ$

- 사각형 밖에 있는 각도 구하기

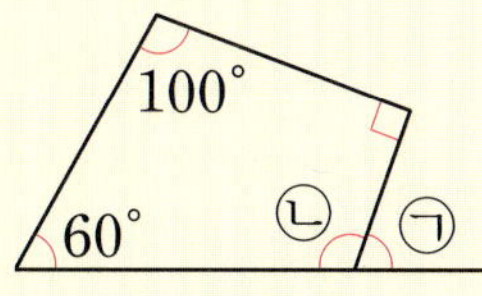

$60°+100°+90°+ⓛ=360°$,
$ⓛ=360°-90°-100°-60°=110°$
$\Rightarrow ⑤=180°-110°=70°$
└ 직선은 180°입니다.

- 각도의 합과 차
자연수의 덧셈, 뺄셈과 같이 계산한 다음 단위(°)를 붙입니다.

- 삼각형의 세 각의 크기의 합

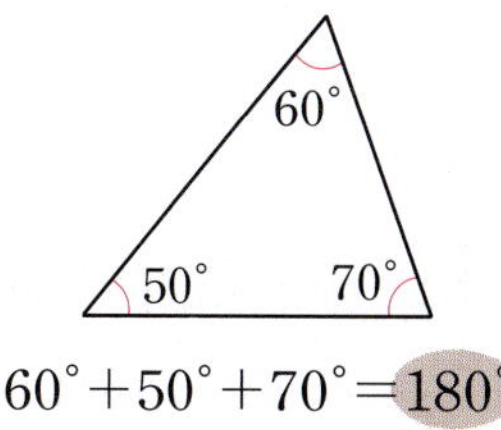

$60°+50°+70°=180°$
항상 일정합니다.

- 사각형의 네 각의 크기의 합

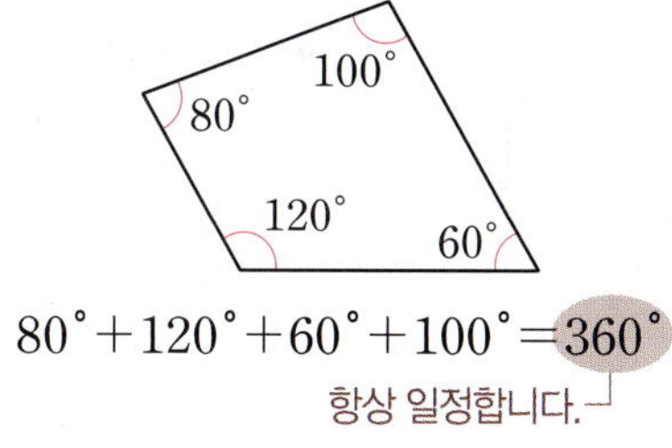

$80°+120°+60°+100°=360°$
항상 일정합니다.

2

각도

참고

삼각형의 세 각의 크기의 합은 180°입니다.
따라서 도형을 가장 적은 삼각형 □개로 나누면
(도형 안에 있는 모든 각의 크기의 합)
$=180°×□$입니다.

(예)

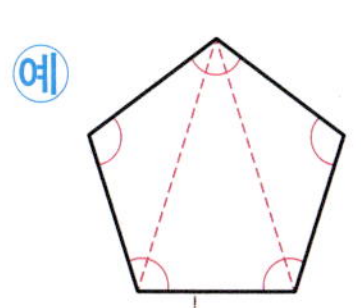

┌ 변이 5개인 도형
(오각형의 다섯 각의 크기의 합)
$=180°×3=540°$

점선을 따라 삼각형 3개로 나누어집니다.

삼각형의 세 각의 크기의 합: 180°
사각형의 네 각의 크기의 합: $180°×2=360°$
오각형의 다섯 각의 크기의 합: $180°×3=540°$
⋮

■각형의 ■개 각의 크기의 합:
$180°×(■-2)$

---

1 각의 크기 비교하기, 각의 크기 재기 ┌ 각도기를 이용

- 각의 크기 비교하기
  각의 변이 많이 벌어질수록 각의 크기가 크고,
  적게 벌어질수록 각의 크기가 작습니다.
- 각의 크기 재기
  ┌ 각의 한 변이 안쪽 눈금 0에 맞춰져 있으면 나머지 한 변이 만나는 안쪽 눈금을 읽습니다.
  └ 각의 한 변이 바깥쪽 눈금 0에 맞춰져 있으면 나머지 한 변이 만나는 바깥쪽 눈금을 읽습니다.

1-1 왼쪽의 각보다 더 큰 각을 찾아 ◯표 하시오.

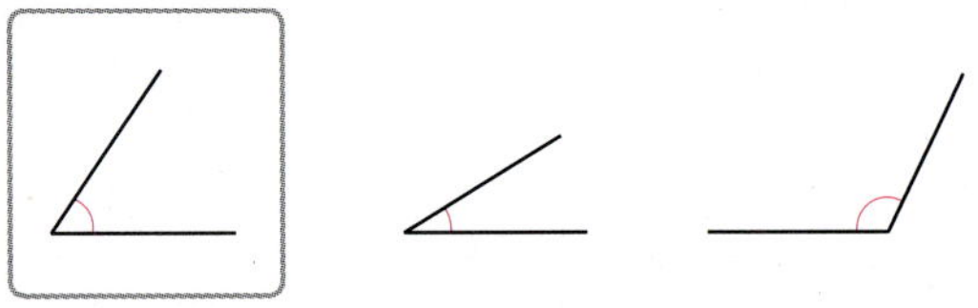

(   )   (   )

1-2 부채가 벌어진 정도를 비교하여 많이 벌어진 것부터 차례로 기호를 쓰시오.

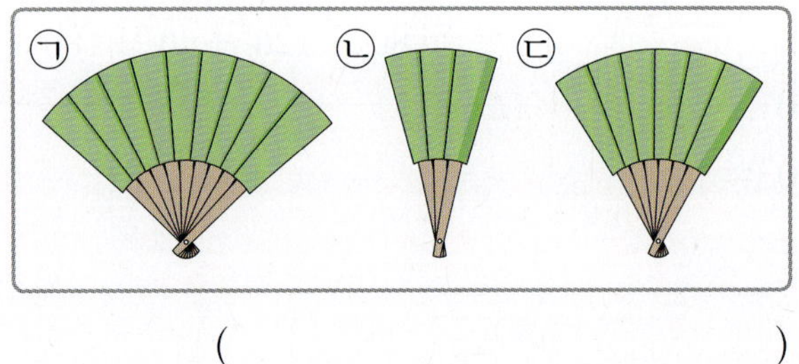

(   )

1-3 각도기의 중심을 바르게 맞춘 것에 ◯표 하시오.

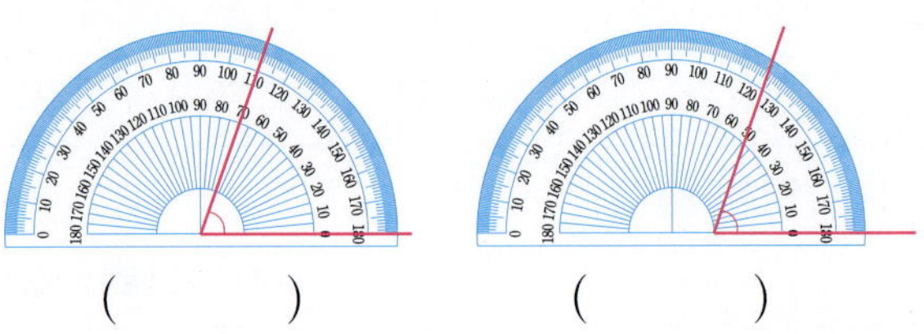

(   )   (   )

1-4 •보기•의 각보다 큰 각과 작은 각을 각각 그려 보시오.

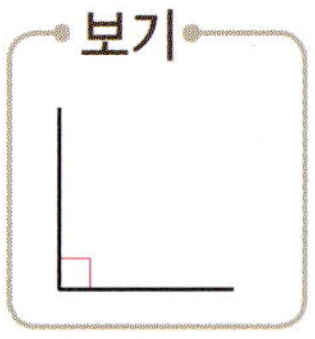

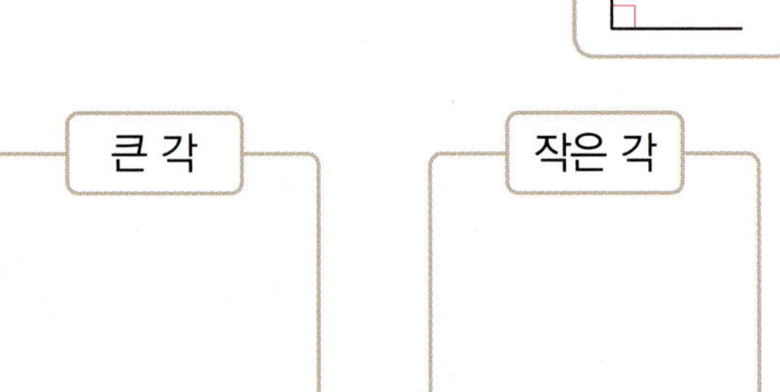

큰 각	작은 각

1-5 각도기를 이용하여 각도를 재어 보시오.

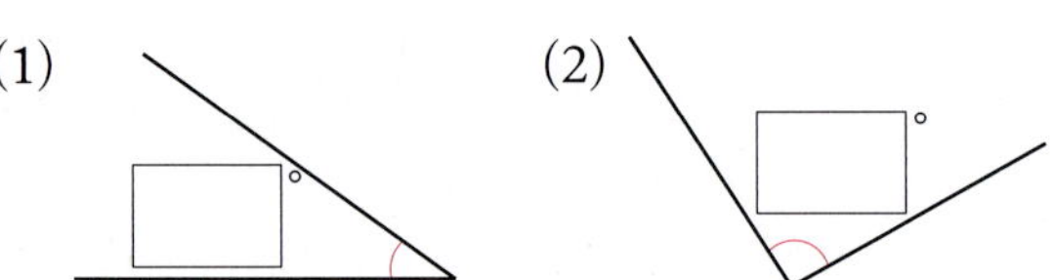

(1)   (2)

서술형

1-6 정현이는 다음 각도를 $100°$로 잘못 읽었습니다. 바른 각도를 쓰고, 왜 그렇게 읽어야 하는지 이유를 쓰시오.

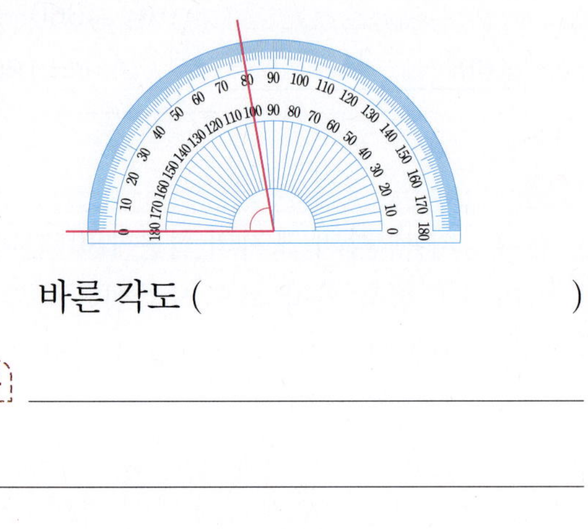

바른 각도 (   )

이유 ________________________

____

____

2 직각보다 작은 각, 직각보다 큰 각

- **예각**: 각도가 0°보다 크고 직각보다 작은 각
- **둔각**: 각도가 직각보다 크고 180°보다 작은 각

2-1 주어진 각을 예각, 직각, 둔각으로 분류하여 기호를 쓰시오.

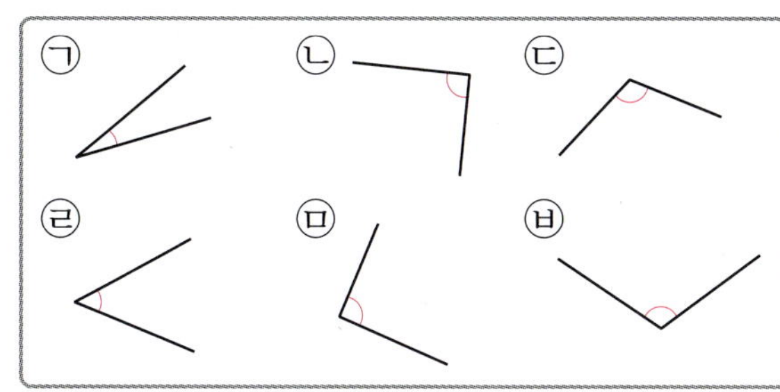

(1) 예각　　（　　　　　　　　　　）

(2) 직각　　（　　　　　　　　　　）

(3) 둔각　　（　　　　　　　　　　）

2-2 각을 보고 예각, 둔각 중 어느 것인지 각각 쓰시오.

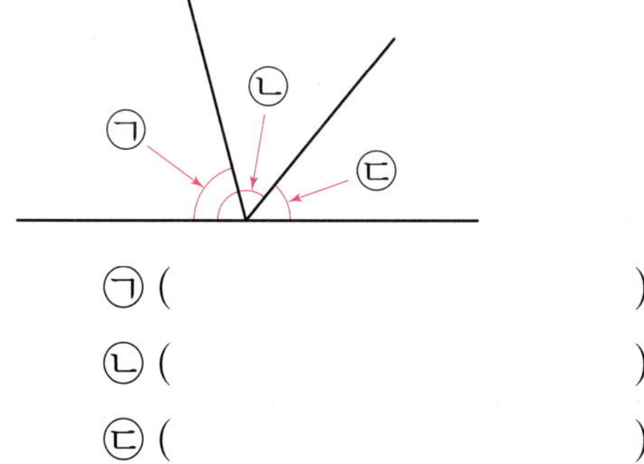

㉠ （　　　　　　　　　　）
㉡ （　　　　　　　　　　）
㉢ （　　　　　　　　　　）

2-3 예각과 둔각을 각각 그려 보시오.

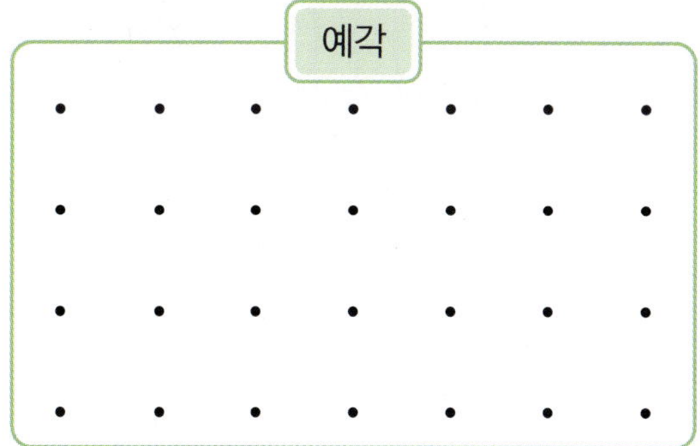

2-4 시각을 시계에 나타내었을 때 긴바늘과 짧은바늘이 이루는 작은 쪽의 각을 예각, 직각, 둔각으로 구분하시오.

(1) 9시　　　　　（　　　　　　　　　　）

(2) 3시 30분　　（　　　　　　　　　　）

(3) 10시 10분　（　　　　　　　　　　）

해결의 창

각도기를 이용하여 각도를 잴 때 다음을 주의해야 합니다.
① 각도기의 중심을 각의 꼭짓점에 맞춰야 하고, 각도기의 밑금을 각의 한 변에 맞춰야 합니다.
② 각도기의 밑금과 만나는 각의 한 변에서 시작하여 각의 나머지 한 변과 만나는 각도기의 눈금을 읽어야 합니다.

2 / 각도

---

3 각도 어림하기, 각도의 합과 차

- 각도 어림하기
  어림한 각도와 잰 각도의 차이가 작을수록 어림을 더 잘한 것입니다.
- 각도의 합과 차
  자연수의 덧셈, 뺄셈과 같이 계산한 다음 단위(˚)를 붙입니다.

예 $50°, 110°$ — 합: $50° + 110° = 160°$
   └ 차: $110° - 50° = 60°$
     └ 큰 각도에서 작은 각도를 뺍니다.

3-1 경수와 민아 중 누가 어림을 더 잘했습니까?

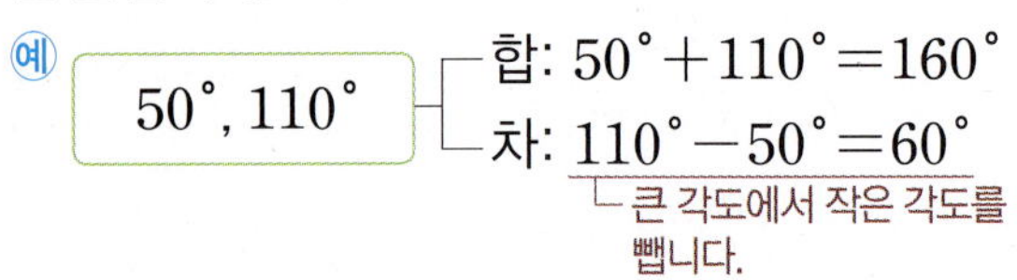

(   )

서술형 창의·융합

3-2 이탈리아에 있는 피사의 사탑은 기울어져 있습니다. 피사의 사탑과 땅 사이의 각도를 어림해 보고, 왜 그렇게 어림하였는지 이유를 쓰시오.

어림한 각도: 약 [　　　]

이유 ___________________________

____

____

3-3 각도의 합과 차를 구하시오.

(1) $70° + 50°$ (2) $90° - 35°$

3-4 □ 안에 알맞은 수를 써넣으시오.

(1)
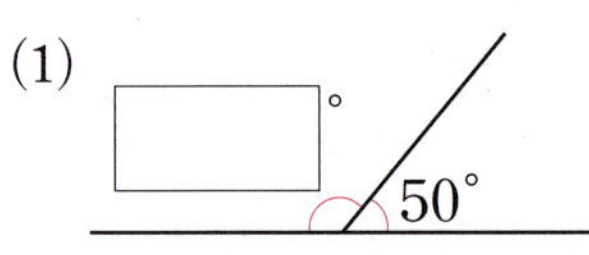

(2)
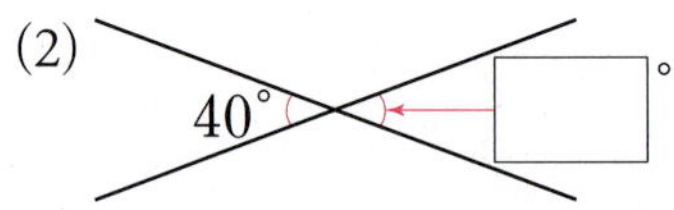

3-5 각도가 큰 것부터 차례로 기호를 쓰시오.

㉠ $90° + 145°$	㉡ $180° + 95°$
㉢ $270° - 72°$	㉣ $360° - 138°$

(   )

3-6 도형에서 ㉮의 각도를 구하시오.

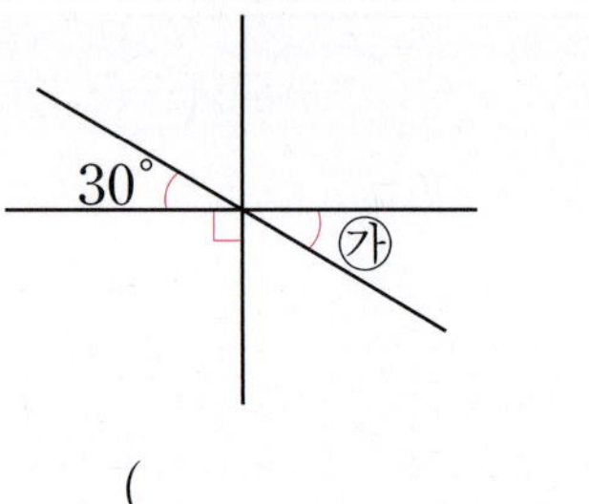

(   )

4 삼각형의 세 각의 크기의 합

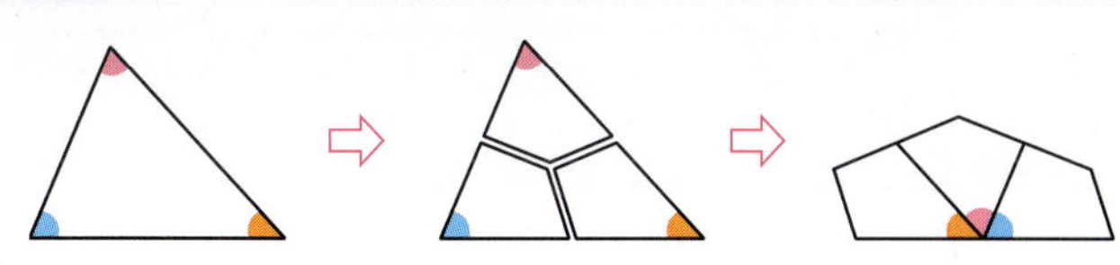

삼각형의 세 각의 크기의 합은 **180°**입니다.

4-1 □ 안에 알맞은 수를 써넣으시오.

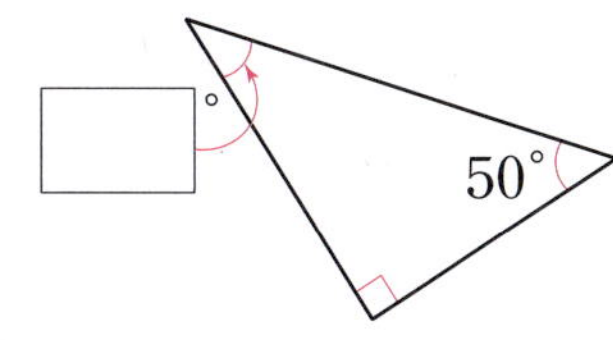

서술형

4-2 오른쪽 삼각형에서 ㉠과 ㉡의 각도의 합은 얼마인지 풀이 과정을 쓰고 답을 구하시오.

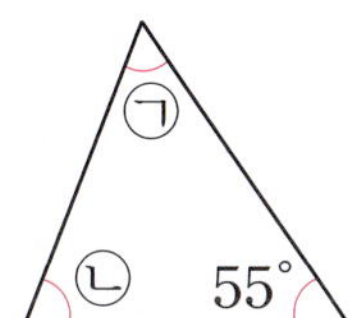

풀이 _______________________

____

____

답 _______________________

4-3 도형에서 ㉠의 각도를 구하시오.

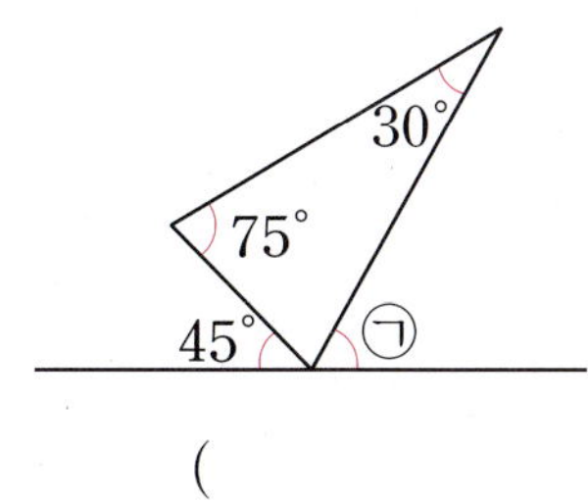

(   )

5 사각형의 네 각의 크기의 합

사각형의 네 각의 크기의 합은 **360°**입니다.

5-1 오른쪽 사각형의 각도를 바르게 재었으면 ○표, 잘못 재었으면 ×표 하시오.

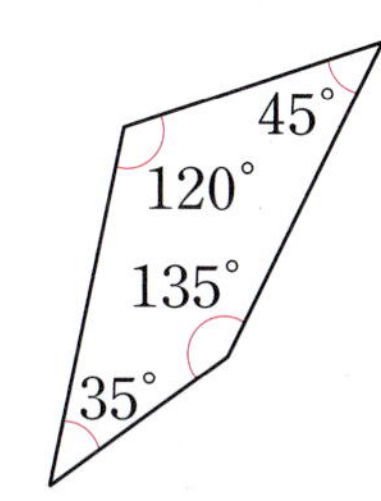

(   )

창의·융합

5-2 다음 남아프리카공화국의 국기에서 ㉠과 ㉡의 각도의 합을 구하시오.

(   )

5-3 도형에서 ㉠의 각도를 구하시오.

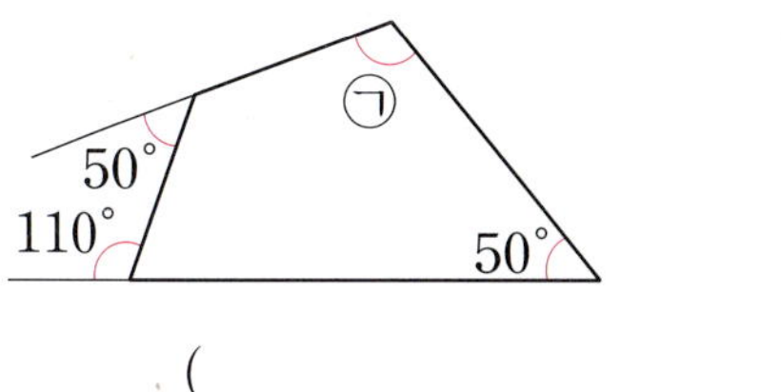

(   )

해결의 창 **사각형**에서 **네 각의 크기의 합이 360°**임을 이용하여 모르는 각의 크기를 구할 수 있습니다.
- 한 각(㉠)의 크기를 모르는 사각형: ㉠=360°−(나머지 세 각의 크기의 합)
- 두 각(㉠, ㉡)의 크기를 모르는 사각형: ㉠+㉡=360°−(나머지 두 각의 크기의 합)
- 세 각(㉠, ㉡, ㉢)의 크기를 모르는 사각형: ㉠+㉡+㉢=360°−(나머지 한 각의 크기)

2 STEP 응용 유형 익히기

응용 1 각도 구하기

오른쪽 그림은 (1)직각을 크기가 같은 6개의 각으로 나눈 것입니다. / (2)각 ㄴㅇㅂ의 크기는 몇 도입니까?

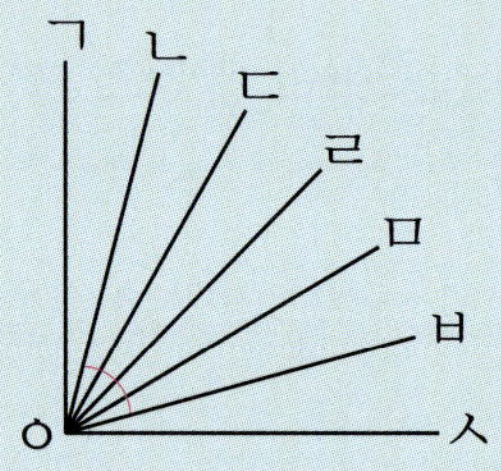

(　　　　　　　　　　)

해결의 법칙

(1) 각 ㄱㅇㄴ의 크기를 구해 봅니다.

(2) 각 ㄴㅇㅂ은 각 ㄱㅇㄴ의 몇 배인지를 이용하여 각 ㄴㅇㅂ의 크기를 구해 봅니다.

예제 1-1 오른쪽 그림은 360°를 크기가 같은 9개의 각으로 나눈 것입니다. 각 ㄴㅊㅁ의 크기는 몇 도입니까?

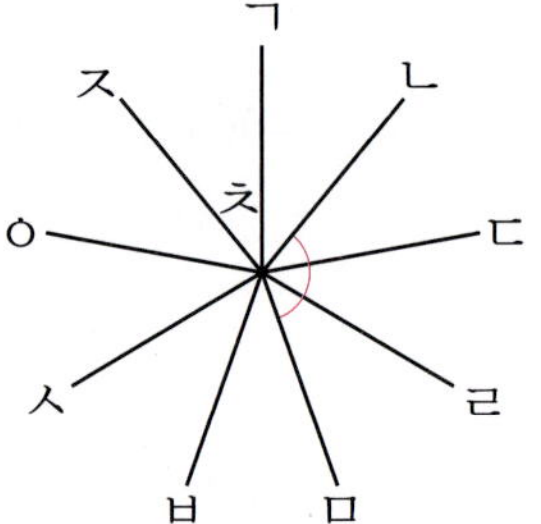

(　　　　　　　　　　)

예제 1-2 도형에서 각 ㄱㅇㄷ의 크기는 160°이고, 각 ㄴㅇㄹ의 크기는 135°입니다. 각 ㄴㅇㄷ의 크기는 몇 도입니까?

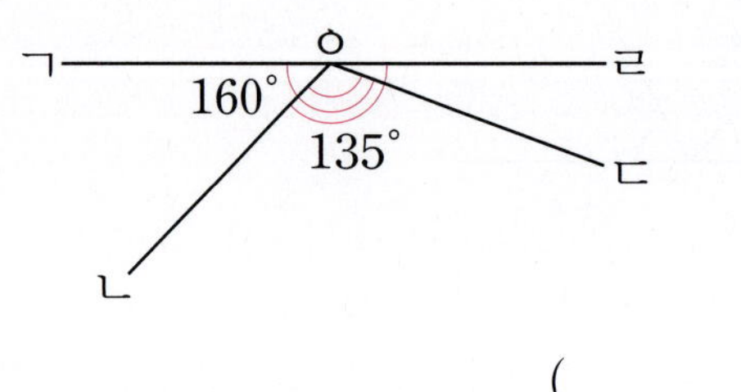

(　　　　　　　　　　)

응용 2 각도의 합과 차 계산하기

(2) 각도가 큰 것부터 차례로 기호를 쓰시오.

(1)

$$\bigcirc\ 190°-25° \qquad \bigcirc\!\!\bigcirc\ 90°+83° \qquad \bigcirc\!\!\!\bigcirc\!\!\!\bigcirc\ 77°+54°$$

(   )

해결의 법칙

(1) 각도의 합과 차를 계산하여 ㉠, ㉡, ㉢의 각도를 각각 구해 봅니다.

(2) 각도를 비교하여 각도가 큰 것부터 차례로 기호를 써 봅니다.

예제 2 – 1 각도가 작은 것부터 차례로 기호를 쓰시오.

$$\bigcirc\ 155°-35° \qquad\qquad \bigcirc\!\!\bigcirc\ 86°+33°$$
$$\bigcirc\!\!\!\bigcirc\!\!\!\bigcirc\ 95°+26° \qquad\qquad ㉣\ 172°-58°$$

(   )

예제 2 – 2 같은 모양은 같은 각도를 나타냅니다. ▲에 알맞은 각도를 구하시오.

- ■ $+80°=125°$
- ■ $+$ ■ $=$ ★
- ★ $-16°=$ ▲

(   )

응용 3 삼각자를 이용하여 만든 각도 구하기

오른쪽 그림은 두 삼각자를 겹쳐서 만든 것입니다. ⁽²⁾㉠의 각도를 구하시오.

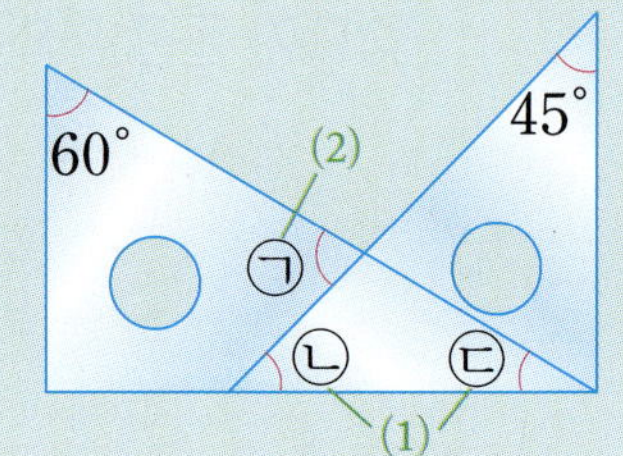

( )

(1) 삼각형의 세 각의 크기의 합을 이용하여 ㉡과 ㉢의 각도를 구해 봅니다.

(2) ㉠의 각도를 구해 봅니다.

예제 3–1 오른쪽 그림은 두 삼각자를 겹쳐서 만든 것입니다. ㉠의 각도를 구하시오.

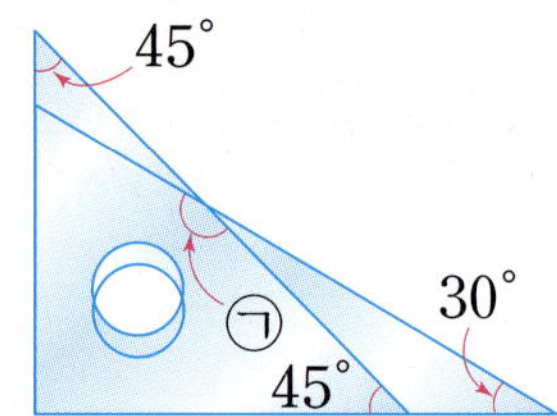

( )

예제 3–2 오른쪽 두 삼각자를 이어 붙여서 만들 수 있는 각도 중 두 번째로 큰 각도를 구하시오.

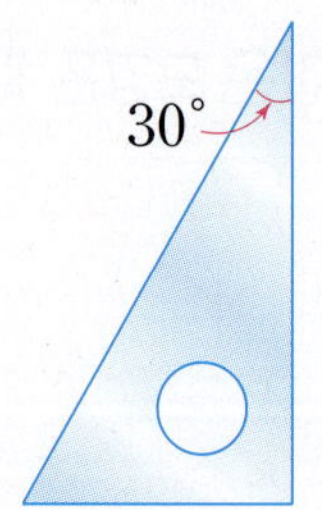

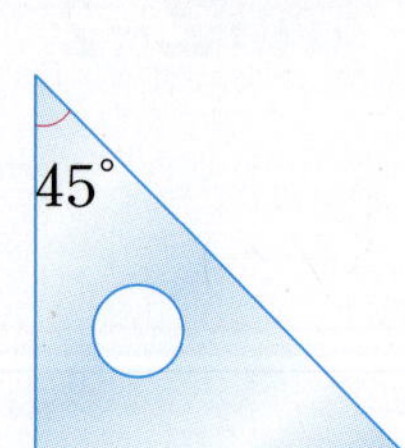

( )

응용 4 시계에서 예각과 둔각 알아보기

(1)효정이는 오전 8시 30분에 등교하여 7시간 후에 하교합니다. /(2)효정이가 학교에 있는 시각 중에서 시계의 긴바늘이 12를 가리키고 /(3)긴바늘과 짧은바늘이 이루는 작은 쪽의 각이 예각인 경우는 모두 몇 번 있습니까?

(   )

(1) 효정이가 하교하는 시각을 알아봅니다.

(2) 등교 시각과 하교 시각 사이에서 시계의 긴바늘이 12를 가리키는 시각을 모두 구해 봅니다.

(3) (2)의 시각 중 긴바늘과 짧은바늘이 이루는 작은 쪽의 각이 예각인 경우를 세어 봅니다.

예제 4-1 시각을 시계에 나타내었을 때 긴바늘과 짧은바늘이 이루는 작은 쪽의 각이 둔각인 것을 모두 찾아 기호를 쓰시오.

> ㉠ 9시   ㉡ 2시 50분   ㉢ 11시   ㉣ 12시 30분   ㉤ 5시 5분   ㉥ 6시

(   )

예제 4-2 다음을 보고 지금 시각을 구하시오.

> • 지금 시계의 긴바늘은 12를 가리킵니다.
> • 지금부터 1시간 전 시계의 긴바늘과 짧은바늘이 이루는 작은 쪽의 각은 예각이었습니다.
> • 지금부터 1시간 후 시계의 긴바늘과 짧은바늘이 이루는 작은 쪽의 각은 둔각입니다.

(   )

응용 5 그림에서 찾을 수 있는 크고 작은 예각과 둔각의 수 알아보기

오른쪽 그림에서 [1], [2] 찾을 수 있는 크고 작은 둔각은 [3] 모두 몇 개입니까?

(   )

(1) 각 2개로 이루어진 둔각을 찾아봅니다.

(2) 각 3개로 이루어진 둔각을 찾아봅니다.

(3) 크고 작은 둔각은 모두 몇 개인지 구해 봅니다.

예제 5-1 오른쪽 그림에서 찾을 수 있는 크고 작은 예각은 모두 몇 개입니까?

(   )

예제 5-2 오른쪽 그림에서 찾을 수 있는 크고 작은 예각과 둔각은 모두 몇 개입니까?

(   )

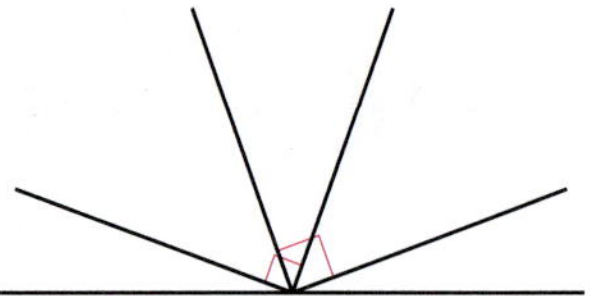

응용 6 삼각형의 세 각의 크기의 합 활용하기

2. 각도

오른쪽 그림과 같이 삼각형 2개를 겹쳐 놓았습니다. ⁽³⁾㉠의 각도를 구하시오.

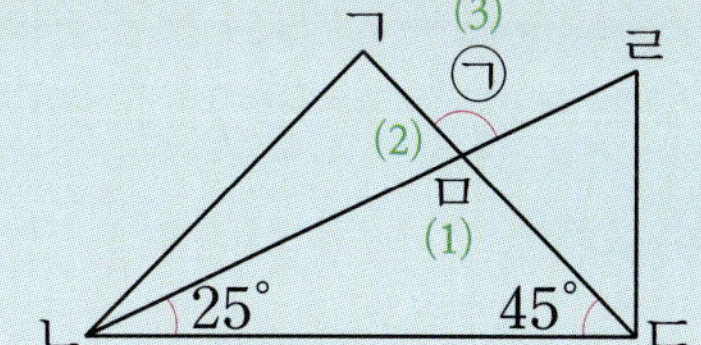

(　　　　　　　)

해결의 법칙

(1) 삼각형 ㅁㄴㄷ에서 각 ㄴㅁㄷ의 크기를 구해 봅니다.

(2) 각 ㄱㅁㄴ의 크기를 구해 봅니다.

(3) ㉠의 각도를 구해 봅니다.

2

각도

예제 6 – 1 오른쪽 그림에서 □ 안에 알맞은 수를 써넣으시오.

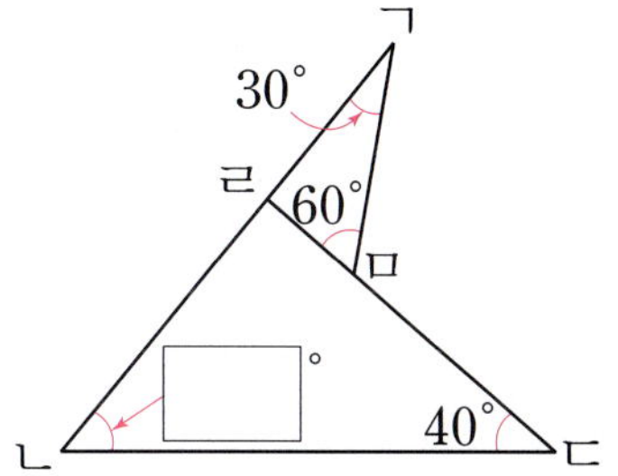

예제 6 – 2 오른쪽 사각형 ㄱㄴㄷㄹ은 직사각형입니다. 각 ㄷㄱㅁ의 크기는 몇 도입니까?

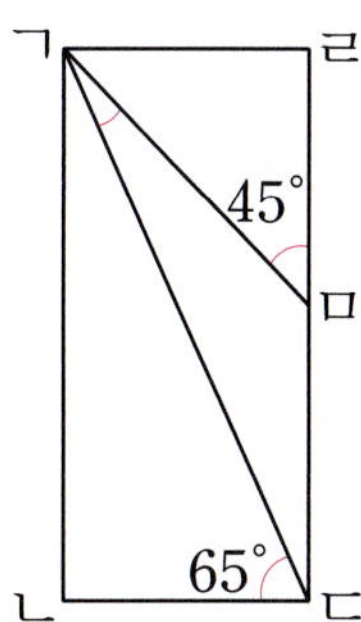

(　　　　　　　)

응용 7 사각형의 네 각의 크기의 합 활용하기

오른쪽 그림과 같이 직사각형 모양의 종이를 접었습니다. ⁽³⁾각 ㄱㅁㅂ의 크기는 몇 도입니까?

(   )

해결의 법칙

(1) 각 ㄱㄷㅁ의 크기를 구해 봅니다.

(2) 사각형 ㄱㄴㄷㅁ에서 각 ㄱㅁㄷ의 크기를 구해 봅니다.

(3) 각 ㄱㅁㅂ의 크기를 구해 봅니다.

예제 7-1 오른쪽 그림과 같이 직사각형 모양의 종이를 접었습니다. 각 ㄷㅁㅂ의 크기는 몇 도입니까?

(   )

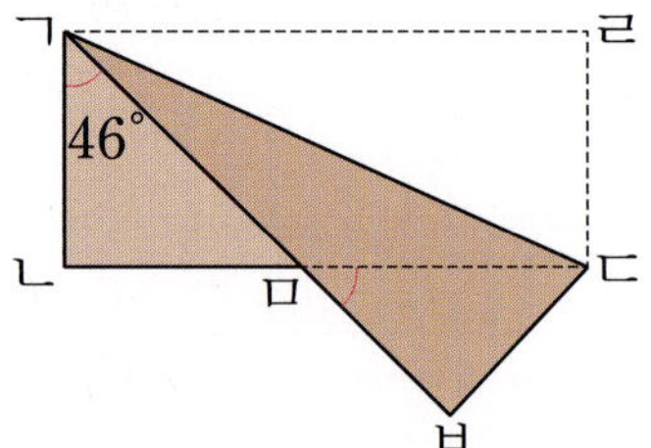

예제 7-2 오른쪽 도형에서 각 ㄱㄹㄷ의 크기는 각 ㄹㄷㅁ의 크기보다 29°가 작습니다. 각 ㄱㄴㄷ의 크기는 몇 도입니까?

(   )

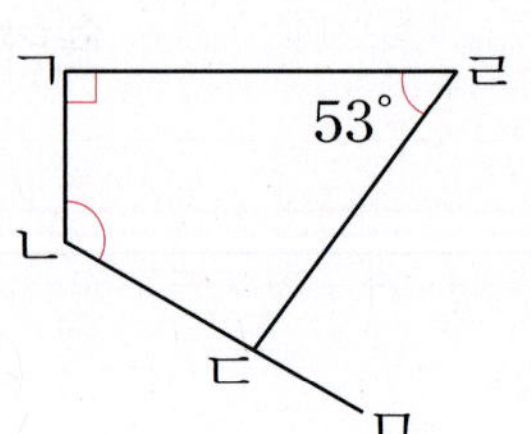

응용 **8** 여러 가지 도형에서 각도 구하기

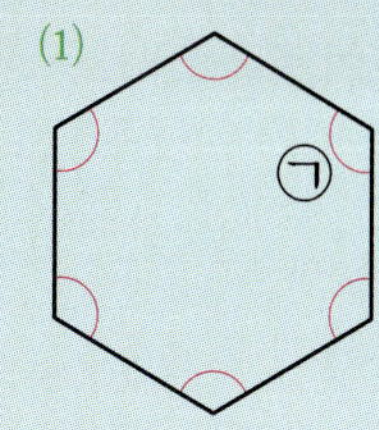

오른쪽 (2) 도형 안에 있는 각 6개의 크기는 모두 같습니다. / (3) ㉠의 각도를 구하시오. (1)

(   )

해결의 법칙

(1) 도형을 가장 적은 수의 삼각형으로 나누면 삼각형은 몇 개인지 구해 봅니다.

(2) 도형 안에 있는 각 6개의 크기의 합을 구해 봅니다.

(3) ㉠의 각도를 구해 봅니다.

2

각도

예제 8 –1 오른쪽 도형에서 각 ㄹㅁㅂ의 크기는 100°이고, 나머지 각의 크기는 모두 같습니다. ㉠의 각도를 구하시오.

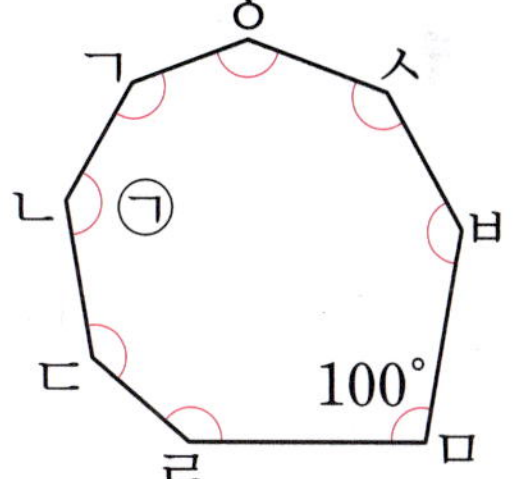

(   )

예제 8 –2 오른쪽 도형에서 ㉮의 각도를 구하시오.

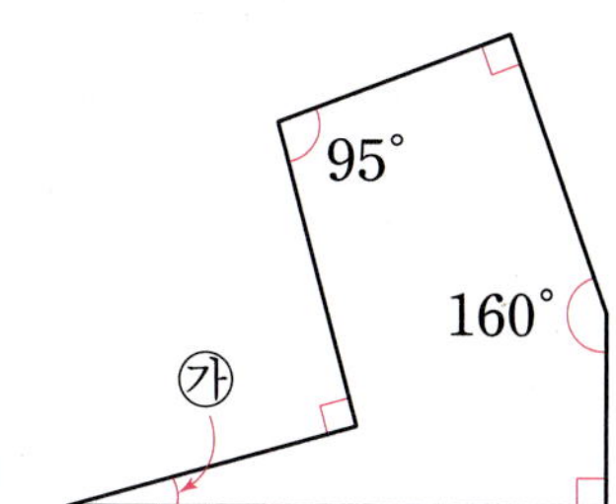

(   )

3 STEP 응용 유형 뛰어넘기

각의 크기 비교하기, 각의 크기 재기

1 도형에서 크기가 가장 작은 각을 찾아 각도를 재어 보시오.

🐴쌍둥이

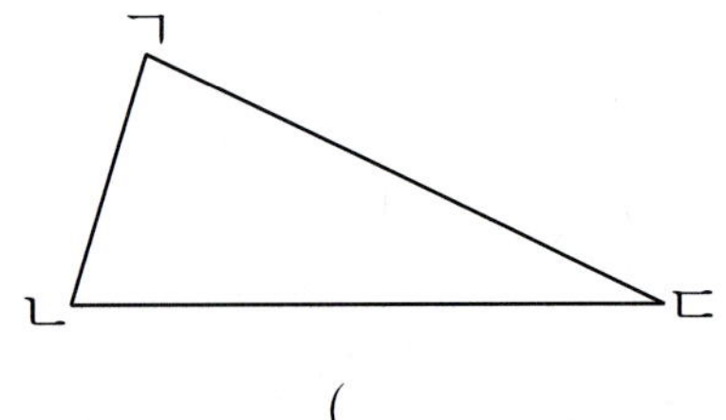

( )

삼각형의 세 각의 크기의 합, 예각 알아보기

2 삼각형의 세 각 중에서 두 각의 크기를 나타낸 것입니다. 나머지 한 각이 예각인 것은 어느 것입니까? ( )

🐴쌍둥이

① 25°, 55° ② 70°, 15°

③ 50°, 20° ④ 80°, 30°

⑤ 40°, 35°

사각형의 네 각의 크기의 합 〔서술형〕

3 경호는 사각형을 그림과 같이 4개의 삼각형으로 나누어 사각형의 네 각의 크기의 합을 구했습니다. 바르게 구했으면 ◯표, 잘못 구했으면 ✕표를 하고 그 이유를 쓰시오.

🐴쌍둥이

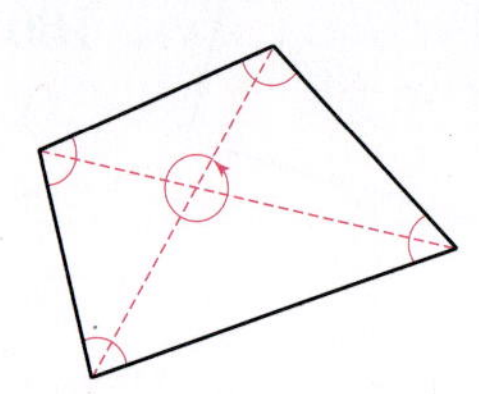

( )

〔이유〕

사각형의 네 각의 크기의 합   `창의·융합`

4 ㉮와 ㉯ 접이식 옷걸이에서 볼 수 있는 사각형에 대해 바르게 말한 사람은 누구입니까?

🟠쌍둥이
🟠동영상

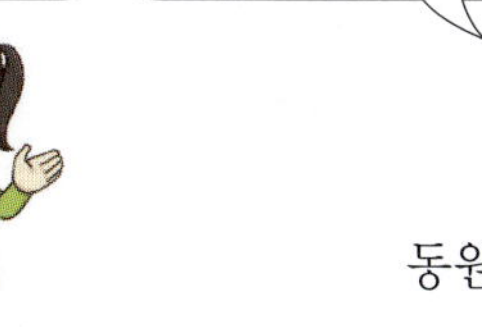

(   )

각도 구하기

5 오른쪽과 같이 원 모양의 피자를 크기가 같은 8개의 조각으로 나눈 다음 3조각을 먹었습니다. ㉠의 각도를 구하시오.

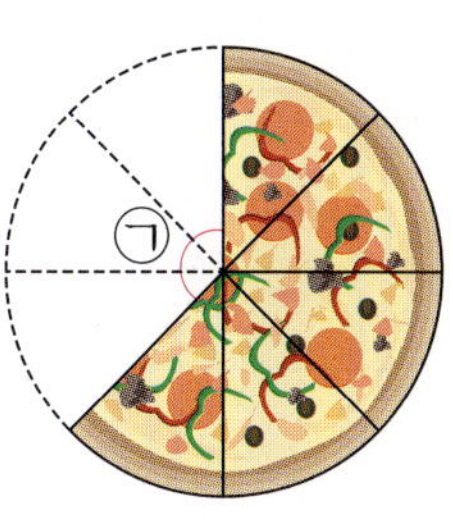

(   )

사각형의 네 각의 크기의 합

6 도형에서 각 ㄹㄷㅅ의 크기를 구하시오.

🟠쌍둥이

120°   130°   114°   82°

(   )

시계에서 예각 알아보기 　　창의·융합

7 대화를 읽고 지후 아버지의 시계가 가리키는 시각은 몇 시인지 구하시오.

🌀쌍둥이
▶동영상

(　　　　　　　　)

삼각형의 세 각의 크기의 합 　　서술형

8 오른쪽 도형에서 각 ㄹㅁㄷ의 크기는 몇 도인지 풀이 과정을 쓰고 답을 구하시오.

🌀쌍둥이
▶동영상

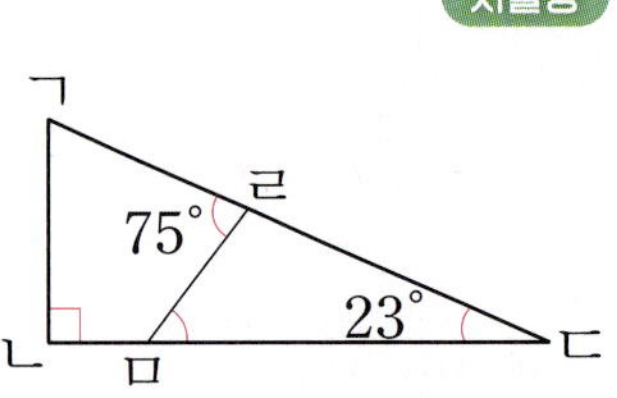

(　　　　　　　　)

풀이

시계에서 각도 알아보기

9 두 시계의 긴바늘과 짧은바늘이 이루는 작은 쪽의 각의 크기의 합을 구하시오.

(　　　　　　　　)

둔각 알아보기

10 오른쪽 도형에서 각 ㄱㄴㄹ과 각 ㄹㄴㄷ의 크기는 같습니다. 도형 안에서 찾을 수 있는 둔각의 크기는 몇 도인지 풀이 과정을 쓰고 답을 구하시오.

서술형

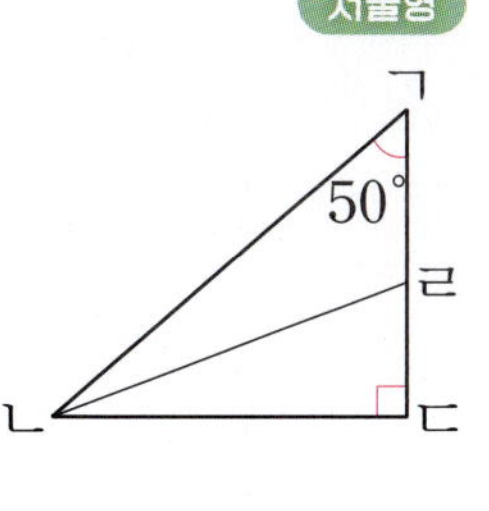

(   )

풀이

삼각형의 세 각의 크기의 합

11 두 삼각자를 겹쳐 놓았습니다. □ 안에 알맞은 수를 써넣으시오.

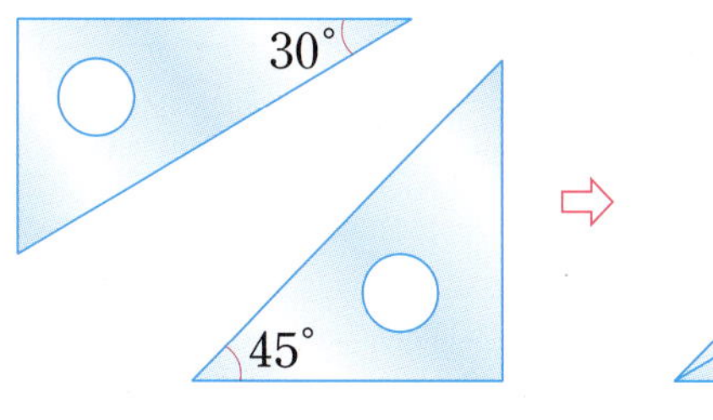
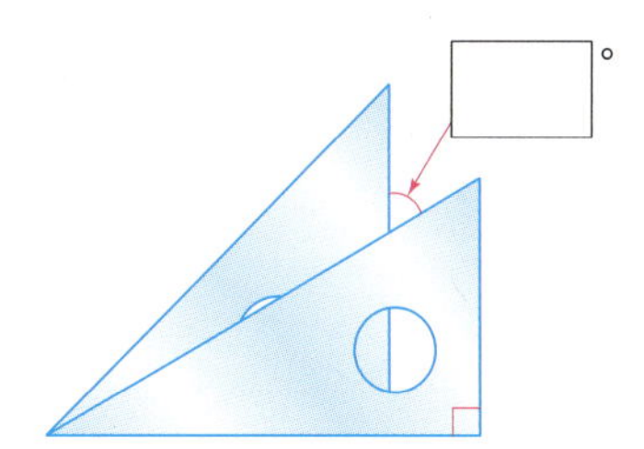

삼각형의 세 각의 크기의 합

12 삼각형의 세 각 ㉠, ㉡, ㉢이 다음 조건을 모두 만족합니다. ㉠, ㉡, ㉢의 각도를 각각 구하시오.

> • ㉠은 ㉢보다 40°가 큽니다.
> • ㉡은 ㉢보다 35°가 큽니다.

㉠ (   )
㉡ (   )
㉢ (   )

2
각도

삼각형의 세 각의 크기의 합

13 삼각형 ㄱㄴㄷ에서 각 ㄴㄱㄷ을 크기가 같은 4개의 각
으로 나누었습니다. 각 ㄱㄹㅁ의 크기를 구하시오.

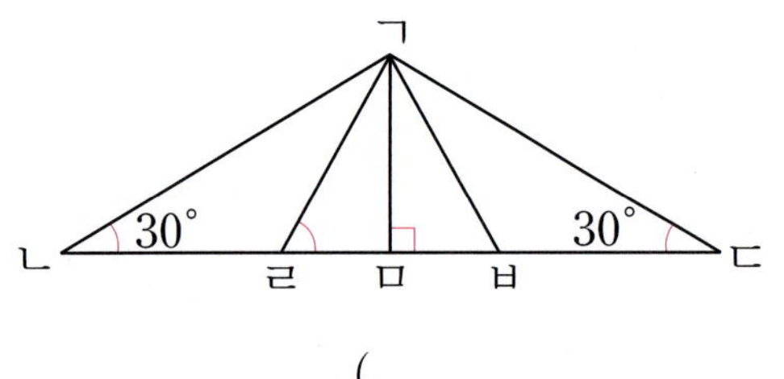

(   )

삼각형의 세 각의 크기의 합

14 그림과 같이 직사각형 모양의 종이를 접었습니다. ㉮의
각도를 구하시오.

쌍둥이
▶동영상

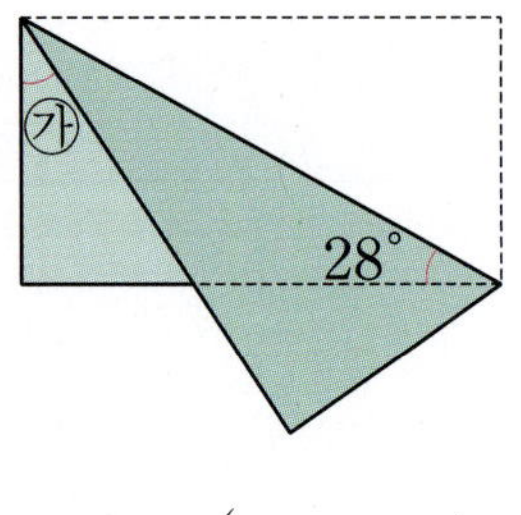

(   )

사각형의 네 각의 크기의 합

15 도형에서 ㉠, ㉡, ㉢의 각도의 합을 구하시오.

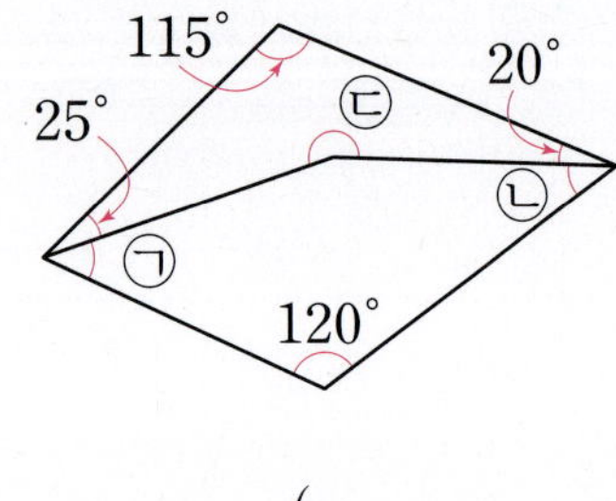

(   )

삼각형의 세 각의 크기의 합

16 도형에서 각 ㄴㄱㄷ의 크기를 구하시오.

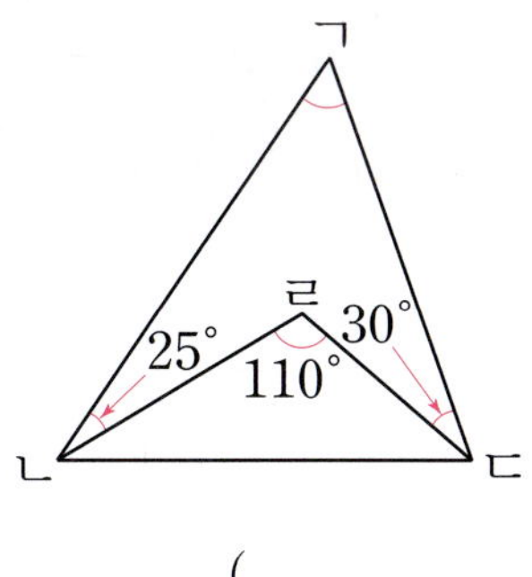

(   )

삼각형의 세 각의 크기의 합, 사각형의 네 각의 크기의 합

17 🔖쌍둥이 ▶동영상
사각형 ㄱㄴㄷㄹ에서 (각 ㄹㄱㅁ)=(각 ㄴㄱㅁ), (각 ㄱㄴㅁ)=(각 ㅁㄴㄷ)일 때 각 ㄱㅁㄴ의 크기를 구하시오.

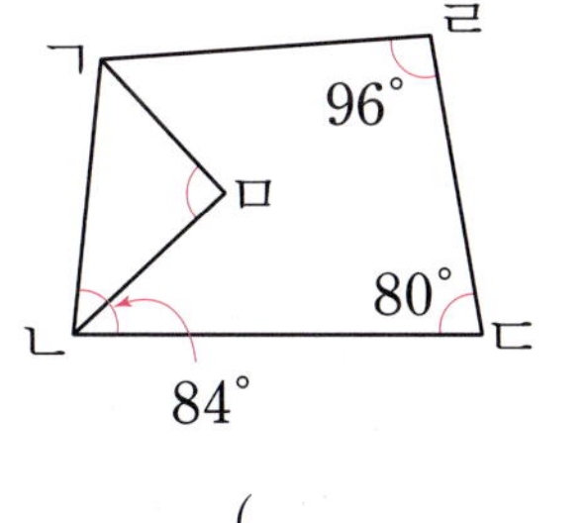

(   )

여러 가지 도형에서 각도 구하기

18 🔖쌍둥이 ▶동영상
오른쪽 그림은 3개의 도형을 겹치지 않게 이어 붙여 놓은 것입니다. 각각의 도형 안에 있는 각의 크기는 모두 같을 때 ㉮의 각도를 구하시오.

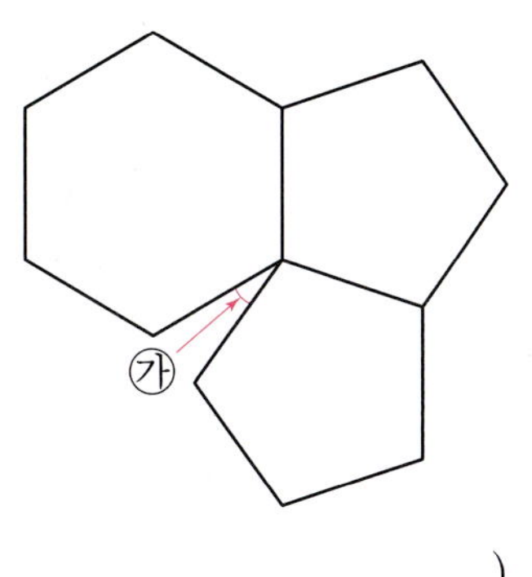

(   )

1 각의 크기가 큰 순서대로 ( ) 안에 번호를 써넣으시오.

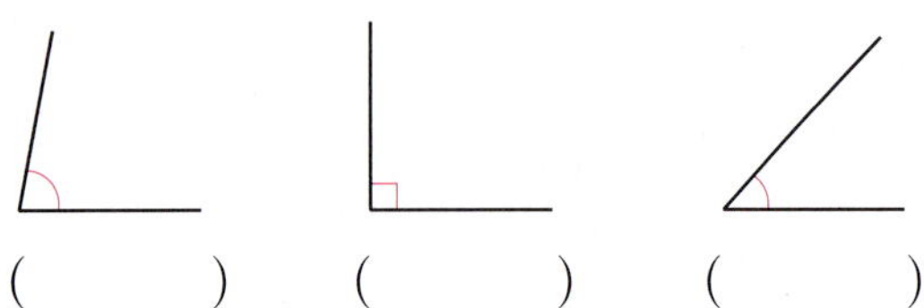

( )　　　( )　　　( )

2 각도를 잰 것입니다. □ 안에 알맞은 수를 써넣으시오.

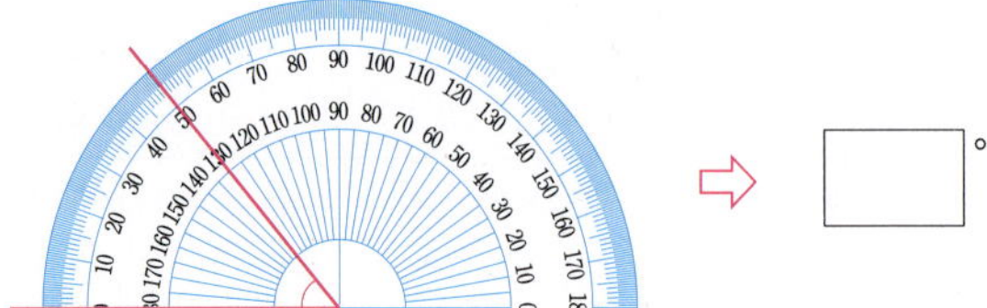

3 각도를 어림하고 각도기로 재어 보시오.

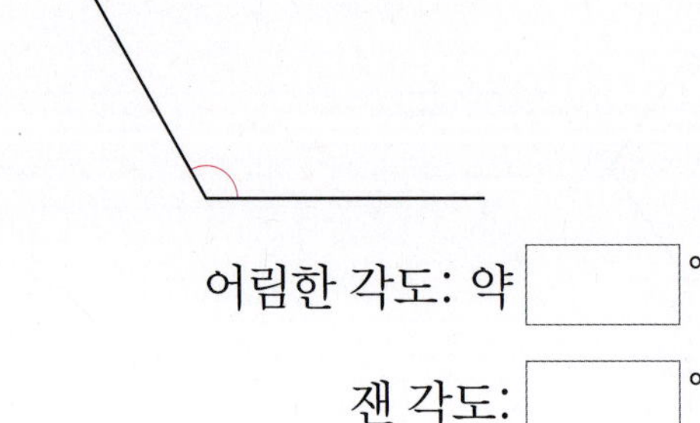

어림한 각도: 약 [　]°

잰 각도: [　]°

4 다음은 빅벤이라 불리는 영국 런던에 있는 시계탑의 큰 시계입니다. 시계의 긴바늘과 짧은바늘이 이루는 작은 쪽의 각은 예각과 둔각 중 어느 것입니까?

( )

5 예각을 모두 찾아 기호를 쓰시오.

| ㉠ 156° | ㉡ 68° | ㉢ 95° |
| ㉣ 90° | ㉤ 44° | ㉥ 70° |

( )

6 각도의 합과 차를 구하시오.

(1) $85° + 70°$　　　(2) $40° + 120°$

(3) $95° - 60°$　　　(4) $170° - 55°$

서술형

7 두 각의 크기가 각각 $63°$, $76°$인 삼각형의 나머지 한 각의 크기는 몇 도인지 풀이 과정을 쓰고 답을 구하시오.

풀이 ____________________

____

____

____

답 ____________________

8 그림에서 크기가 가장 작은 각을 찾아 각도를 재어 보시오.

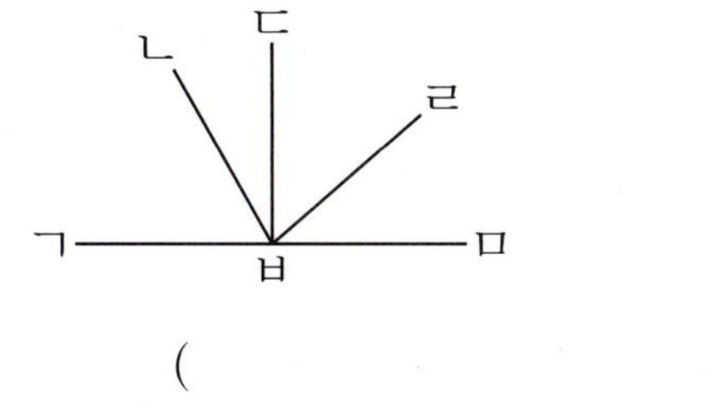

(　　　　　　　　)

9 삼각형을 잘라서 세 꼭짓점이 한 점에 모이도록 이어 붙였습니다. ㉠의 각도를 구하시오.

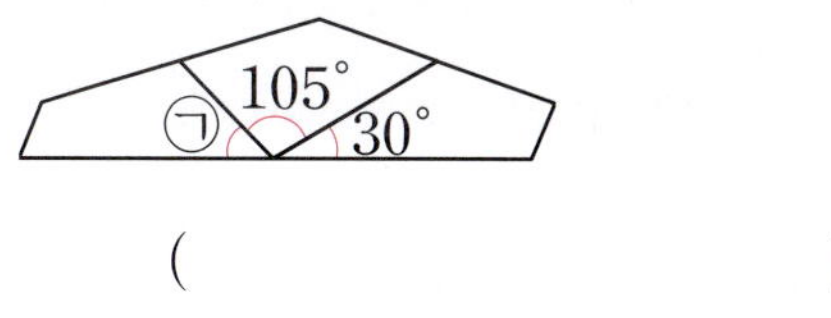

(　　　　　　　　)

[10~11] □ 안에 알맞은 수를 써넣으시오.

10
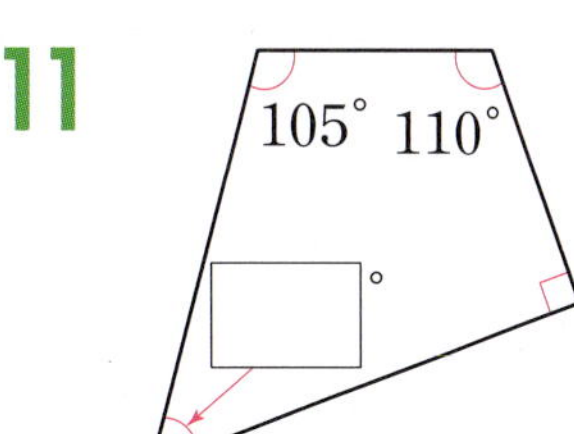

11

12 사각형에서 ㉠과 ㉡의 각도의 합을 구하시오.

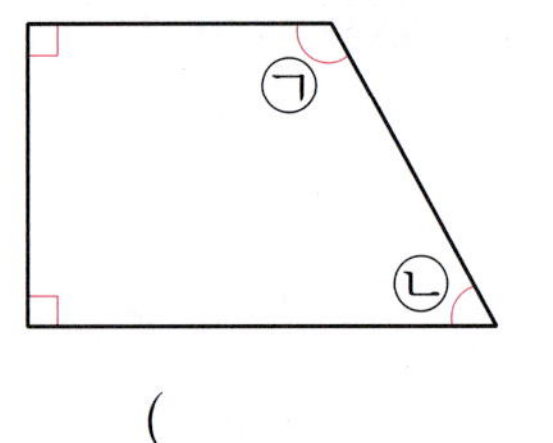

( )

13 크기를 비교하여 ◯ 안에 >, =, < 중 알맞은 것을 써넣으시오.

$$45° + 135° \bigcirc 275° - 95°$$

서술형

14 각도가 <u>잘못된</u> 도형을 찾아 기호를 쓰고, 잘못된 이유를 쓰시오.

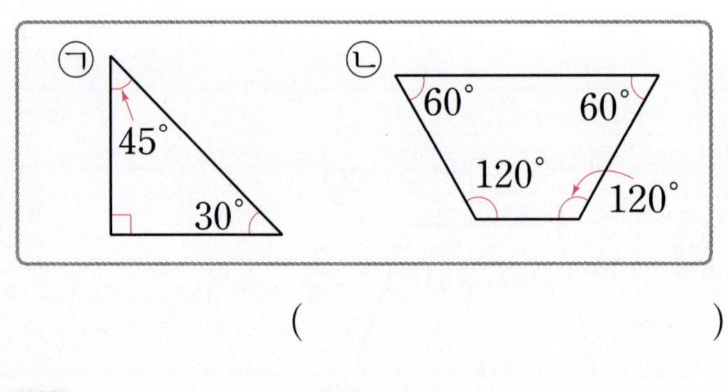

( )

이유 ___________________

____

____

15 그림과 같이 직사각형 모양의 종이를 접었습니다. ㉠의 각도를 구하시오.

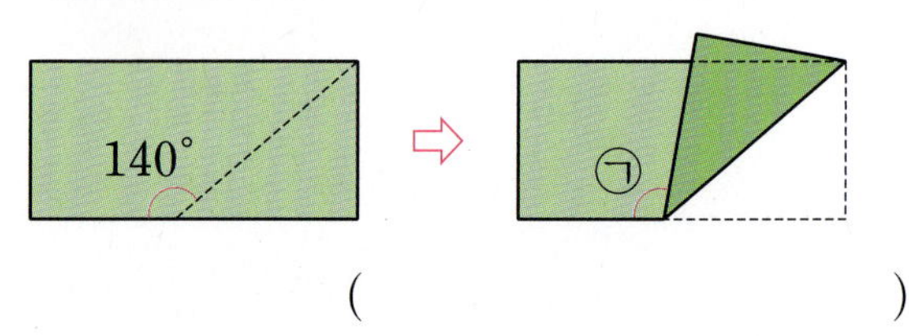

( )

창의·융합

16 희정이가 두 삼각자를 이어 붙여서 ㉠과 ㉡을 만든 것입니다. ㉠과 ㉡의 각도의 차를 구하시오.

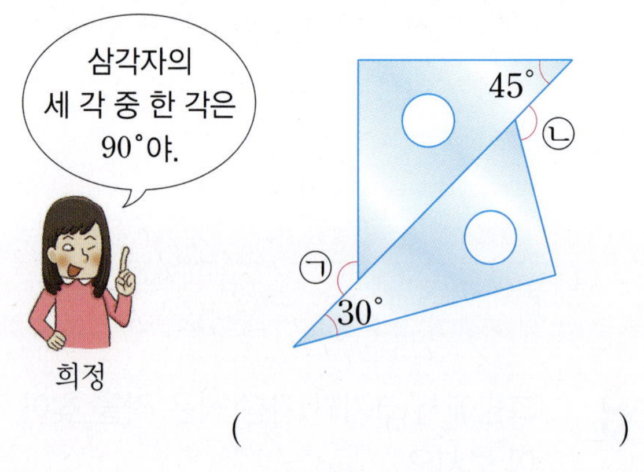

( )

17 같은 기호는 같은 각도를 나타냅니다. ㉢에 알맞은 각도를 구하시오.

> · ㉠＋㉠＋㉠＝150°
> · ㉡＋㉡＝160°
> · ㉢＋㉢＝㉠＋㉡

(   )

18 그림에서 찾을 수 있는 크고 작은 예각과 둔각의 수의 차는 몇 개입니까?

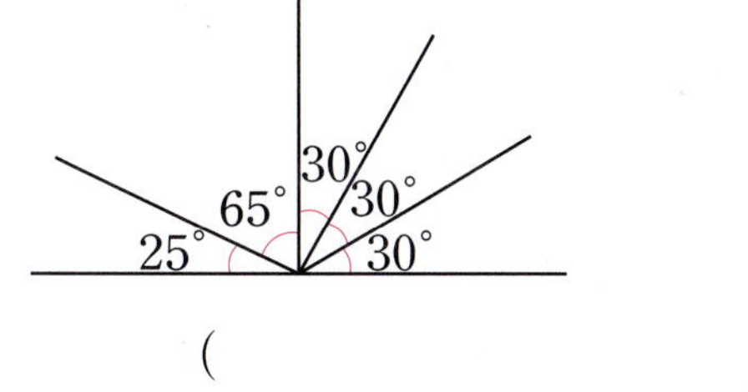

(   )

19 도형에서 각 ㄴㄱㄷ의 크기는 몇 도인지 풀이 과정을 쓰고 답을 구하시오.

풀이 ______________________________

____

____

____

답 ______________________________

2

각도

20 □ 안에 알맞은 수를 써넣으시오.

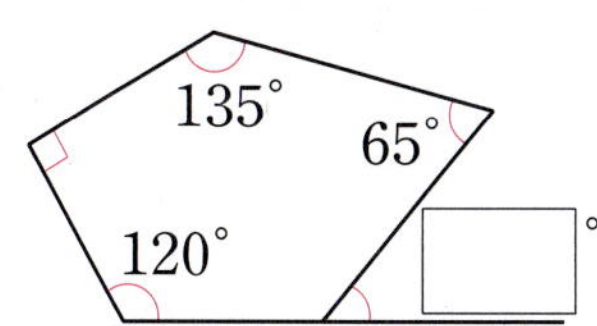

1 크기가 오른쪽과 같은 각 여러 개를 각의 꼭짓점은 한 점에 모이고 각의 한 변은 겹치도록 이어 붙여 둔각을 만들려고 합니다. 만들 수 있는 둔각을 모두 그리고 각도를 구하시오.

27°

(   )

2 한 줄에 있는 네 각도의 합이 사각형의 네 각의 크기의 합과 같도록 ◯ 안에 •**보기**•의 각도 중 알맞은 것을 써넣으시오.

•보기•
90°,   80°,   30°
40°,   70°,   45°

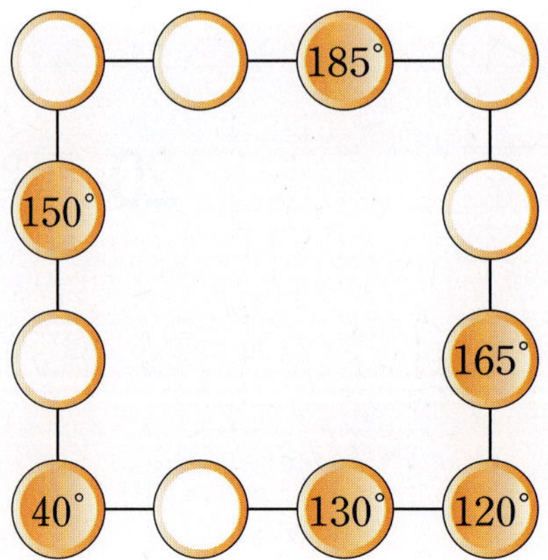

3 곱셈과 나눗셈

3. 곱셈과 나눗셈

비법 1 (세 자리 수)×(몇십)

- (세 자리 수)×(몇십)

$162 \times 3 = 486$
$162 \times 30 = 4860$ ⟩10배

$$\begin{array}{r} 1\ 6\ 2 \\ \times\quad\ 3 \\ \hline 4\ 8\ 6 \end{array} \Rightarrow \begin{array}{r} 1\ 6\ 2 \\ \times\quad\ 3\ 0 \leftarrow 0이\ 1개 \\ \hline 4\ 8\ 6\ 0 \leftarrow 0이\ 1개 \end{array}$$

- (몇백)×(몇십)

$200 \times 3 = 600$
$200 \times 30 = 6000$ ⟩10배

$$\begin{array}{r} 2\ 0\ 0 \leftarrow 0이\ 2개 \\ \times\quad\ 3\ 0 \leftarrow 0이\ 1개 \\ \hline 6\ 0\ 0\ 0 \leftarrow 0이\ 3개 \end{array}$$

비법 2 (세 자리 수)×(두 자리 수)

- 374×26의 계산

$$\begin{array}{r} 3\ 7\ 4 \\ \times\quad\ 6 \\ \hline 2\ 2\ 4\ 4 \end{array} \Rightarrow \begin{array}{r} 3\ 7\ 4 \\ \times\quad\ 2\ 0 \\ \hline 7\ 4\ 8\ 0 \end{array} \Rightarrow \begin{array}{r} 3\ 7\ 4 \\ \times\quad\ 2\ 6 \\ \hline 2\ 2\ 4\ 4 \\ 7\ 4\ 8\ 0 \\ \hline 9\ 7\ 2\ 4 \end{array} \quad \begin{array}{r} 3\ 7\ 4 \\ \times\quad\ 2\ 6 \\ \hline 2\ 2\ 4\ 4 \\ 7\ 4\ 8\ \square \rightarrow 0을\ 생략 \\ \hline 9\ 7\ 2\ 4 \end{array}$$

① 세 자리 수와 두 자리 수의 일의 자리 수를 곱합니다.

② 세 자리 수와 두 자리 수의 십의 자리 수를 곱합니다.

③ 두 곱셈의 계산 결과를 더합니다.

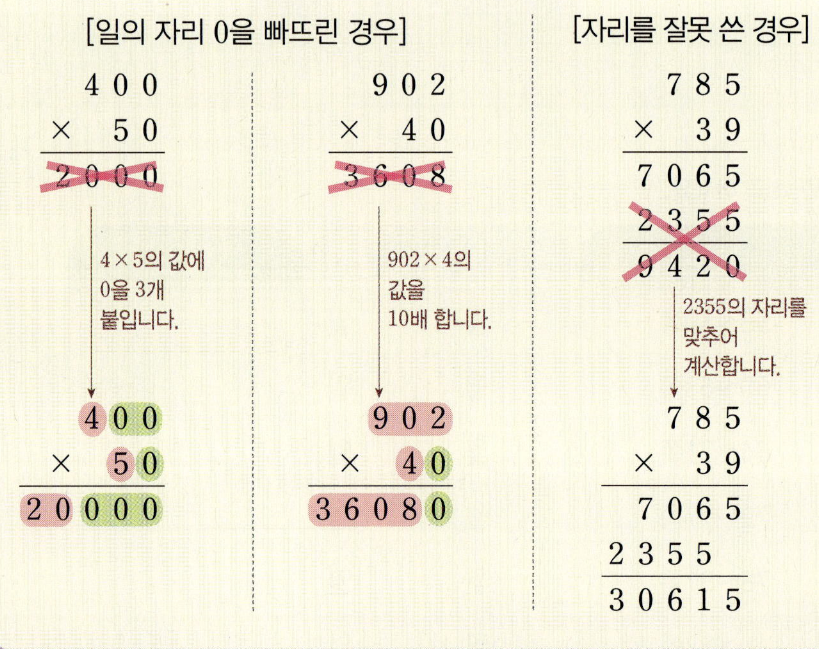

잘못된 곱셈 계산

[일의 자리 0을 빠뜨린 경우]

$$\begin{array}{r} 4\ 0\ 0 \\ \times\quad\ 5\ 0 \\ \hline \cancel{2\ 0\ 0\ 0} \end{array}$$

4×5의 값에 0을 3개 붙입니다.

$$\begin{array}{r} 4\ 0\ 0 \\ \times\quad\ 5\ 0 \\ \hline 2\ 0\ 0\ 0\ 0 \end{array}$$

[자리를 잘못 쓴 경우]

$$\begin{array}{r} 9\ 0\ 2 \\ \times\quad\ 4\ 0 \\ \hline \cancel{3\ 6\ 0\ 8} \end{array}$$

902×4의 값을 10배 합니다.

$$\begin{array}{r} 9\ 0\ 2 \\ \times\quad\ 4\ 0 \\ \hline 3\ 6\ 0\ 8\ 0 \end{array}$$

$$\begin{array}{r} 7\ 8\ 5 \\ \times\quad\ 3\ 9 \\ \hline 7\ 0\ 6\ 5 \\ \cancel{2\ 3\ 5\ 5} \\ \hline \cancel{9\ 4\ 2\ 0} \end{array}$$

2355의 자리를 맞추어 계산합니다.

$$\begin{array}{r} 7\ 8\ 5 \\ \times\quad\ 3\ 9 \\ \hline 7\ 0\ 6\ 5 \\ 2\ 3\ 5\ 5 \\ \hline 3\ 0\ 6\ 1\ 5 \end{array}$$

일·등·특·강

- **(세 자리 수)×(몇십)**

(세 자리 수)×(몇)을 계산한 다음 그 값에 0을 1개 붙입니다.

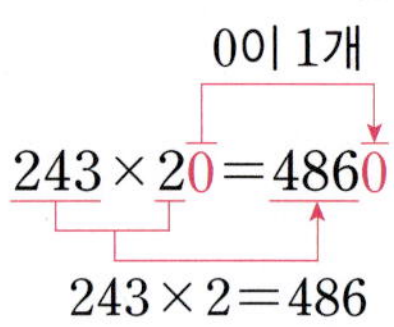

0이 1개
$243 \times 20 = 4860$
$243 \times 2 = 486$

- **(몇백)×(몇십)**

(몇)×(몇)의 값에 두 수의 0의 개수만큼 0을 붙입니다.

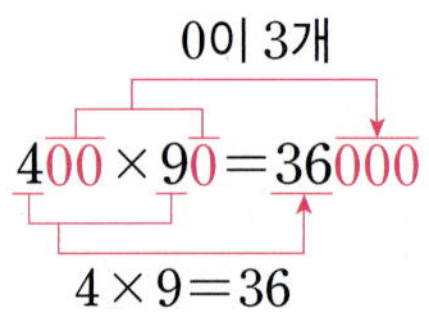

0이 3개
$400 \times 90 = 36000$
$4 \times 9 = 36$

- **(세 자리 수)×(두 자리 수)**

235×42의 계산

(1) 어림하기

235는 200보다 크고, 42는 40보다 크므로 계산 결과는 $200 \times 40 = 8000$보다 클 것입니다.

(2) 가로로 계산

235×42
$= 235 \times 2 + 235 \times 40$
$= 470 + 9400$
$= 9870$

(3) 세로로 계산

$$\begin{array}{r} 2\ 3\ 5 \\ \times\quad\ 4\ 2 \leftarrow 40+2 \\ \hline 4\ 7\ 0 \leftarrow 235 \times 2 \\ 9\ 4\ 0 \leftarrow 235 \times 40 \\ \hline 9\ 8\ 7\ 0 \end{array}$$

비법 ③ 나눗셈

• 몫을 정하는 방법

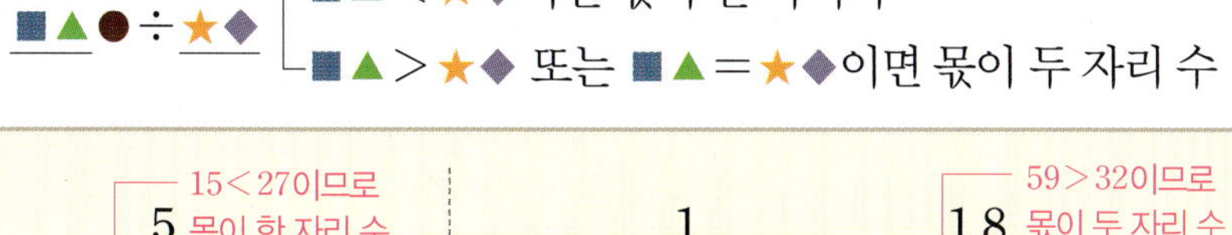

$$
\begin{array}{r}
5 \\
24{\overline{\smash{\big)}\,165}} \\
\underline{120} \\
45
\end{array}
\quad
\begin{array}{r}
6 \\
24{\overline{\smash{\big)}\,165}} \\
\underline{144} \\
21
\end{array}
\quad
\begin{array}{r}
7 \\
24{\overline{\smash{\big)}\,165}} \\
168
\end{array}
$$

(몫을 1 크게 합니다.) → (몫을 1 작게 합니다.)

(나머지)>(나누는 수)　(빼 수 없습니다.)

• (세 자리 수)÷(두 자리 수)의 몫의 자릿수 알아보기

$$
\underline{■}\,\underline{▲}\,●\,÷\,\underline{★}\,◆
\begin{cases}
■▲ < ★◆\ 이면\ 몫이\ 한\ 자리\ 수 \\
■▲ > ★◆\ 또는\ ■▲ = ★◆\ 이면\ 몫이\ 두\ 자리\ 수
\end{cases}
$$

15<27이므로 몫이 한 자리 수

$$
\begin{array}{r}
5 \\
27{\overline{\smash{\big)}\,153}} \\
\underline{135} \\
18
\end{array}
$$

$$
\begin{array}{r}
1 \\
32{\overline{\smash{\big)}\,597}} \\
\underline{32} \\
27
\end{array}
\ \Rightarrow\
\begin{array}{r}
18 \\
32{\overline{\smash{\big)}\,597}} \\
\underline{32} \\
277 \\
\underline{256} \\
21
\end{array}
$$

59>32이므로 몫이 두 자리 수

나눗셈에서 나머지와 계산 결과 확인하기

① 나눗셈에서 나머지는 나누는 수보다 작습니다.
② 나누는 수와 몫의 곱에 나머지를 더하면 나누어지는 수가 되는지 확인합니다.

● → 몫
▲)■
♥
★ → 나머지

■÷▲=●…★ ⇨ 확인 ▲×●=♥, ♥+★=■

비법 ④ 나누어지는 수와 나누는 수 구하기

문제에 맞는 나눗셈식을 세운 다음 계산 결과 확인하는 방법을 이용하여 어떤 수를 구합니다.

예 어떤 수를 12로 나누었더니 몫이 5이고 나머지가 7입니다.
⇨ (어떤 수)÷12=5 … 7에서
12×5=60,
60+7=67이므로
(어떤 수)=67입니다.

예 82를 어떤 수로 나누었더니 몫이 4이고 나머지가 2입니다.
⇨ 82÷(어떤 수)=4 … 2에서
(어떤 수)×4+2=82,
(어떤 수)×4=80,
(어떤 수)=20입니다.

일·등·특·강

• (두 자리 수)÷(두 자리 수)

$$
\begin{array}{l}
14×4=56 \\
14×5=70 \\
14×6=84
\end{array}
\qquad
\begin{array}{r}
5 ←\ 몫 \\
14{\overline{\smash{\big)}\,73}} \\
\underline{70} \\
3 ←\ 나머지
\end{array}
$$

나누어지는 수
$73÷14=5…3$
나누는 수　몫　나머지

확인 $14×5=70,\ 70+3=73$

• (세 자리 수)÷(몇십)

$$
\begin{array}{l}
40×7=280 \\
40×8=320 \\
40×9=360
\end{array}
\qquad
\begin{array}{r}
8 ←\ 몫 \\
40{\overline{\smash{\big)}\,325}} \\
\underline{320} \\
5 ←\ 나머지
\end{array}
$$

$325÷40=8…5$

확인 $40×8=320,\ 320+5=325$

• (세 자리 수)÷(두 자리 수)

(1) 몫이 한 자리 수인 경우

$$
\begin{array}{r}
6 \\
27{\overline{\smash{\big)}\,167}} \\
\underline{162}←\ 27×6 \\
5
\end{array}
$$

$167÷27=6…5$

확인 $27×6=162,$
　　$162+5=167$

(2) 몫이 두 자리 수인 경우

$$
\begin{array}{r}
31 \\
24{\overline{\smash{\big)}\,749}} \\
\underline{720}←\ 24×30 \\
29←\ 749-720 \\
\underline{24}←\ 24×1 \\
5←\ 29-24
\end{array}
$$

$749÷24=31…5$

확인 $24×31=744,$
　　$744+5=749$

3

곱셈과　나눗셈

STEP 1 기본 유형 익히기

1 (세 자리 수)×(몇십)

(세 자리 수)×(몇십)의 값은 (세 자리 수)×(몇)의 값의 10배입니다.

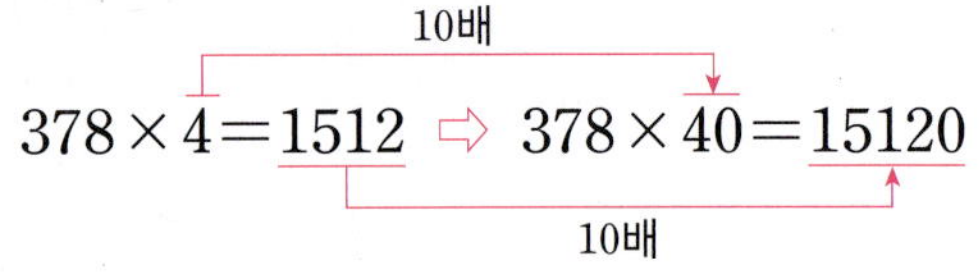

$$378 \times 4 = 1512 \ \Rightarrow \ 378 \times 40 = 15120$$

1-1 계산을 하시오.

(1) 682×40　　　　(2) 300×80

1-2 곱이 다른 하나를 찾아 ○표 하시오.

$$600 \times 30 \qquad 90 \times 200 \qquad 400 \times 40$$

1-3 곱의 크기를 비교하여 ○ 안에 >, =, < 중 알맞은 것을 써넣으시오.

$$700 \times 70 \ \bigcirc \ 50 \times 900$$

1-4 잘못 계산한 사람을 찾아 이름을 쓰시오.

(　　　　　　　　　)

1-5 한 봉지에 950원인 과자를 50봉지 사고 50000원을 냈습니다. 거스름돈으로 얼마를 받아야 합니까?

(　　　　　　　　　)

서술형

1-6 지우가 저금통을 열었더니 50원짜리 동전이 146개, 500원짜리 동전이 20개 있었습니다. 저금통에 있던 돈은 모두 얼마인지 풀이 과정을 쓰고 답을 구하시오.

풀이 _______________________

____

답 _______________________

2 (세 자리 수)×(두 자리 수)

곱하는 수를 일의 자리와 십의 자리로 나누어 각각 곱을 구한 후 두 곱을 더합니다.

```
      5 7 2
  ×   3 5  ← 30+5
    2 8 6 0  ← 572×5
  1 7 1 6    ← 572×30
  2 0 0 2 0
```

2-1 □ 안에 알맞은 수를 써넣으시오.

$$378 \times 45 = \boxed{}$$

2-2 계산에서 잘못된 곳을 찾아 바르게 고쳐 계산하시오.

```
    6 1 9
 ×    7 4
 --------
  2 4 7 6
  4 3 3 3
 --------
  6 8 0 9
```

⇨

```
    6 1 9
 ×    7 4
 --------
```

창의·융합

2-3 대화를 읽고 미희가 주말 농장에서 가져온 오이는 모두 몇 개인지 구하시오.

(　　　　　　　　)

2-4 곱이 더 큰 것을 찾아 기호를 쓰시오.

㉠ 729 × 65	㉡ 854 × 53

(　　　　　　　　)

서술형

2-5 생활에서 '158 × 45'와 관련된 문제를 만들어 식을 쓰고 답을 구하시오.

문제 ____________________

____

____

식 ____________________

답 ____________________

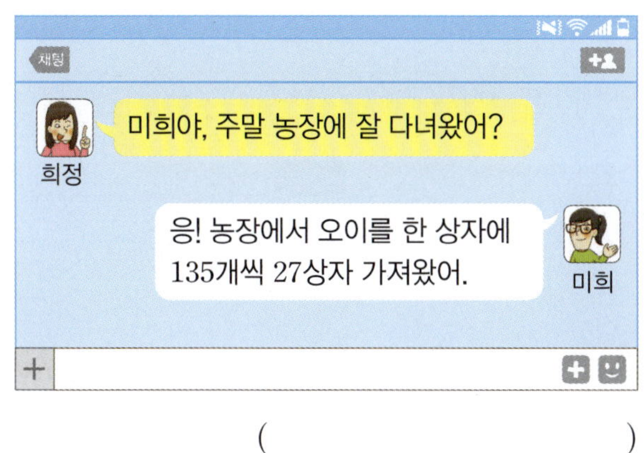

2-6 하늘 마을에는 864가구가 살고 있습니다. 이 마을에 사는 모든 가구들이 다음과 같은 전기 절약 운동에 참여하고 있습니다. 이 마을에서 하루 동안 절약한 전기 요금은 얼마입니까?

전기 절약 방법	한 등 끄기	플러그 뽑기
한 가구에서 하루에 절약되는 전기 요금(원)	45	65

(　　　　　　　　)

2-7 어느 시계탑의 종은 두 시간마다 한 번씩 울립니다. 1년을 365일로 계산한다면 이 시계탑의 종은 1년 동안 몇 번 울립니까?

(　　　　　　　　)

3 곱셈과 나눗셈

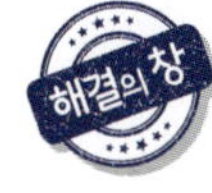

해결의 창

곱셈(㉠㉡㉢ × ■▲)을 세로로 계산할 때
곱하는 수(■▲)를 일의 자리(▲)와 십의 자리(■)로 나누어 곱한 결과를 자리에 맞추어 써야 합니다.
(이때 ㉠㉡㉢ × ■가 실제로는 ㉠㉡㉢ × ■0임을 몰라 자리를 잘못 써서 틀리는 경우가 있으므로 주의해야 합니다.)

3 (두 자리 수)÷(두 자리 수)

$$
\begin{array}{r}
2 \leftarrow \text{몫} \\
40\overline{\smash{)}85} \\
80 \\
\hline
5 \leftarrow \text{나머지}
\end{array}
$$

$85 \div 40 = 2 \cdots 5$

확인 $40 \times 2 = 80$, $80 + 5 = 85$

$$
\begin{array}{r}
4 \leftarrow \text{몫} \\
14\overline{\smash{)}59} \\
56 \\
\hline
3 \leftarrow \text{나머지}
\end{array}
$$

$59 \div 14 = 4 \cdots 3$

확인 $14 \times 4 = 56$, $56 + 3 = 59$

4 (세 자리 수)÷(몇십)

$$
\begin{array}{r}
9 \\
30\overline{\smash{)}274} \\
270 \\
\hline
4
\end{array}
$$

$274 \div 30 = 9 \cdots 4$

확인 $30 \times 9 = 270$, $270 + 4 = 274$

$$
\begin{array}{r}
7 \\
70\overline{\smash{)}495} \\
490 \\
\hline
5
\end{array}
$$

$495 \div 70 = 7 \cdots 5$

확인 $70 \times 7 = 490$, $490 + 5 = 495$

3-1 계산을 하고, 계산 결과가 맞는지 확인하시오.

(1)
$$13\overline{\smash{)}54}$$

확인 ___________________

(2)
$$27\overline{\smash{)}87}$$

확인 ___________________

3-2 나머지의 크기를 비교하여 ○ 안에 >, =, < 중 알맞은 것을 써넣으시오.

$$65 \div 20 \bigcirc 97 \div 30$$

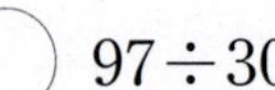
창의·융합

3-3 대화를 읽고 바늘 72개는 몇 쌈인지 구하시오.

( )

4-1 계산을 하고, 계산 결과가 맞는지 확인하시오.

(1)
$$70\overline{\smash{)}356}$$

확인 ___________________

(2)
$$60\overline{\smash{)}247}$$

확인 ___________________

4-2 나머지가 같은 것끼리 선으로 이어 보시오.

$276 \div 80$ •	• $738 \div 90$
$318 \div 50$ •	• $396 \div 40$

4-3 두 포대에 들어 있는 밀가루를 50봉지에 똑같이 나누어 담는다면 한 봉지에 담는 밀가루는 몇 kg입니까?

( )

5　(세 자리 수)÷(두 자리 수)

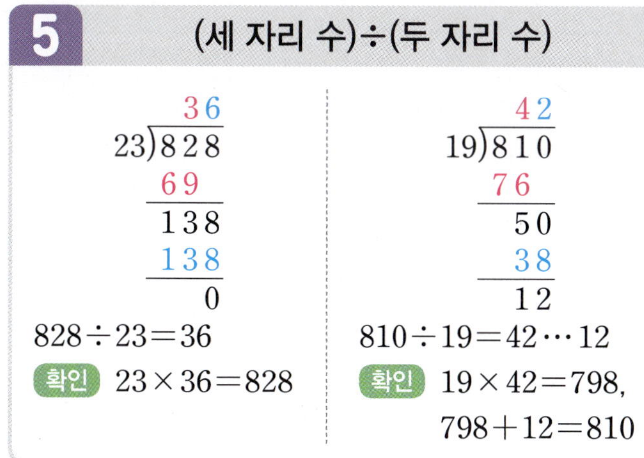

$$23\overline{)828}$$
$$\quad\ \ 69$$
$$\quad\ 138$$
$$\quad\ 138$$
$$\qquad\ 0$$

$$828 \div 23 = 36$$
확인　$23 \times 36 = 828$

$$19\overline{)810}$$
$$\quad\ \ 76$$
$$\quad\ \ 50$$
$$\quad\ \ 38$$
$$\qquad 12$$

$$810 \div 19 = 42 \cdots 12$$
확인　$19 \times 42 = 798,$
　　　 $798 + 12 = 810$

5-1　나눗셈의 몫을 구하시오.

$$784 \div 56$$

(　　　　　　　　　)

5-2　나눗셈의 몫은 ▭ 안에, 나머지는 ◯ 안에 써넣으시오.

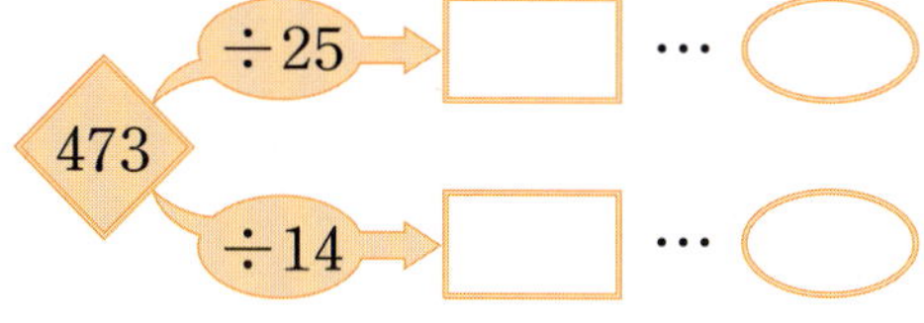

5-3　공책이 125권 있습니다. 이 공책을 15권씩 묶는다면 몇 묶음까지 되고, 몇 권이 남습니까?

(　　　　　　), (　　　　　　)

5-4　길이가 256 cm인 철사를 모두 사용하여 크기가 같은 정사각형 32개를 만들었습니다. 정사각형의 한 변의 길이는 몇 cm입니까?

(　　　　　　　　　)

5-5　수 카드를 한 번씩 모두 사용하여 몫이 가장 큰 (세 자리 수)÷(두 자리 수)를 만들었을 때의 몫을 구하시오.

(　　　　　　　　　)

서술형

5-6　색종이를 24명이 똑같이 나누어 가지면 한 사람이 34장씩 가지고 9장이 남습니다. 이 색종이를 42명이 똑같이 최대한 많이 나누어 가지면 몇 장이 남는지 풀이 과정을 쓰고 답을 구하시오.

풀이 ________________________________

____

____

____

답 ________________________________

· 나눗셈에서 나머지는 나누는 수보다 항상 작아야 합니다.
　(나머지가 나누는 수보다 클 때에는 몫을 크게 하여 다시 계산하고 나머지가 나누는 수보다 작은지 확인합니다.)
· 나눗셈을 한 다음 나누는 수와 몫의 곱에 나머지를 더하면 나누어지는 수가 되는지 확인합니다.

3
곱셈과 나눗셈

STEP 2 응용 유형 익히기

응용 1 (세 자리 수)×(몇십)

다음 두 곱셈식의 □ 안에는 같은 수가 들어갑니다. ㉮에 알맞은 수는 얼마입니까?

$$^{(1)}\ 200 \times \boxed{} = 14000 \qquad ^{(2)}\ 500 \times \boxed{} = ㉮$$

(   )

해결의 법칙

(1) $200 \times \square = 14000$에서 □ 안에 알맞은 수를 구해 봅니다.

(2) ㉮에 알맞은 수를 구해 봅니다.

예제 1-1 그림과 같이 40을 넣으면 8000이 나오는 상자가 있습니다. 이 상자에 60을 넣으면 얼마가 나옵니까?

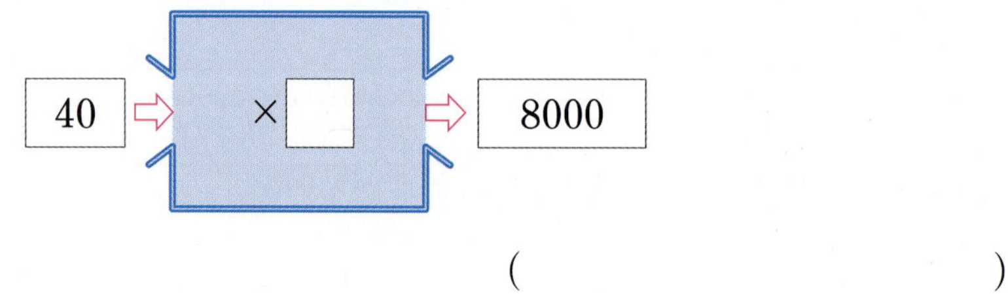

(   )

예제 1-2 ㉠과 ㉡에 알맞은 수의 합을 구하시오.

$$150 \times ㉠ = 4500$$
$$30 \times ㉡ = 9000$$

(   )

(세 자리 수)×(두 자리 수)의 활용

(1) 지우개는 한 상자에 537개씩 45상자 있고, (2) 테이프는 한 상자에 322개씩 75상자 있습니다. (3) 지우개와 테이프 중 어느 것이 몇 개 더 많습니까?

( ), ( )

(1) 지우개는 모두 몇 개인지 구해 봅니다.

(2) 테이프는 모두 몇 개인지 구해 봅니다.

(3) 지우개와 테이프 중 어느 것이 몇 개 더 많은지 구해 봅니다.

예제 2 – 1 성민이네 과수원에서 딴 사과와 배의 수입니다. 사과와 배는 모두 몇 개입니까?

> • 사과: 한 상자에 25개씩 465상자
> • 배: 한 상자에 16개씩 362상자

( )

예제 2 – 2 도서관에 동화책은 책장 한 개에 120권씩 17개의 책장에 꽂혀 있고, 위인전은 책장 한 개에 153권씩 18개의 책장에 꽂혀 있고, 과학책은 책장 한 개에 117권씩 29개의 책장에 꽂혀 있습니다. 동화책, 위인전, 과학책 중에서 가장 많은 책은 가장 적은 책보다 몇 권 더 많습니까?

( )

응용 3 수 카드를 사용하여 곱셈식 만들기

수 카드를 한 번씩 사용하여 만들 수 있는 수 중 (1)가장 작은 세 자리 수/와 (2)두 번째로 큰 두 자리 수/의 (3)곱은 얼마입니까?

| 2 | 9 | 5 | 3 | 8 | 4 | 7 |

(   )

(1) 카드의 수를 작은 수부터 늘어놓아 가장 작은 세 자리 수를 만들어 봅니다.

(2) 카드의 수를 큰 수부터 늘어놓아 두 번째로 큰 두 자리 수를 만들어 봅니다.

(3) (1)과 (2)에서 구한 두 수의 곱을 구해 봅니다.

예제 3-1 수 카드를 한 번씩 사용하여 만들 수 있는 수를 넣어 다음 곱셈식의 곱을 구하시오.

| 9 | 8 | 5 | 6 | 0 | 3 | 2 |

(두 번째로 큰 세 자리 수) × (가장 작은 두 자리 수)

(   )

예제 3-2 수 카드를 한 번씩 사용하여 만들 수 있는 세 자리 수 중 세 번째로 큰 수를 ㉠이라 할 때 ㉠×35를 계산하시오.

| 2 | 5 | 4 | 9 |

(   )

응용 4 — 나누는 수와 나머지의 관계 이용하기

(3) 나눗셈의 몫이 8일 때 □ 안에 들어갈 수 있는 자연수 중 가장 큰 수를 구하시오.

$$\text{(1), (2)} \quad \boxed{} \div 50$$

(　　　　　　　　　)

해결의 법칙

(1) 나눗셈 □÷50에서 나누는 수를 알아봅니다.

(2) □가 가장 크려면 나머지는 얼마가 되어야 하는지 구해 봅니다.

(3) 나눗셈의 몫이 8일 때 □ 안에 들어갈 수 있는 자연수 중 가장 큰 수를 구해 봅니다.

예제 4 – 1 나눗셈의 몫이 5일 때 □ 안에 들어갈 수 있는 자연수 중 가장 큰 수를 구하시오.

$$\boxed{} \div 40$$

(　　　　　　　　　)

예제 4 – 2 나눗셈식의 일부분에 물감이 묻었습니다. ㉠에 들어갈 수 있는 자연수 중 가장 작은 수를 구하시오.

$$㉠ \div \text{■} = 20 \cdots 29$$

(　　　　　　　　　)

응용 5 · 적어도 몇 개인지 구하기

다음 ⁽²⁾사탕을 봉지 한 개에 13개씩 담으려고 합니다. /⁽³⁾사탕을 모두 담으려면 봉지는 적어도 몇 개 필요합니까?

(   )

해결의 법칙

(1) 사탕은 모두 몇 개인지 구해 봅니다.

(2) 사탕을 봉지 한 개에 13개씩 담으면 봉지는 몇 개가 되고, 사탕은 몇 개가 남는지 구해 봅니다.

(3) 사탕을 모두 담으려면 봉지는 적어도 몇 개 필요한지 구해 봅니다.

예제 5–1 농장에 귤이 907개 있었는데 260개를 팔았습니다. 남은 귤을 상자 한 개에 45개씩 담으려고 합니다. 귤을 모두 담으려면 상자는 적어도 몇 개 필요합니까?

(   )

곡식 찧는 일을 하는 곳

예제 5–2 정미소에 있는 쌀을 트럭 한 대에 75가마니씩 실어 운반하면 7번 운반하고 18가마니가 남습니다. 이 쌀을 트럭 한 대에 84가마니씩 실어 모두 운반하려면 적어도 몇 번 운반해야 합니까?

(   )

응용 6 · 수 카드를 사용하여 나눗셈식 만들기

동영상 강의

수 카드 2 , 6 , 5 , 4 , 7 , 9 를 한 번씩 사용하여 만들 수 있는 두 자리 수 중 [(1)]가장 큰 수/를 [(2)]두 번째로 작은 수/로 [(3)]나누었을 때의 몫과 나머지를 각각 구하시오.

몫 (   ), 나머지 (   )

(1) 카드의 수를 큰 수부터 늘어놓아 가장 큰 두 자리 수를 만들어 봅니다.

(2) 카드의 수를 작은 수부터 늘어놓아 두 번째로 작은 두 자리 수를 만들어 봅니다.

(3) 가장 큰 두 자리 수를 두 번째로 작은 두 자리 수로 나누었을 때의 몫과 나머지를 각각 구해 봅니다.

예제 6-1 수 카드를 한 번씩 사용하여 만들 수 있는 수를 넣어 다음 나눗셈식의 몫과 나머지를 각각 구하시오.

0   3   9   5   8   6

(세 번째로 큰 두 자리 수) ÷ (세 번째로 작은 두 자리 수)

몫 (   )
나머지 (   )

예제 6-2 수 카드를 한 번씩 모두 사용하여 몫이 8이고, 나머지가 1인 (두 자리 수) ÷ (두 자리 수)의 나눗셈식을 만들려고 합니다. ☐ 안에 알맞은 수를 써넣으시오.

9   2   1   7

☐☐ ÷ ☐☐ = 8 ⋯ 1

3 곱셈과 나눗셈

응용 7 바르게 계산한 값 구하기

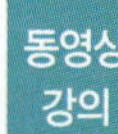

(2)어떤 수/를 23으로 나누어야 할 것을 잘못하여 (1)32로 나누었더니 몫이 6이고, 나머지가 16이었습니다./(3) 바르게 계산했을 때의 몫과 나머지를 각각 구하시오.

몫 (   ), 나머지 (   )

(1) 어떤 수를 □라 하고 잘못 계산한 나눗셈식을 세워 봅니다.

(2) 어떤 수를 구해 봅니다.

(3) 어떤 수를 23으로 나눌 때의 몫과 나머지를 각각 구해 봅니다.

예제 7-1 어떤 수를 12로 나누어야 할 것을 잘못하여 21로 나누었더니 몫이 5이고, 나머지가 10이었습니다. 바르게 계산했을 때의 몫과 나머지를 각각 구하시오.

몫 (   )

나머지 (   )

예제 7-2 경미네 학교 학생들이 버스를 타고 체험 학습을 가려고 합니다. 다음을 보고 학생들이 버스 한 대에 38명씩 탄다면 학생들이 탄 버스는 몇 대가 되고, 버스에 타지 못한 학생은 몇 명인지 각각 구하시오.

(   ), (   )

응용 8 나눗셈에서 □ 안에 알맞은 수 구하기

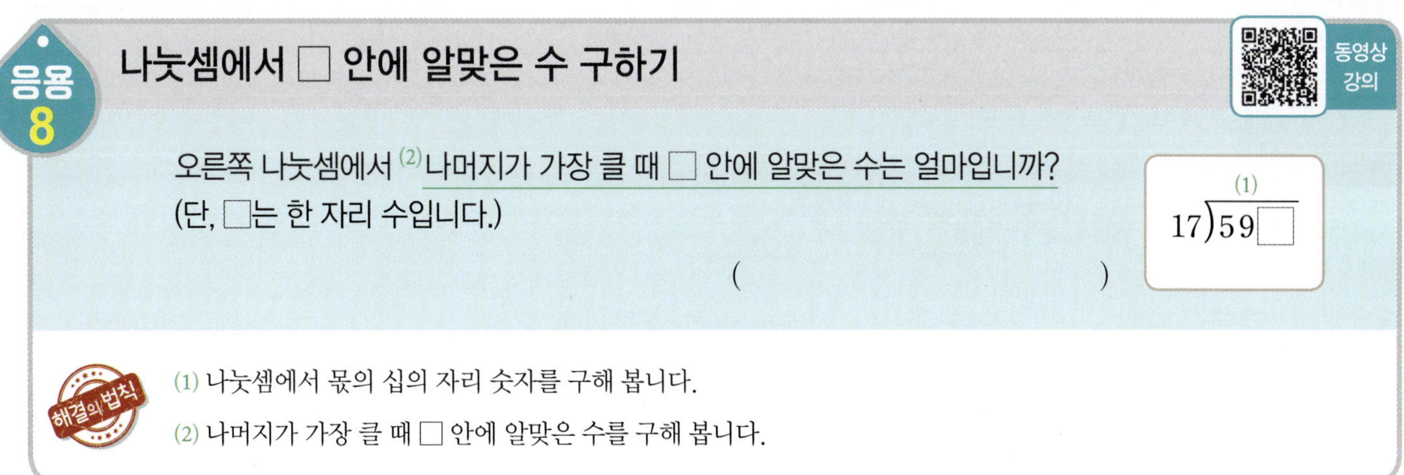

오른쪽 나눗셈에서 (2)나머지가 가장 클 때 □ 안에 알맞은 수는 얼마입니까? (단, □는 한 자리 수입니다.)

(   )

해결의 법칙

(1) 나눗셈에서 몫의 십의 자리 숫자를 구해 봅니다.

(2) 나머지가 가장 클 때 □ 안에 알맞은 수를 구해 봅니다.

예제 8 – 1 오른쪽 나눗셈에서 나머지가 가장 클 때 □ 안에 알맞은 수를 구하시오. (단, □는 한 자리 수입니다.)

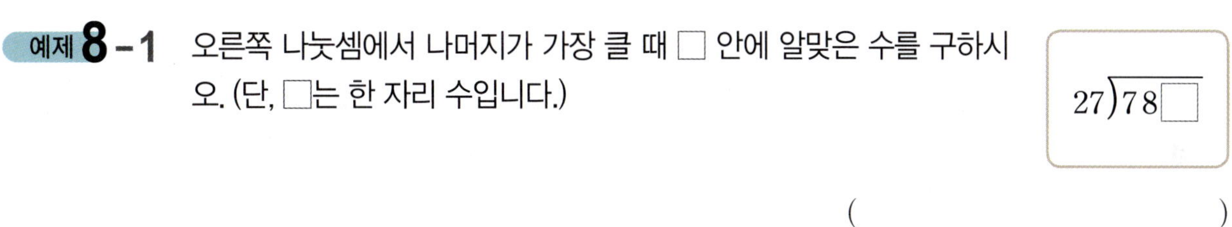

(   )

예제 8 – 2 나눗셈에서 □ 안에 알맞은 수를 써넣으시오.

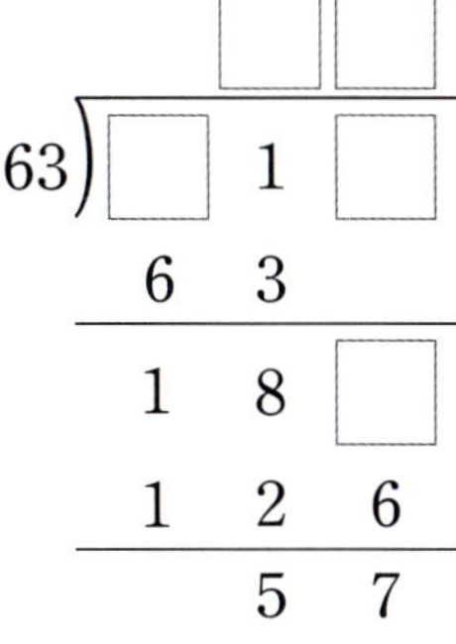

3

곱셈과 나눗셈

(세 자리 수)×(몇십)

1 빈칸에 알맞은 수를 써넣으시오.

🐴 쌍둥이

×8 ×30

76

(세 자리 수)÷(몇십)

2 현주네 학교 학생들이 한 줄에 45명씩 줄을 서면 12줄이 되고 남는 학생이 없습니다. 이 학생들이 한 줄에 30명씩 줄을 선다면 줄은 몇 줄이 됩니까?

🐴 쌍둥이

(   )

(세 자리 수)×(두 자리 수)

3 과수원에서 딴 귤을 한 상자에 130개씩 담았더니 38상자가 되고 10개가 남았습니다. 과수원에서 딴 귤은 모두 몇 개입니까?

(   )

(세 자리 수)÷(두 자리 수)

4 한 개의 무게가 63 g인 공을 빈 상자에 여러 개 넣은 후 무게를 재었더니 471 g이었습니다. 빈 상자의 무게가 30 g이라면 상자에 넣은 공은 몇 개입니까?

(   )

(두 자리 수)÷(두 자리 수) 　　　　　　　　　　　 서술형

5 ◎쌍둥이 딸기 97개를 13명에게 똑같이 나누어 주려고 합니다. 딸기를 남김없이 모두 나누어 주려면 딸기는 적어도 몇 개 더 있어야 하는지 풀이 과정을 쓰고 답을 구하시오.

(   )

풀이

(세 자리 수)÷(두 자리 수) 　　　　　　　　　　 창의·융합

6 ◎쌍둥이 ▶동영상 구청에서 길이가 900 m인 산책길의 양쪽에 가로수를 심으려고 합니다. 대화를 읽고 가로수는 모두 몇 그루 필요한지 구하시오. (단, 가로수의 굵기는 생각하지 않습니다.)

(   )

3 곱셈과 나눗셈

(세 자리 수)×(두 자리 수)

7 □ 안에 1부터 9까지의 어느 숫자를 넣어도 됩니다. 곱의 크기를 비교하여 ○ 안에 >, < 중 알맞은 것을 써넣으시오. (단, □ 안의 숫자는 모두 같습니다.)

🐴쌍둥이

$$8\square \times \square 9 \quad \bigcirc \quad \square 04 \times 6\square$$

(세 자리 수)÷(두 자리 수)

8 ㉠과 ㉡ 두 가게에서 같은 개수의 쿠키를 만들었습니다. ㉠ 가게에서는 쿠키를 한 봉지에 12개씩 담았더니 50봉지가 되었고 ㉡ 가게에서는 쿠키를 한 봉지에 25개씩 담았습니다. 두 가게에서 쿠키를 담은 봉지는 모두 몇 봉지입니까?

( )

계산 결과 확인하는 방법 이용하기　　　[서술형]

9 수 카드 5장 중에서 3장을 뽑아 한 번씩 사용하여 가장 큰 세 자리 수를 만들었습니다. 이 수를 어떤 수로 나누었더니 몫이 20이고 나머지가 15였습니다. 어떤 수는 얼마인지 풀이 과정을 쓰고 답을 구하시오.

🐴쌍둥이

| 5 | 2 | 7 | 4 | 9 |

( )

[풀이]

(세 자리 수)÷(두 자리 수)

10 공깃돌 280개를 한 명에게 15개씩 최대한 많은 사람들에게 나누어 주었습니다. 잠시 후 사람들에게 나누어 준 공깃돌만 모두 모아서 다시 한 명에게 20개씩 최대한 많은 사람들에게 나누어 주었습니다. 첫 번째와 두 번째에 각각 나누어 주고 남은 공깃돌은 모두 몇 개입니까?

(   )

(세 자리 수)×(두 자리 수)

11 곱셈에서 ㉠과 ㉡은 서로 다른 수이고 각각의 □는 0이 아닌 수입니다. ㉠과 ㉡에 알맞은 수를 각각 구하시오.

🔴쌍둥이
▶동영상

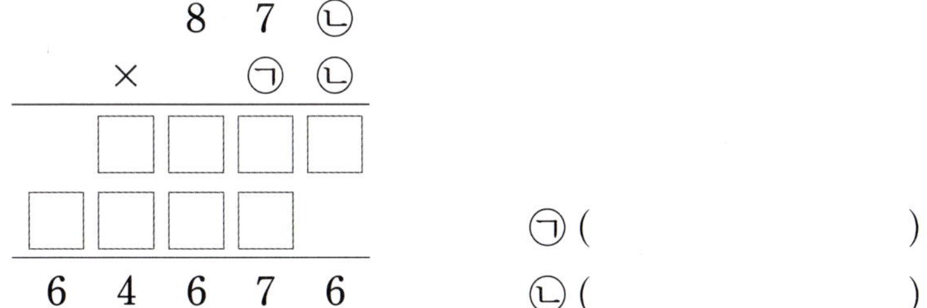

㉠ (   )

㉡ (   )

(세 자리 수)÷(두 자리 수)   창의·융합

12 장호와 미희가 같은 문제를 풀고 있습니다. 대화를 읽고 바르게 계산했을 때의 몫과 나머지를 각각 구하시오.

🔴쌍둥이
▶동영상

몫 (   ), 나머지 (   )

(세 자리 수)÷(몇십), (세 자리 수)÷(두 자리 수)

13
🐴쌍둥이
길이가 162 cm인 통나무를 한 도막이 18 cm가 되게 자르려고 합니다. 통나무를 한 번 자르는 데 15초가 걸리고, 다음 도막을 자르기 위해 준비하는 데 10초가 걸립니다. 이 통나무를 쉬지 않고 모두 자르는 데 몇 분 몇 초가 걸립니까?

(   )

(세 자리 수)÷(두 자리 수)

14 준성이가 수를 말했습니다. 이 수는 백의 자리 숫자가 8인 세 자리 수 중 13으로 나누었을 때 나머지가 9인 가장 큰 수입니다. 준성이가 말한 수를 구하시오.

(   )

(세 자리 수)×(두 자리 수)

15 하민이네 가족이 자전거를 타고 하루에 달린 거리가 다음과 같습니다. 3월 1일부터 6월 30일까지 매일 똑같이 탔을 때 세 사람이 4개월 동안 달린 거리는 모두 몇 km입니까?

	아버지	어머니	하민
하루에 달린 거리 (km)	12	7	9

(   )

(세 자리 수)÷(두 자리 수)

16 나눗셈에서 □ 안에 알맞은 수를 써넣으시오.

쌍둥이
동영상

$$
37\,\big)\,\underline{\begin{array}{c}\square\ \square\\ \square\ 1\ \square\end{array}}
$$

(세 자리 수)×(두 자리 수), (세 자리 수)÷(몇십)　　서술형

17 성아는 8월 한 달 동안 매일 동전을 모았습니다. 처음에는 250원씩 모으다가 어느 날부터 320원씩 모았습니다. 8월 한 달 동안 모은 동전이 9080원이라면 성아는 며칠부터 320원씩 모았는지 풀이 과정을 쓰고 답을 구하시오.

쌍둥이
동영상

(　　　　　　　　　)

풀이

(세 자리 수)÷(두 자리 수)

18 다음을 보고 큰 수와 작은 수를 각각 구하시오.

쌍둥이
동영상

- 큰 수를 작은 수로 나눈 몫은 28이고, 나머지는 20입니다.
- 큰 수와 작은 수를 더한 값은 861입니다.

큰 수 (　　　　　　　　　)

작은 수 (　　　　　　　　　)

3

곱셈과 나눗셈

1 □ 안에 알맞은 수를 써넣으시오.

(1) $400 \times 60 =$

(2) $642 \times 50 =$

2 빈칸에 알맞은 수를 써넣고 $210 \div 70$의 몫을 구하시오.

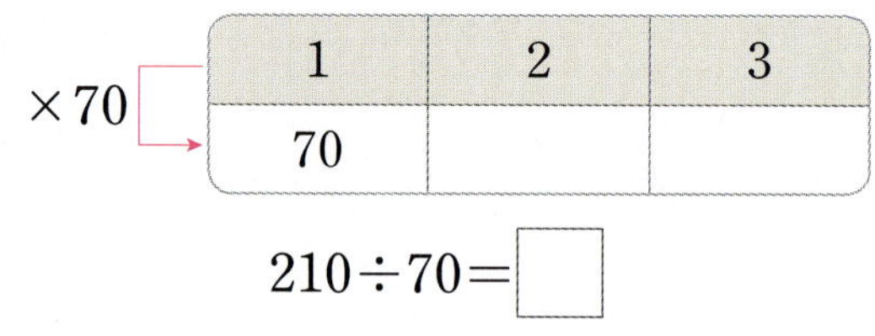

	1	2	3
	70		

$210 \div 70 =$

3 계산을 하고, 계산 결과가 맞는지 확인하시오.

$$35 \overline{)9\ 0\ 7}$$

확인 ________________

4 계산 결과를 찾아 선으로 이어 보시오.

600×60 •	• 36000
500×70 •	• 35000

창의·융합

5 동물의 한살이는 동물이 태어나서 죽을 때까지의 과정을 말합니다. 은서네 강아지의 한살이는 모두 며칠이었는지 구하시오. (단, 1년은 365일입니다.)

> **은서의 일기**
>
> 2○○○년 ○월 ○일 날씨: 맑음
>
> 오늘은 슬픈 하루였다.
>
> 우리 강아지 해피가 하늘 나라로 떠난 날이기 때문이다.
>
> 해피는 태어나서 오늘까지 우리와 함께 20년을 살았다.

( )

6 나눗셈을 하여 몫은 ☐ 안에, 나머지는 ◯ 안에 써넣으시오.

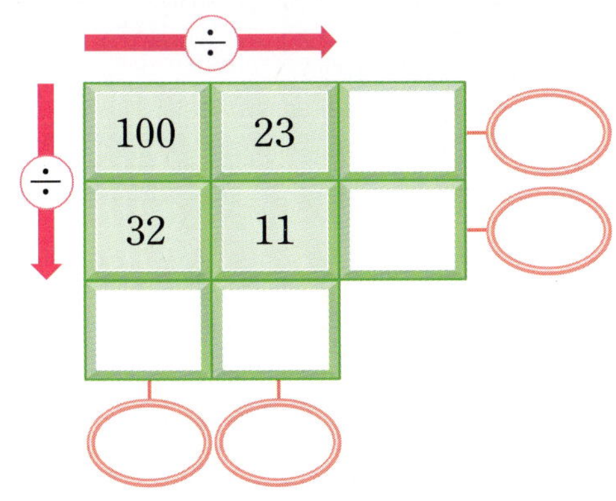

7 저금통에 매일 200원씩 동전을 넣었습니다. 30일 동안 저금통에 넣은 돈은 모두 얼마인지 식을 쓰고 답을 구하시오.

식 _______________________

답 _______________________

8 연과 얼레를 이어 주는 연줄 720 cm를 한 사람에게 80 cm씩 잘라서 나누어 준다면 몇 명까지 줄 수 있습니까?

( )

9 어떤 수를 17로 나눌 때 나올 수 있는 나머지 중에서 두 번째로 큰 자연수는 얼마입니까?

( )

10 빈칸에 알맞은 수를 써넣으시오.

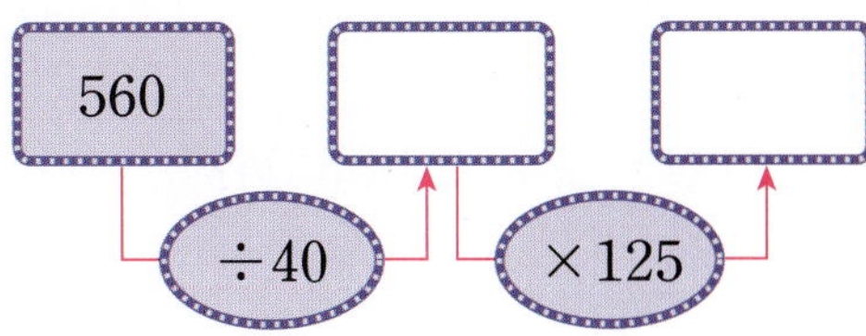

11 나눗셈의 몫이 큰 것부터 차례로 기호를 쓰시오.

> ㉠ 479÷50   ㉡ 118÷30   ㉢ 645÷80

(   )

12 320보다 큰 수 중에서 80으로 나누었을 때 나머지가 56이 되는 가장 작은 수를 구하시오.

(   )

13 물이 1분에 11 L씩 일정하게 나오는 수도가 있습니다. 이 수도를 틀어 2시간 30분 동안 받을 수 있는 물은 모두 몇 L입니까?

(   )

14 어느 공장에서 하루에 만드는 컴퓨터 수는 563대입니다. 4주일 동안 만드는 컴퓨터는 모두 몇 대인지 풀이 과정을 쓰고 답을 구하시오. (단, 쉬는 날은 없습니다.)

풀이 ___________________________

____

____

____

답 ___________________________

15 대화를 읽고 과일을 바구니에 가능한 많이 담았을 때 남는 과일의 수가 가장 적은 사람의 이름을 쓰시오.

(   )

16 ㉮와 ㉯의 크기를 비교하여 ◯ 안에 >, =, < 중 알맞은 것을 써넣으시오.

| ㉮ ÷ 37 = 6 … 3 | ㉯ ÷ 29 = 8 … 4 |

㉮ ◯ ㉯

17 색연필 333자루를 28명에게 똑같이 나누어 주려고 합니다. 색연필을 남김없이 모두 나누어 주려면 색연필은 적어도 몇 자루 더 있어야 합니까?

( )

18 한 개에 950원인 당근 11개와 한 개에 580원인 오이 25개를 샀습니다. 당근과 오이를 산 값은 모두 얼마입니까?

( )

19 어떤 수를 16으로 나누었더니 몫이 15, 나머지가 5였습니다. 어떤 수에 16을 곱하면 얼마입니까?

( )

20 빵 가게에서 빵을 낱개로 살 때와 봉지로 살 때의 가격이 다릅니다. 빵 40개를 낱개로 살 때와 봉지로 살 때의 값의 차는 얼마인지 풀이 과정을 쓰고 답을 구하시오.

풀이

답

3

곱셈과 나눗셈

⭐ 정답은 **32**쪽

1 30년 된 나무 한 그루로 만들 수 있는 교과서 높이는 95 cm라고 합니다. 다음 높이만큼 쌓은 교과서를 만드는 데 30년 된 나무가 각각 몇 그루 필요한지 구하시오.

2 경찰이 미술관에서 그림을 훔친 도둑을 쫓고 있습니다. 도둑은 1분에 300 m씩 뛰고, 1분에 430 m씩 자전거를 타고 달립니다. 도둑의 *도주 계획표를 보고 도둑이 집에서 *은신처까지 이동한 거리는 모두 몇 m인지 구하시오. (단, 도둑이 뛰는 빠르기와 자전거로 달린 빠르기는 각각 일정합니다.)

＊도주: 도망   ＊은신처: 몸을 숨기는 곳

(   )

평면도형의 이동

● 학습계획표

계획표대로 공부했으면 ○표, 못했으면 △표 하세요.

내용	쪽수	날짜		확인
일등 비법	84~85쪽	월	일	
STEP 1 기본 유형 익히기	86~89쪽	월	일	
STEP 2 응용 유형 익히기	90~97쪽	월	일	
STEP 3 응용 유형 뛰어넘기	98~103쪽	월	일	
실력 평가	104~107쪽	월	일	
창의 사고력	108쪽	월	일	

4. 평면도형의 이동

비법 ① 점 이동하기

예 점 ㉮가 점 ㉯ 또는 점 ㉰에 도착하도록 이동하기

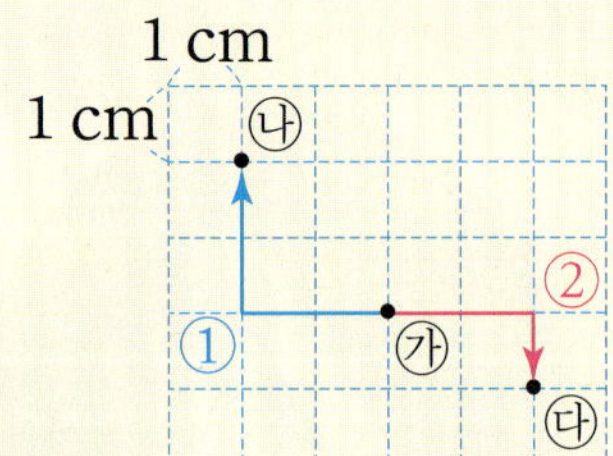

① 점 ㉮가 왼쪽으로 2 cm, 위쪽으로 2 cm 이동하면 점 ㉯에 도착합니다.
② 점 ㉮가 오른쪽으로 2 cm, 아래쪽으로 1 cm 이동하면 점 ㉰에 도착합니다.

비법 ② 도형을 여러 방향으로 ■ cm 밀기

예 직사각형을 오른쪽으로 6 cm 밀고 아래쪽으로 2 cm 밀기

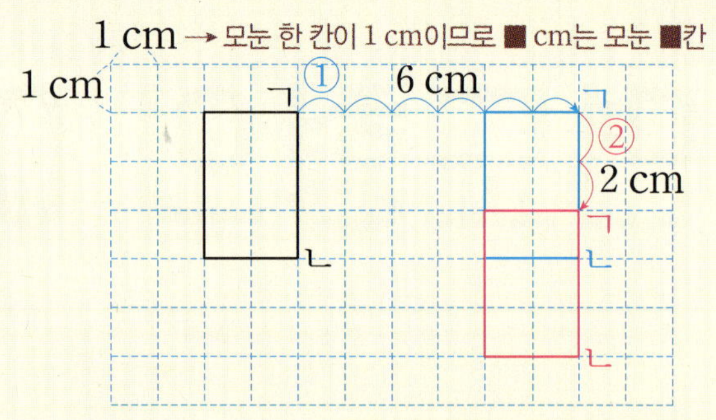

① 변 ㄱㄴ을 기준으로 오른쪽으로 모눈 6칸만큼 밀기
② ①에서 밀었을 때의 도형을 변 ㄱㄴ을 기준으로 아래쪽으로 모눈 2칸만큼 밀기

비법 ③ 움직인 도형이 처음 도형과 같게 되는 이동 방법

| 뒤집기 | 한쪽 방향으로 짝수 번 뒤집기 |

예

⇨ 도형을 오른쪽으로 2번 뒤집은 도형은 처음 도형과 같습니다.

| 돌리기 | 시계 방향이나 시계 반대 방향으로 모두 360°만큼 돌리기 |

예
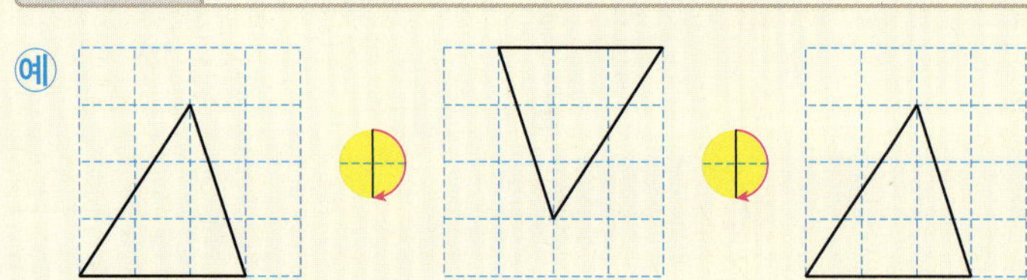

⇨ 도형을 시계 방향으로 180°만큼 2번 돌린 도형은 처음 도형과 같습니다.
└ 시계 방향으로 180° + 180° = 360°만큼 돌리기

일·등·특·강

- **점 이동하기**
  점을 이동하는 방향은 4가지이고 선을 따라 이동합니다.

  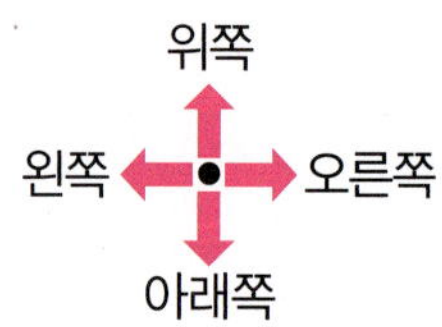

- **평면도형 밀기**
  도형을 오른쪽, 왼쪽, 위쪽, 아래쪽으로 밀었을 때 모양은 변하지 않고 위치만 변합니다.

- **평면도형 뒤집기**
  ① 도형을 왼쪽으로 뒤집었을 때의 도형과 오른쪽으로 뒤집었을 때의 도형은 서로 같습니다.
  ② 도형을 위쪽으로 뒤집었을 때의 도형과 아래쪽으로 뒤집었을 때의 도형은 서로 같습니다.

- **평면도형 돌리기**
  ① 도형을 시계 방향으로 360°만큼 돌렸을 때의 도형과 시계 반대 방향으로 360°만큼 돌렸을 때의 도형은 처음 도형과 같습니다.
  ② 도형을 시계 방향으로 각각 90°, 180°, 270°만큼 돌렸을 때의 도형과 시계 반대 방향으로 각각 270°, 180°, 90°만큼 돌렸을 때의 도형은 서로 같습니다.

비법 ④ 처음 도형 그리기

처음 도형을 알아보기 위해서는 이동 방법을 거꾸로 하면 됩니다.

돌리기 전의 도형	돌린 방향을 반대로, 돌린 각도를 같게
뒤집기 전의 도형	뒤집은 방향을 반대로

예 어떤 도형을 위쪽으로 뒤집고 시계 방향으로 90°만큼 돌렸을 때의 도형을 보고 처음 도형 그리기

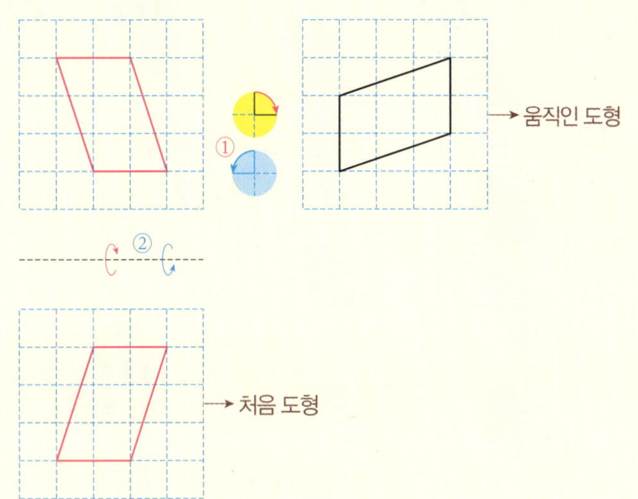

비법 ⑤ 규칙적인 무늬를 보고 만든 방법 여러 가지로 설명하기

방법 1 　모양을 시계 방향으로 90°만큼 돌리는 것을 반복해서 모양을 만들고 그 모양을 밀면서 무늬를 만들었습니다.

방법 2 　모양을 오른쪽으로 뒤집는 것을 반복해서 모양을 만들고 그 모양을 아래쪽으로 뒤집으면서 무늬를 만들었습니다.

방법 3 　모양을 아래쪽으로 뒤집는 것을 반복해서 모양을 만들고 그 모양을 오른쪽으로 뒤집으면서 무늬를 만들었습니다.

4

평면도형의 이동

· 평면도형 뒤집기
① 도형을 왼쪽 또는 오른쪽으로 뒤집으면 도형의 왼쪽과 오른쪽이 서로 바뀝니다.
② 도형을 위쪽 또는 아래쪽으로 뒤집으면 도형의 위쪽과 아래쪽이 서로 바뀝니다.

· 평면도형 돌리기
① 도형을 시계 방향으로 90°, 180°, 270°만큼 돌리면 도형의 위쪽 부분이 오른쪽, 아래쪽, 왼쪽으로 바뀝니다.
② 도형을 시계 반대 방향으로 90°, 180°, 270°만큼 돌리면 도형의 위쪽 부분이 왼쪽, 아래쪽, 오른쪽으로 바뀝니다.

· 　모양으로 돌리기를 이용하여 규칙적인 무늬 만들기

STEP 1 기본 유형 익히기

1 점 이동하기

• 점 ㉮가 점 ㉯에 도착하도록 이동하는 방법
  ① 오른쪽으로 8 cm, 아래쪽으로 2 cm 이동
  ② 아래쪽으로 2 cm, 오른쪽으로 8 cm 이동

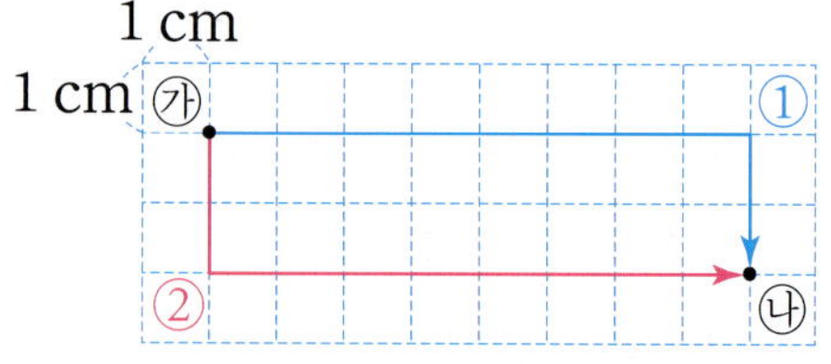

➡ 이동하는 순서를 바꿔도 이동한 위치는 같습니다.

[1-1~1-2] 그림을 보고 물음에 답하시오.

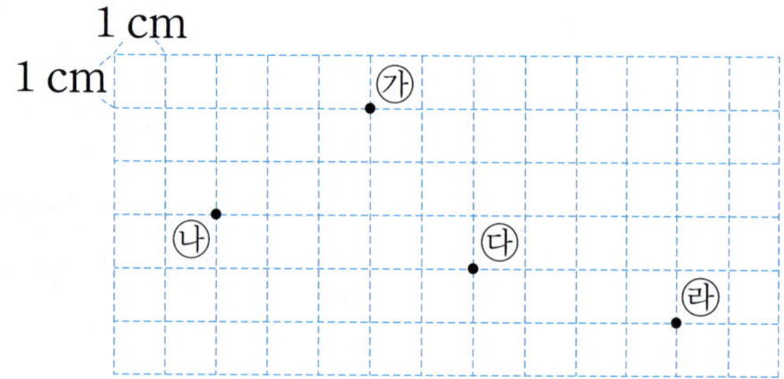

1-1 점 ㉮가 왼쪽으로 3 cm, 아래쪽으로 2 cm 이동하면 어떤 점에 도착하는지 기호를 쓰시오.

(   )

1-2 점 ㉯가 점 ㉣에 도착하도록 이동하는 방법을 잘못 설명한 사람을 찾아 이름을 쓰시오.

> 진수: 오른쪽으로 9 cm, 아래쪽으로 2 cm
>   이동하면 돼.
> 성호: 오른쪽으로 5 cm, 아래쪽으로 1 cm
>   이동하면 돼.
> 윤지: 아래쪽으로 2 cm, 오른쪽으로 9 cm
>   이동하면 돼.

(   )

1-3 점 ㉮가 점 ㉯에 도착하도록 이동하는 방법을 설명하시오.

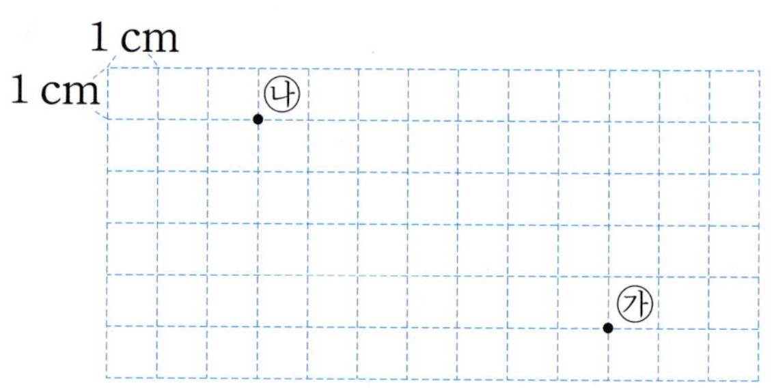

설명 _______________________

2 평면도형 밀기

• 도형을 왼쪽으로 5 cm 밀기

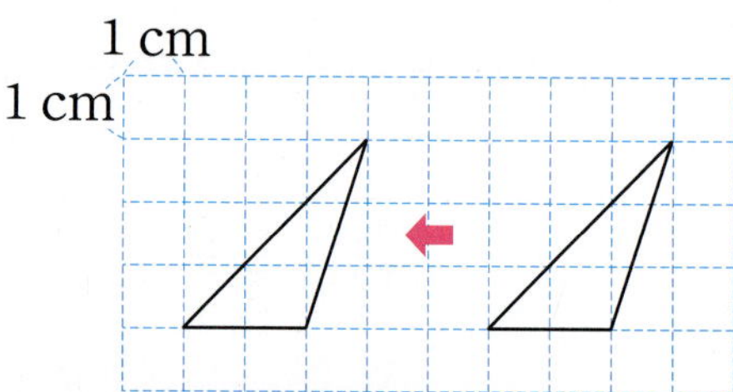

➡ 도형을 어느 방향으로 밀어도 모양은 변하지 않고 위치만 바뀝니다.

2-1 오른쪽 모양 조각을 아래쪽으로 밀었을 때의 모양에 ◯표 하시오.

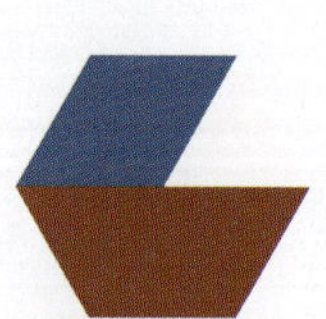

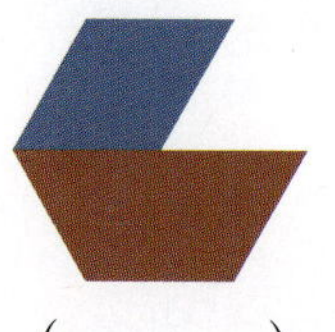 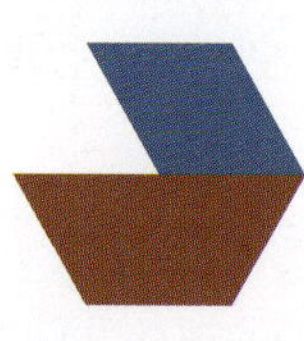 

(   )   (   )   (   )

2-2 주어진 도형을 오른쪽으로 7 cm 밀었을 때의 도형을 그려 보시오.

1 cm
1 cm

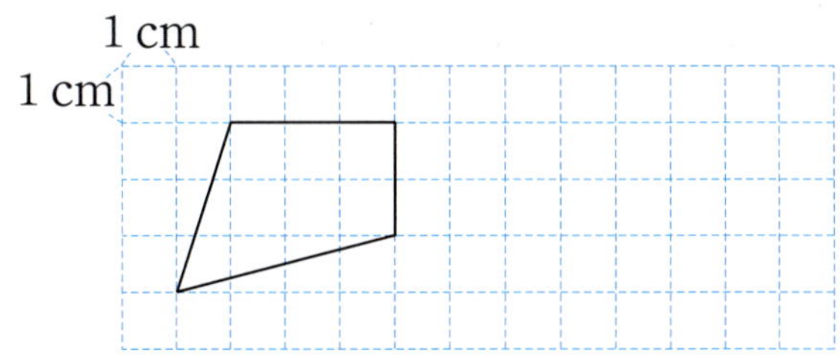

2-3 어떤 도형을 오른쪽으로 8 cm 밀었을 때의 도형입니다. 밀기 전의 도형을 그려 보시오.

1 cm
1 cm

3 평면도형 뒤집기

3-1 주어진 도형을 오른쪽으로 뒤집었을 때의 도형을 그려 보시오.

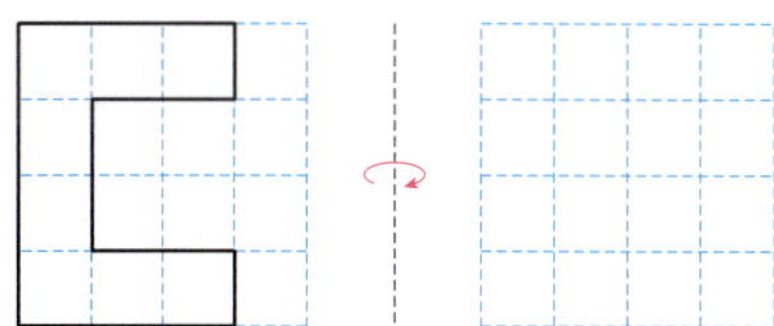

3-2 주어진 도형을 왼쪽으로 뒤집었을 때의 도형과 아래쪽으로 뒤집었을 때의 도형을 각각 그려 보시오.

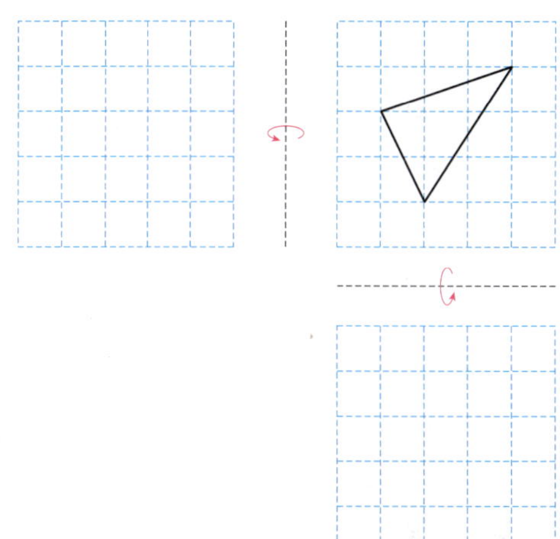

창의·융합

3-3 '복'자가 찍히도록 세영이와 상우가 도장을 만들었습니다. 도장을 바르게 만든 사람은 누구입니까?

(   )

평면도형의 이동

4

해결의 창   도형을 ■ cm 밀었을 때의 도형을 알아볼 때는 기준이 되는 변을 정해 밀 수 있으며, 기준이 바뀐다고 해서 그 결과가 달라지지 않습니다.

3-4 주어진 도형을 오른쪽으로 2번 뒤집었을 때의 도형을 그려 보시오.

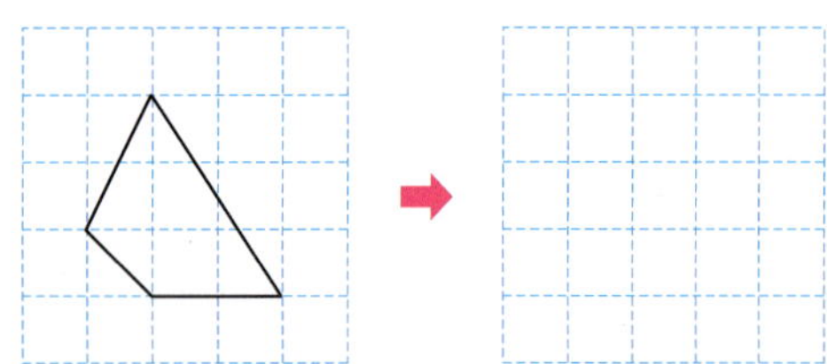

3-5 처음 도형을 어떻게 뒤집으면 움직인 도형이 되는지 설명하시오.

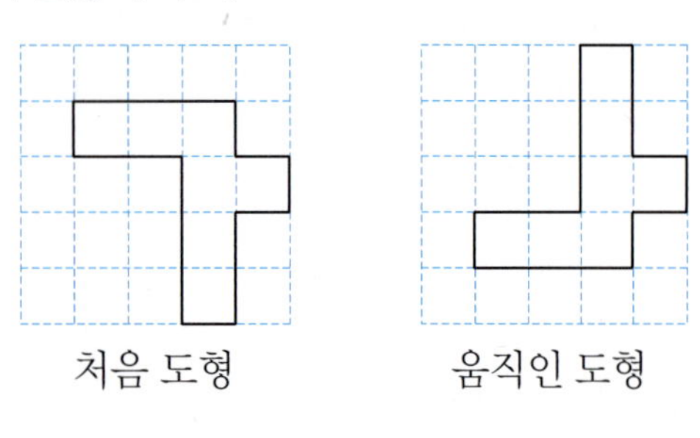

설명 ______________________________

4-1 주어진 도형을 시계 방향으로 90°만큼 돌렸을 때의 도형을 그려 보시오.

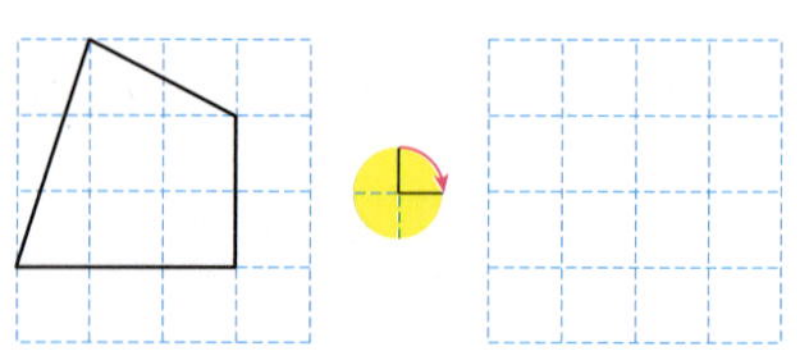

4-2 왼쪽 도형을 시계 반대 방향으로 다음 각도만큼 돌렸을 때의 도형을 찾아 선으로 이어 보시오.

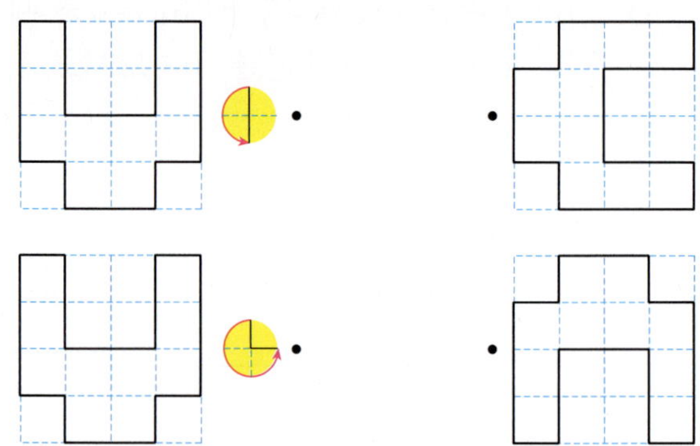

4-3 돌렸을 때 빈칸에 들어갈 수 있는 조각에 ○표 하시오.

---

4 평면도형 돌리기

4-4 어떤 도형을 시계 방향으로 180°만큼 돌렸을 때의 도형입니다. 돌리기 전의 도형을 그려 보시오.

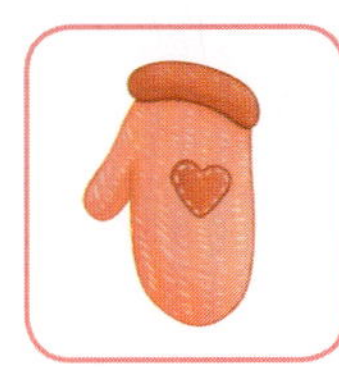 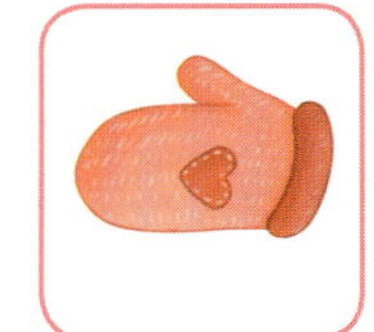

서술형

4-5 처음 모양을 어떻게 돌리면 움직인 모양이 되는지 설명하시오.

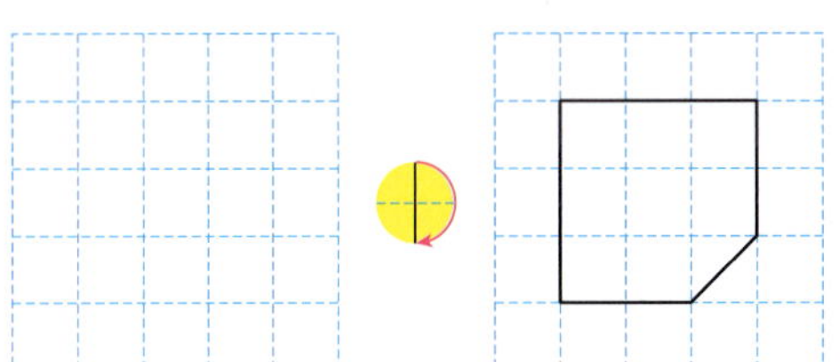

처음 모양   움직인 모양

설명 ____________________

____

5   무늬 꾸미기

• 밀기, 뒤집기, 돌리기를 이용하여 규칙적인 무늬를 만들 수 있습니다.

5-1 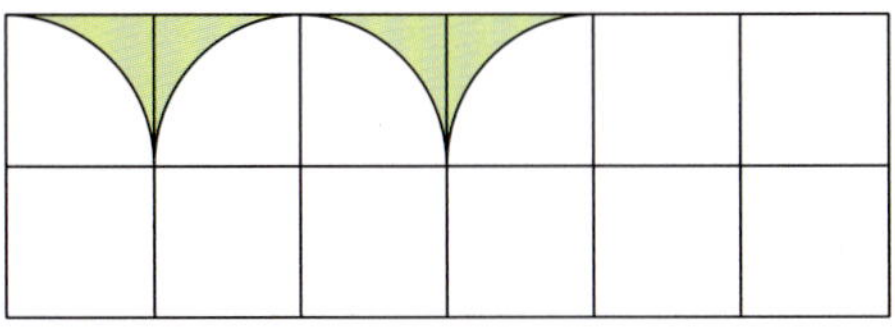 모양으로 뒤집기를 이용하여 규칙적인 무늬를 만들어 보시오.

5-2 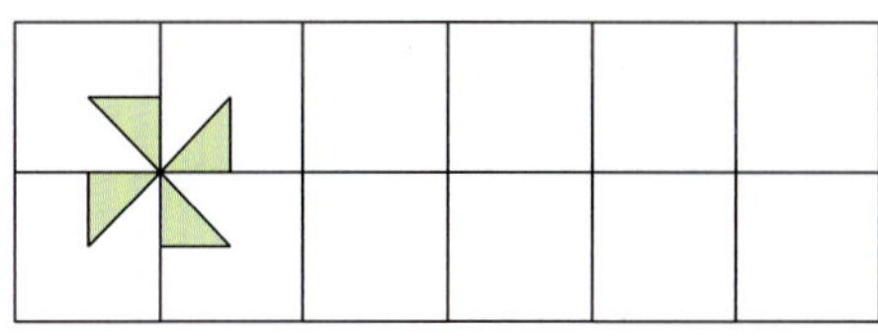 모양으로 돌리기를 이용하여 규칙적인 무늬를 만들어 보시오.

5-3 다음은 일정한 규칙에 따라 만들어진 무늬입니다. 빈 곳에 들어갈 모양을 그려 보시오.

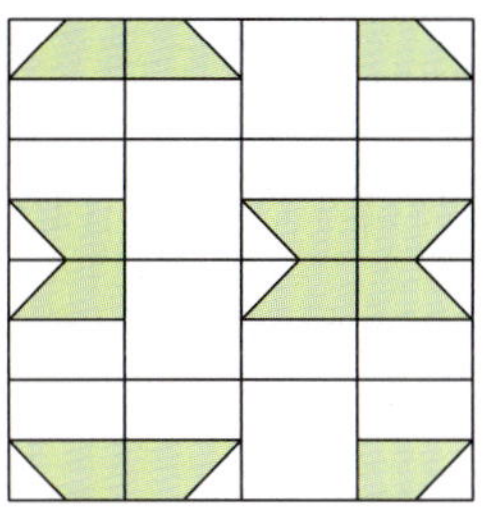

서술형

5-4 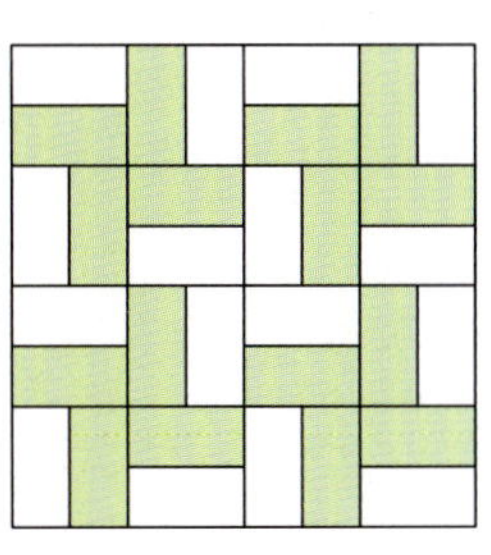 모양으로 규칙적인 무늬를 만든 것입니다. 만든 방법을 설명하시오.

설명 ◻️ 모양을

____

 화살표 끝이 가리키는 위치가 같으면 시계 방향으로 돌렸을 때와 시계 반대 방향으로 돌렸을 때의 모양이 서로 같습니다.

 =  ,  ,  , 

응용 1 평면도형 밀기

⁽¹⁾주어진 도형을 아래쪽으로 4 cm 밀고/⁽²⁾왼쪽으로 11 cm 밀었을 때의 도형을 그려 보시오.

(1) 주어진 도형을 아래쪽으로 4 cm 밀었을 때의 도형을 알아봅니다.

(2) (1)의 도형을 왼쪽으로 11 cm 밀었을 때의 도형을 그려 봅니다.

예제 1-1 주어진 도형을 번호 순서대로 밀었을 때의 도형을 그려 보시오.

> ① 오른쪽으로 13 cm 밀기
> ② 위쪽으로 3 cm 밀기
> ③ 왼쪽으로 5 cm 밀기

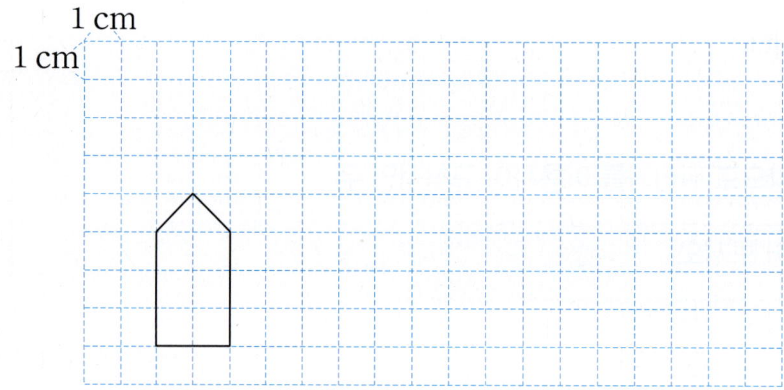

 **응용 2** **평면도형 뒤집기**

(1), (2) 주어진 도형을 아래쪽으로 3번 뒤집었을 때의 도형을 그려 보시오.

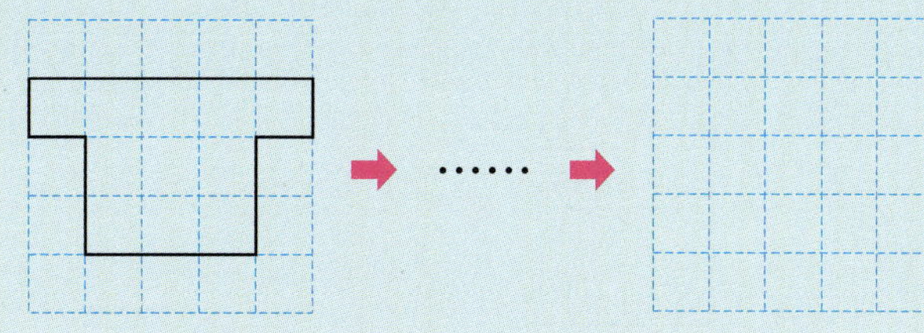

해결의 법칙

(1) 위의 도형을 아래쪽으로 2번 뒤집었을 때의 도형을 알아봅니다.

(2) (1)의 도형을 아래쪽으로 1번 뒤집었을 때의 도형을 그려 봅니다.

예제 2-1 주어진 도형을 오른쪽으로 6번 뒤집었을 때의 도형을 그려 보시오.

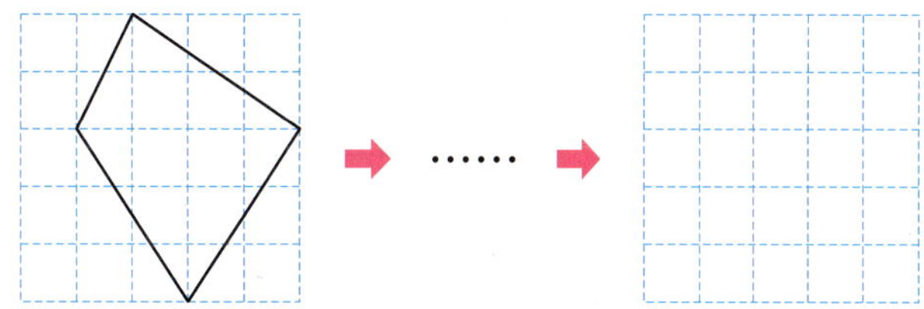

예제 2-2 주어진 도형을 왼쪽으로 11번 뒤집었을 때의 도형을 그려보시오.

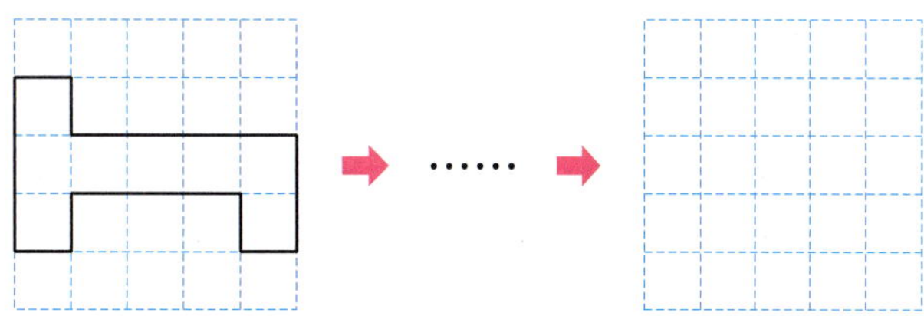

예제 2-3 오른쪽 글자를 아래쪽으로 2번, 위쪽으로 5번 뒤집으면 어떤 글자가 됩니까?

(   )

4 평면도형의 이동

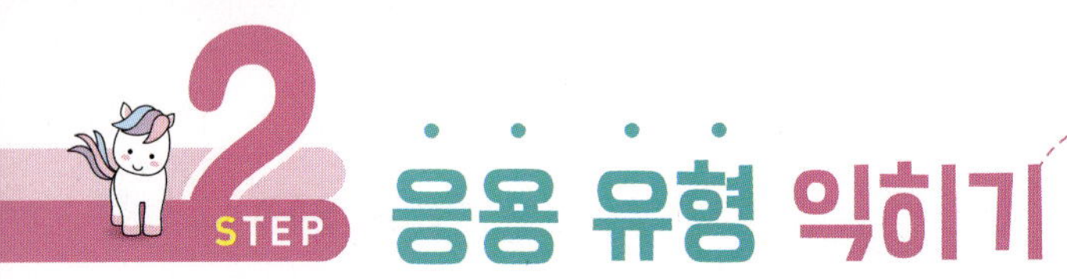

응용 3 평면도형 돌리기

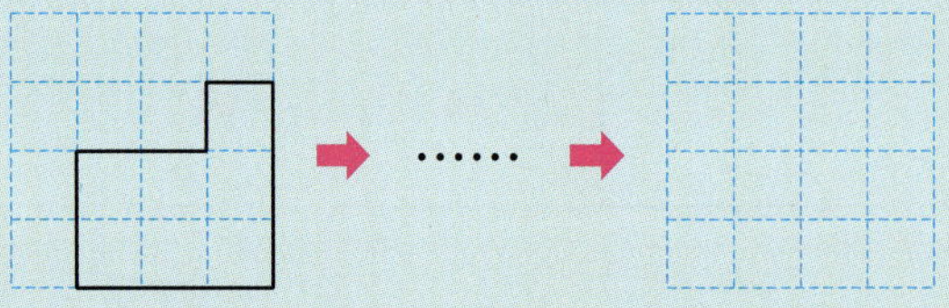

(1) 도형을 시계 방향으로 90°만큼 돌리고 시계 반대 방향으로 180°만큼 돌렸을 때의 도형은 시계 반대 방향으로 얼마만큼 돌렸을 때의 도형과 같은지 알아봅니다.

(2) 위의 도형을 시계 반대 방향으로 (1)에서 구한 각도만큼 돌렸을 때의 도형을 그려 봅니다.

예제 3-1 주어진 도형을 시계 방향으로 270°만큼 돌리고 시계 방향으로 180°만큼 더 돌렸을 때의 도형을 그려 보시오.

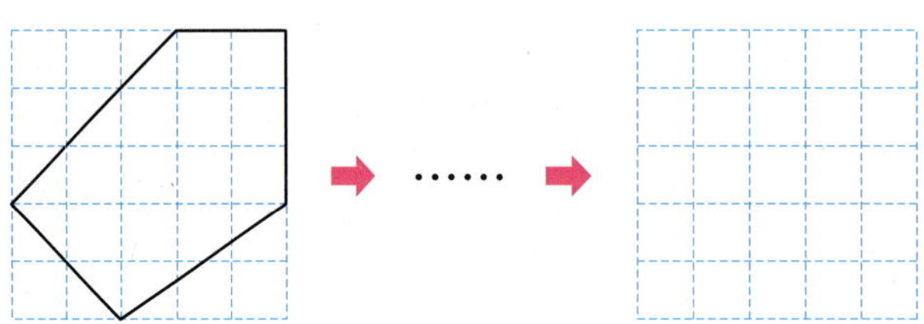

예제 3-2 오른쪽 숫자를 시계 반대 방향으로 90°만큼 6번 돌리면 어떤 숫자가 됩니까?

(   )

9

도형의 이동 방법 설명하기

응용 4

(1)처음 도형을 오른쪽으로 뒤집고/(2)어떻게 돌리면 움직인 도형이 되는지 설명하시오.

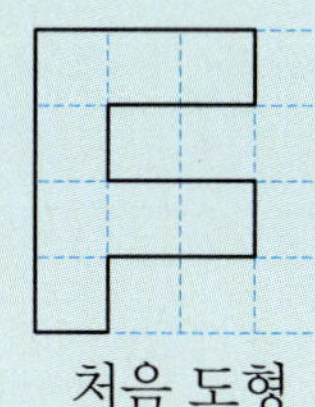

처음 도형 　　　　움직인 도형

설명 ____

(1) 처음 도형을 오른쪽으로 뒤집었을 때의 도형을 알아봅니다.

(2) (1)의 도형을 어떻게 돌리면 움직인 도형이 되는지 설명합니다.

4

평면도형의 이동

예제 4-1　처음 모양을 시계 방향으로 90°만큼 돌리고 어떻게 뒤집으면 움직인 모양이 되는지 설명하시오.

처음 모양 　　　　움직인 모양

설명 ____

예제 4-2　처음 도형을 돌리고 뒤집었을 때의 도형이 오른쪽과 같습니다. 도형의 이동 방법을 설명하시오.

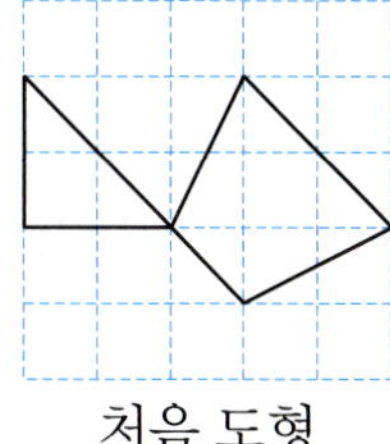

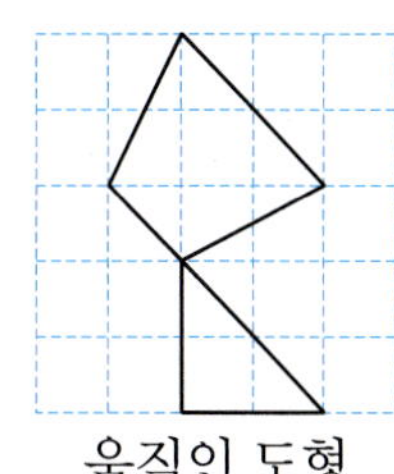

처음 도형 　　　　움직인 도형

설명 ____

응용 5 · 같은 방법으로 움직이기

(1) • 보기 •는 도형을 한 번 움직인 도형입니다. • 보기 •와 같은 방법/으로 (2) 다음 도형을 한 번 움직였을 때의 도형을 그려 보시오.

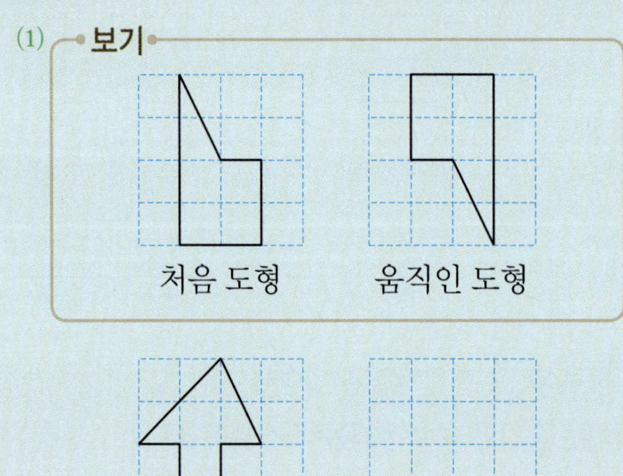

해결의 법칙

(1) • 보기 •에서 도형의 이동 방법을 알아봅니다.

(2) 위의 도형을 • 보기 •와 같은 방법으로 움직였을 때의 도형을 그려 봅니다.

예제 5 – 1 • 보기 •는 도형을 두 번 움직인 도형입니다. • 보기 •와 같은 방법으로 주어진 도형을 움직였을 때의 도형을 그려 보시오.

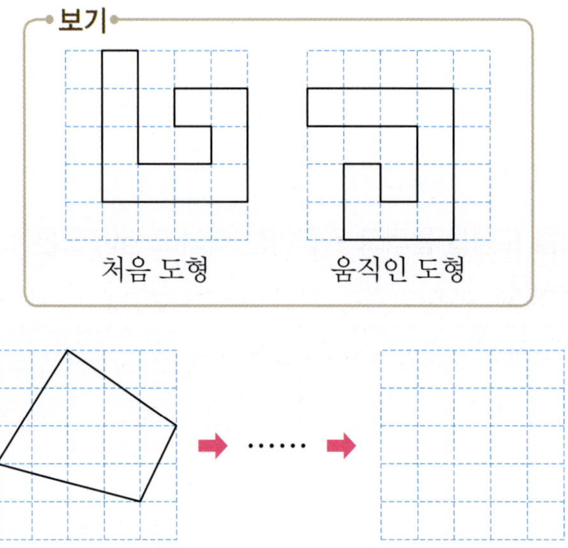

응용 6

처음 도형 알아보기

(1) 어떤 도형을 왼쪽으로 뒤집고 시계 방향으로 180°만큼 돌렸을 때의 도형이 다음과 같습니다.
(2) 처음 도형을 그려 보시오.

처음 도형

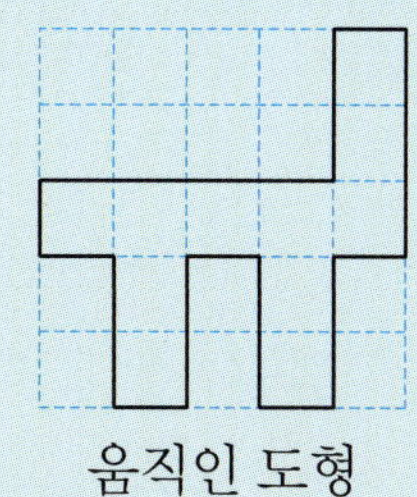

움직인 도형

해결의 법칙

(1) 처음 도형은 움직인 도형을 시계 반대 방향으로 얼마만큼 돌리고 어느 방향으로 뒤집어야 하는지 알아봅니다.

(2) (1)의 방법으로 처음 도형을 그려 봅니다.

예제 6-1 어떤 도형을 아래쪽으로 뒤집고 시계 방향으로 90°만큼 돌렸을 때의 도형이 다음과 같습니다. 처음 도형을 그려 보시오.

처음 도형

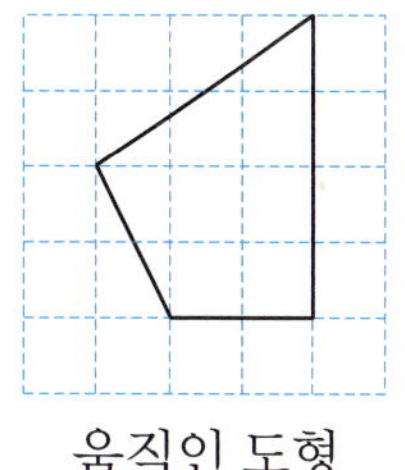

움직인 도형

예제 6-2 어떤 도형을 오른쪽으로 뒤집어야 할 것을 잘못하여 시계 반대 방향으로 90°만큼 돌렸을 때의 도형이 오른쪽과 같습니다. 처음 도형과 바르게 움직였을 때의 도형을 각각 그려 보시오.

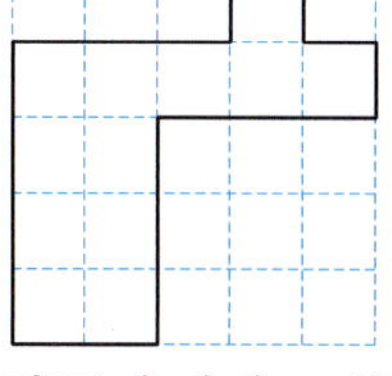

잘못 움직인 도형

처음 도형

바르게 움직인 도형

 수 카드를 뒤집기 

(1) 두 자리 수가 적힌 카드를 오른쪽으로 뒤집었을 때 만들어지는 수 / 와 (2) 처음 수의 차를 구하시오.

( )

 (1) 두 자리 수가 적힌 카드를 오른쪽으로 뒤집었을 때 만들어지는 수를 알아봅니다.

(2) (1)의 수와 처음 수의 차는 얼마인지 구합니다.

예제 7 – 1 세 자리 수가 적힌 카드를 아래쪽으로 뒤집었을 때 만들어지는 수와 처음 수의 합은 얼마입니까?

( )

예제 7 – 2 다음 덧셈을 왼쪽으로 뒤집었을 때 만들어지는 덧셈을 계산하면 얼마입니까?

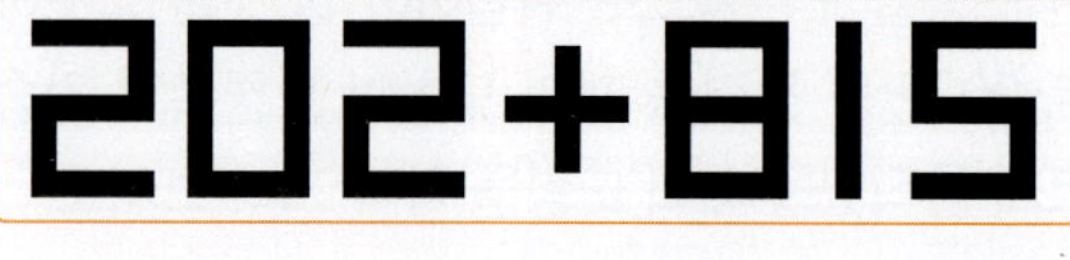

( )

규칙적인 무늬 만들기

동영상 강의

(1) 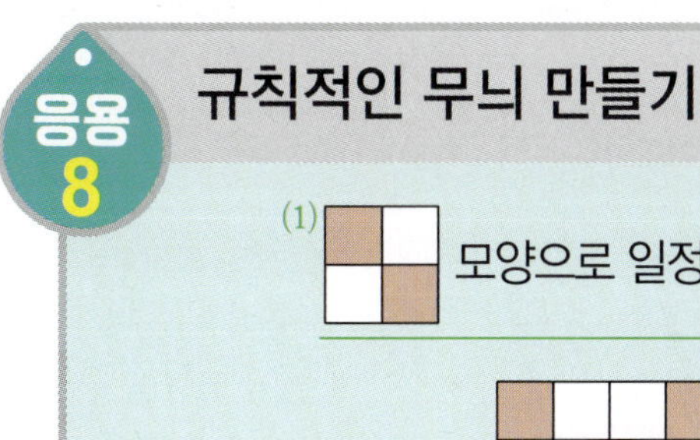 모양으로 일정한 규칙에 따라 만들어진 무늬입니다. /(2) 빈 곳에 알맞은 모양을 그려 보시오.

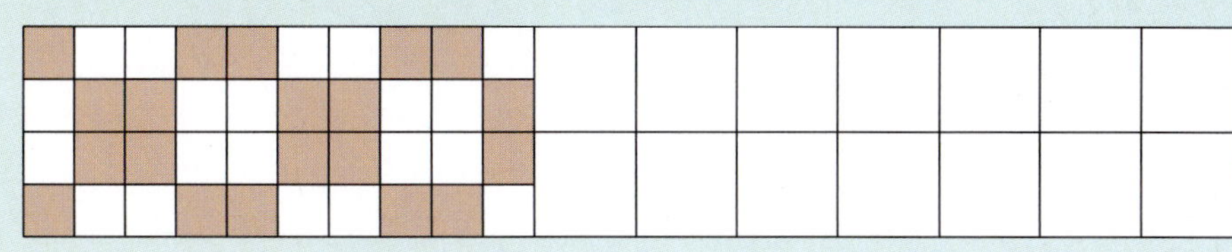

(1) 무늬는 어떻게 만든 것인지 밀기, 뒤집기, 돌리기를 이용하여 알아봅니다.

(2) 위의 빈 곳에 알맞은 모양을 그려 봅니다.

 해결의 법칙

예제 8 – 1 오른쪽 모양으로 밀기, 뒤집기, 돌리기를 이용하여 규칙적인 무늬를 2가지 만들어 보시오.

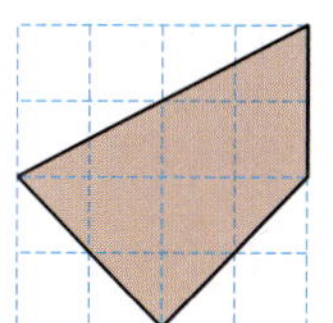

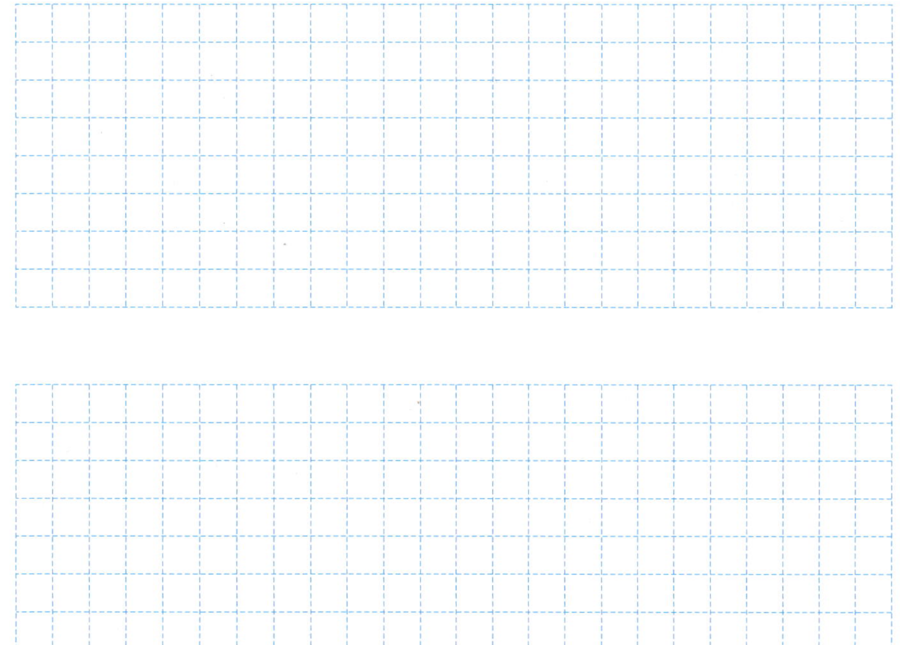

평면도형의 이동

4

점 이동하기

1 점 ㉰가 예나와 승우가 말한 순서대로 이동하면 어떤 점에 도착하는지 기호를 쓰시오.

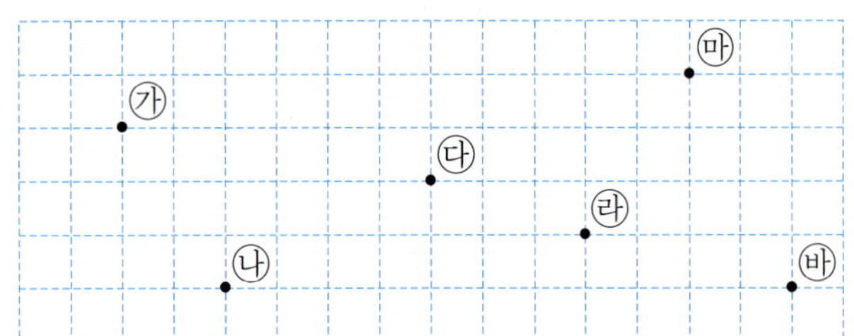

> 예나: 점 ㉰가 오른쪽으로 5칸, 위쪽으로 2칸 이동했어.
> 승우: 그 다음 왼쪽으로 9칸, 아래쪽으로 4칸 이동했어.

(   )

평면도형 밀기

2 주어진 도형을 오른쪽으로 9 cm 밀고 아래쪽으로 3 cm 밀었을 때의 도형을 그려 보시오.

쌍둥이

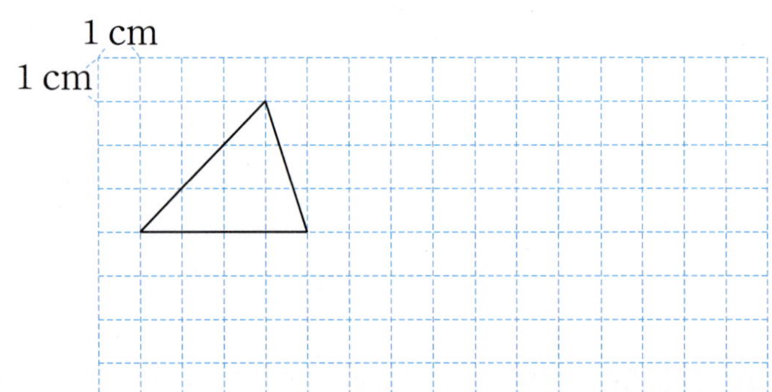

평면도형 뒤집기

3 주어진 도형을 오른쪽으로 뒤집고 위쪽으로 뒤집었을 때의 도형을 그려 보시오.

쌍둥이

평면도형 뒤집기　　　　창의·융합

4 민정이는 한자 공부를 하기 위해 다음과 같은 한자 카드
쌍둥이　를 꺼냈습니다. 왼쪽으로 뒤집었을 때의 모양이 처음과
같은 카드를 모두 찾아 기호를 쓰시오.

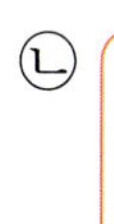 ㉠ 問　 ㉡ 高　 ㉢ 學　 ㉣ 未

(　　　　　　　)

평면도형 밀기　　　　서술형

5 직사각형 모양을 완성하려면 가, 나, 다 조각을 어떻게
쌍둥이　밀어야 할지 설명하시오.

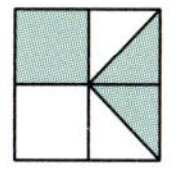

[설명]

무늬 꾸미기

6 오른쪽 모양을 사용하여 만든 무늬를 모두 찾
아 기호를 쓰시오.

가 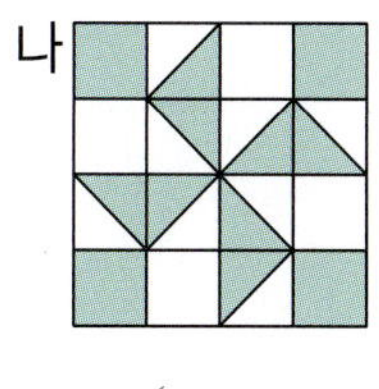　나 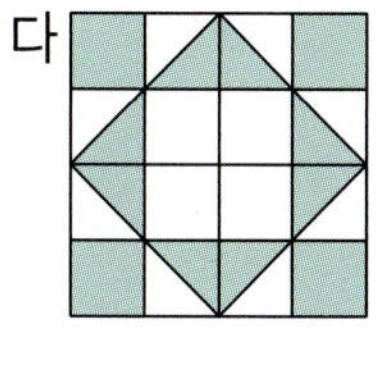　다

(　　　　　　　)

7 오른쪽 도형을 뒤집어서 나올 수 <u>없는</u> 도형
을 찾아 기호를 쓰시오.

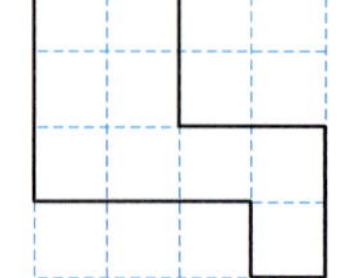

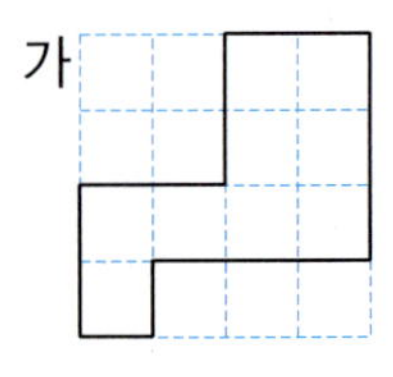 가 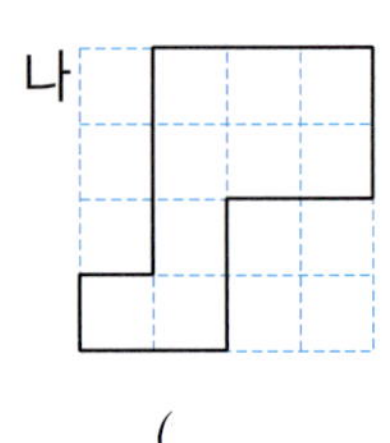 나 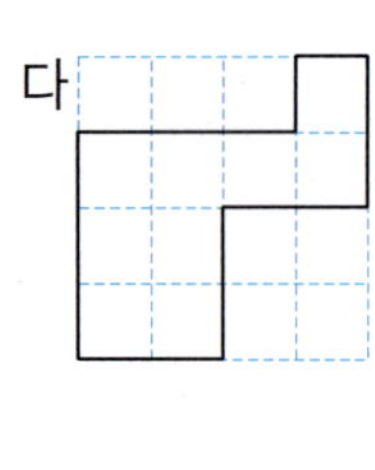 다

(   )

8 오른쪽 도형을 돌려서 나올 수 <u>없는</u> 도형
을 찾아 기호를 쓰시오.

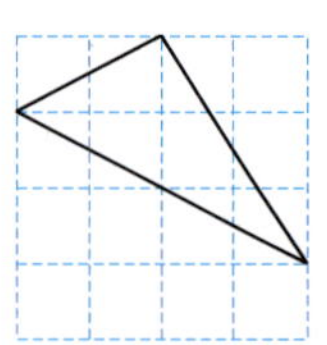

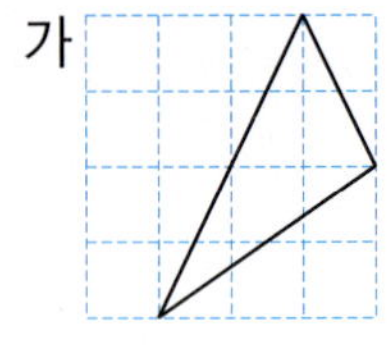 가 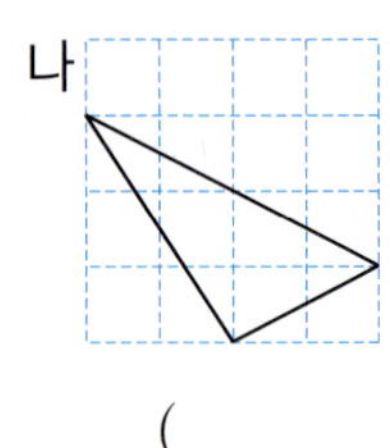 나 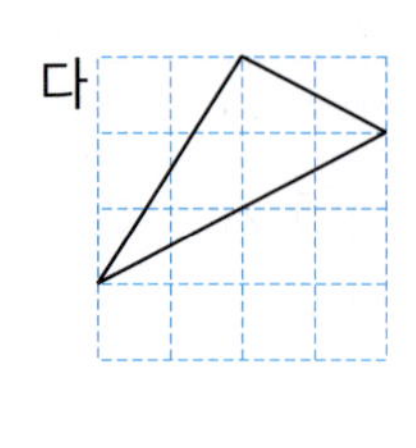 다

(   )

9 주어진 도형을 위쪽으로 뒤집고 시계 반대 방향으로
180°만큼 돌렸을 때의 도형을 그려 보시오.

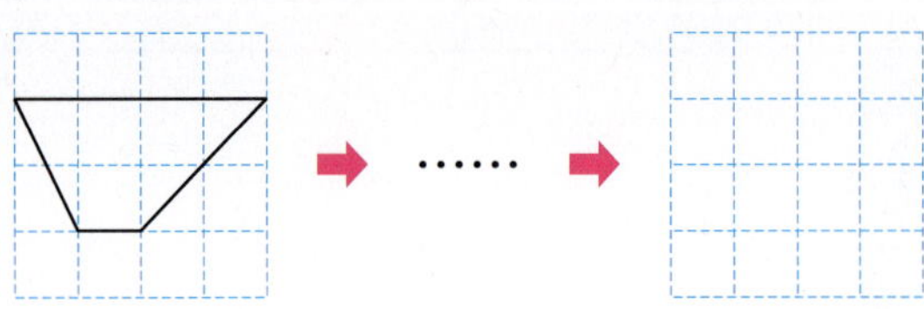

평면도형 뒤집고 돌리기

10 주어진 도형을 오른쪽으로 5번 뒤집고 시계 반대 방향
으로 90°만큼 5번 돌렸을 때의 도형을 그려 보시오.

🔵 쌍둥이
🔵 동영상

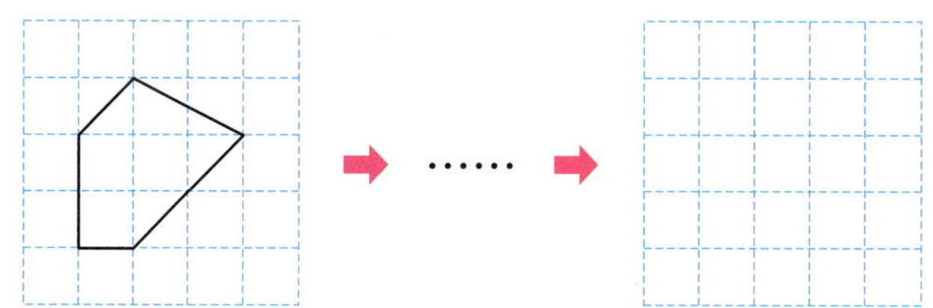

무늬 꾸미기

11 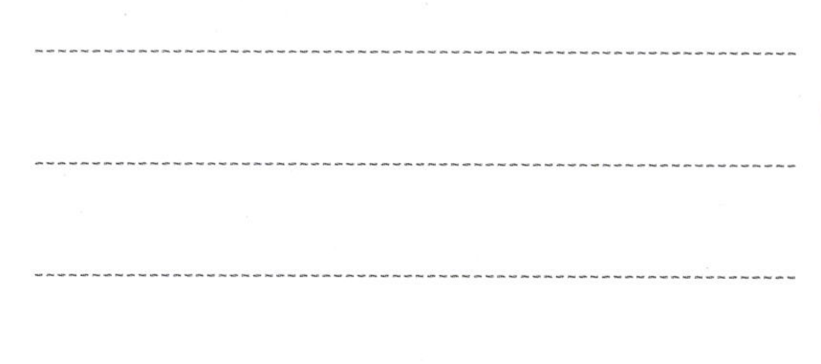 모양으로 일정한 규칙에 따라 만들어진 무늬입니
다. 빈 곳에 알맞은 모양을 그려 보시오.

🔵 쌍둥이

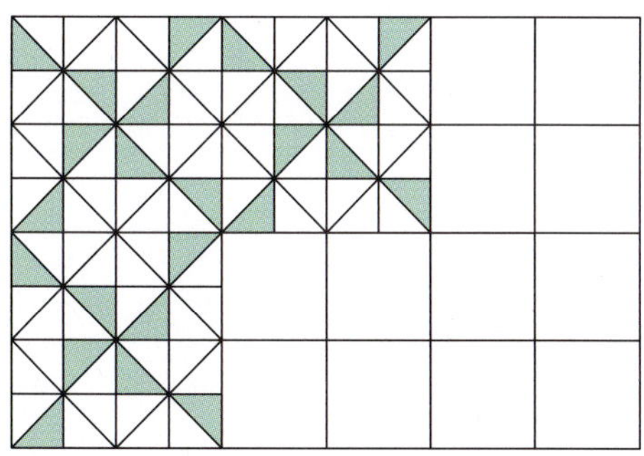

평면도형 뒤집고 돌리기　　　　　　　　　창의·융합

12 경민이가 반 친구들의 성씨를 조사하였더니 다음과 같았
습니다. 오른쪽으로 뒤집고 시계 방향으로 180°만큼 돌
렸을 때의 모양이 처음과 같은 성씨를 모두 찾아 쓰시오.

🔵 쌍둥이

김 이 박 우 허 마

(　　　　　　　　　)

평면도형 뒤집기, 평면도형 돌리기

13 어떤 도형을 위쪽으로 3번 뒤집었을 때의 도형이 왼쪽
과 같았습니다. 어떤 도형을 시계 방향으로 270°만큼
돌렸을 때의 도형을 오른쪽에 그려 보시오.

🔵 쌍둥이
▶ 동영상

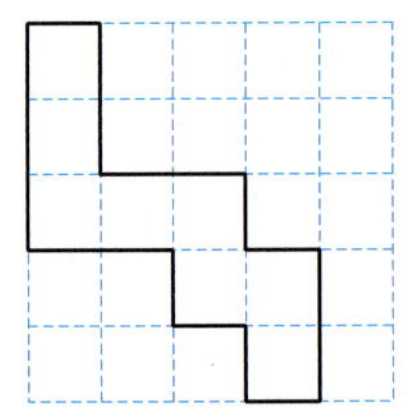

평면도형 돌리기 〔서술형〕

14 규칙을 설명하고 규칙에 따라 넷째 도형을 알맞게 그려
보시오.

🔵 쌍둥이
▶ 동영상

첫째 　　　 둘째 　　　 셋째 　　　 넷째

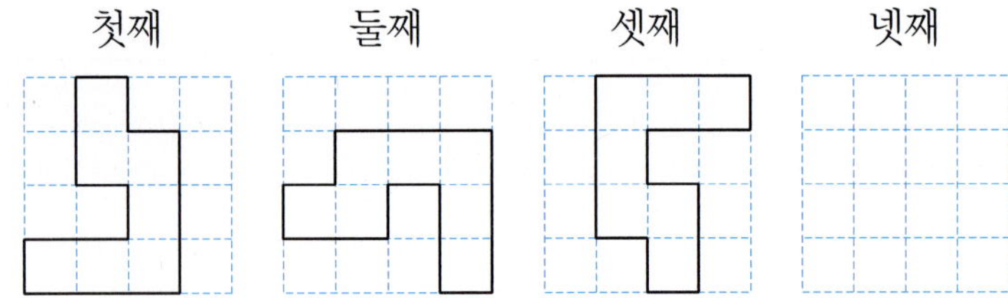

〔설명〕

평면도형 돌리기

15 어떤 도형을 시계 방향으로 90°만큼 11번 돌렸을 때의
도형이 다음과 같습니다. 처음 도형을 그려 보시오.

🔵 쌍둥이
▶ 동영상

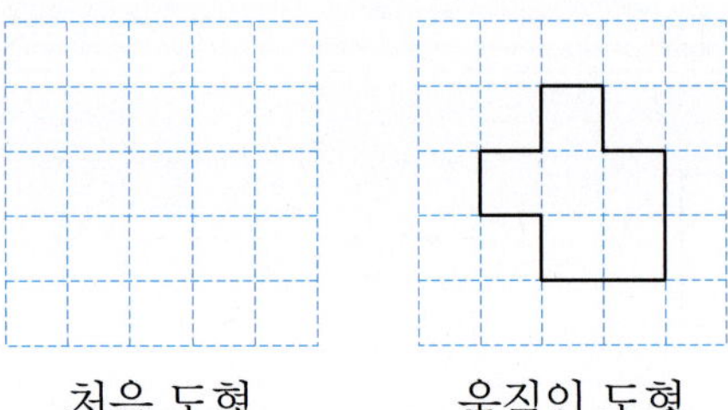

처음 도형 　　　 움직인 도형

평면도형 뒤집고 돌리기

16 어떤 도형을 왼쪽으로 뒤집고 시계 반대 방향으로 90°만큼 돌렸을 때의 도형이 다음과 같습니다. 처음 도형을 그려 보시오.

처음 도형

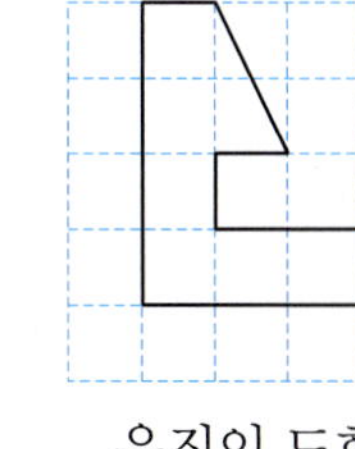

움직인 도형

평면도형 뒤집기, 평면도형 돌리기

창의·융합

17 오른쪽 가면을 시계 방향으로 180°만큼 돌리고 아래쪽으로 뒤집었을 때의 모양과 오른쪽 가면을 한 번만 움직였을 때의 모양이 같게 하려고 합니다. 한 번만 어떻게 움직여야 합니까?

쌍둥이
동영상

(   )

평면도형 돌리기

서술형

18 수 카드  ,  1 , 8 , 0 , 6 을 한 번씩 사용하여 가장 작은 네 자리 수와 두 번째로 작은 네 자리 수를 각각 만들었습니다. 만든 두 수를 각각 시계 반대 방향으로 180°만큼 돌렸을 때 생기는 수 중에서 더 큰 수는 얼마인지 풀이 과정을 쓰고 답을 구하시오.

쌍둥이
동영상

(   )

풀이

1 점 ㉮가 점 ㉯에 도착하려면 어떻게 이동해야 하는지 이동 방법을 완성하시오.

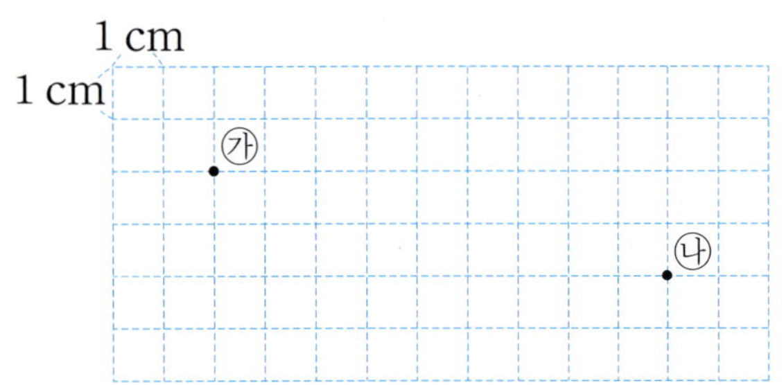

방법 점 ㉮를 오른쪽으로 ☐ cm, 아래쪽으로 ☐ cm 이동합니다.

[2~3] 도형을 보고 물음에 답하시오.

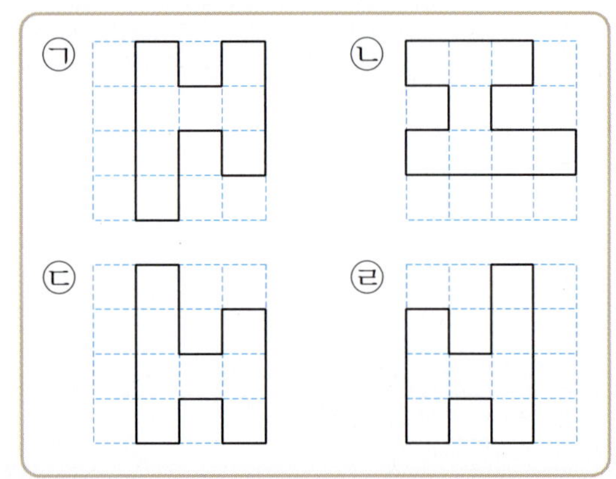

2 ㉢을 왼쪽으로 뒤집었을 때의 도형을 찾아 기호를 쓰시오.

( )

3 ㉣을 시계 방향으로 90°만큼 돌렸을 때의 도형을 찾아 기호를 쓰시오.

( )

4 주어진 도형을 시계 반대 방향으로 180°만큼 돌렸을 때의 도형을 그려 보시오.

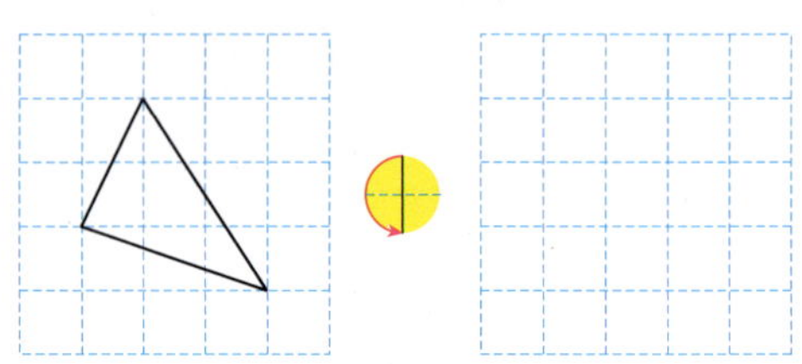

5 설명이 옳은 것에 ◯표, 틀린 것에 ✕표 하시오.

(1) 도형을 왼쪽으로 한 번 뒤집었을 때의 도형과 오른쪽으로 한 번 뒤집었을 때의 도형은 서로 같습니다. ⋯⋯⋯⋯⋯⋯ ( )

(2) 도형을 시계 방향으로 360°만큼 돌렸을 때의 도형은 처음 도형과 다릅니다.

( )

6 주어진 도형을 아래쪽으로 2번 뒤집었을 때의 도형을 그려 보시오.

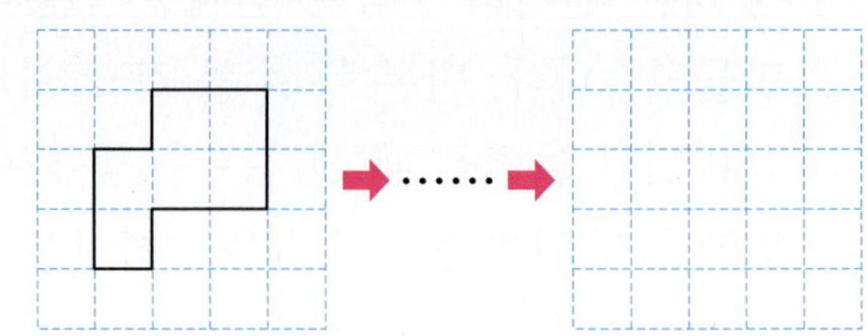

7

밀기, 뒤집기, 돌리기 중에서 오른쪽 사진을 보고 찾을 수 있는 방법은 어떤 것입니까?

(   )

8

수민이는 놀이공원에서 바이킹을 탔습니다. 바이킹이 왼쪽 그림에서 시계 방향으로 180°만큼 돌았을 때 수민이의 위치는 어느 곳입니까?

·· (   )

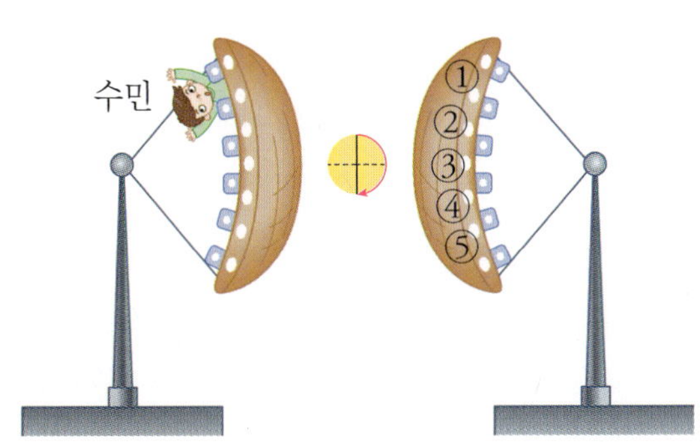

9 위쪽으로 뒤집었을 때의 모양이 처음과 같은 알파벳을 모두 찾아 ◯표 하시오.

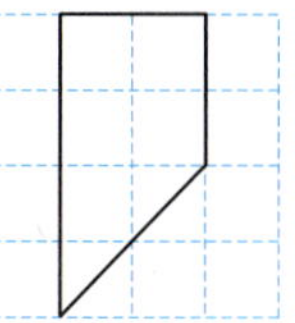

10 오른쪽 도형을 주어진 방향으로 돌렸을 때 서로 같은 도형끼리 짝지은 것을 찾아 기호를 쓰시오.

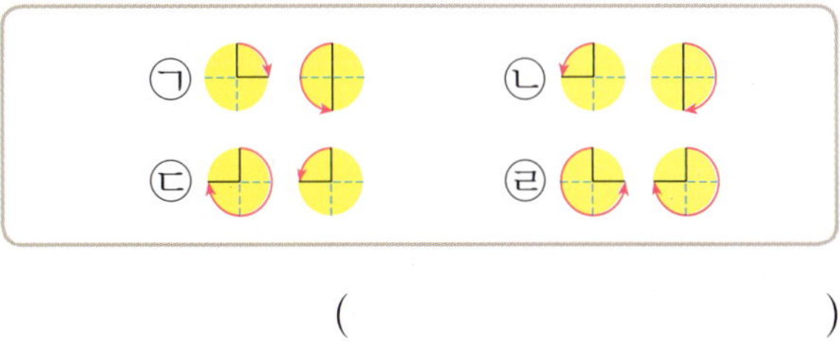

(   )

11 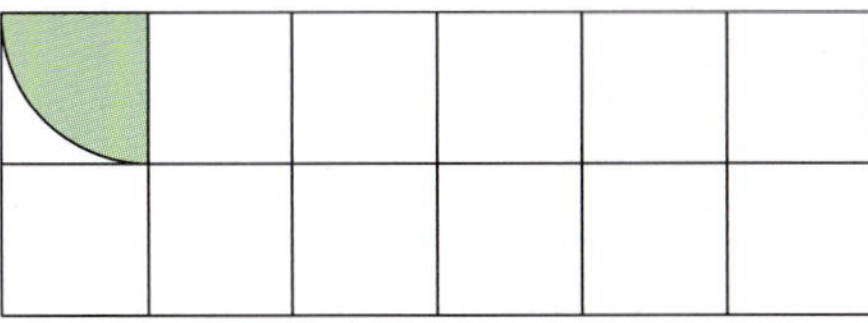 모양으로 뒤집기를 이용하여 규칙적인 무늬를 만들어 보시오.

12 처음 도형을 어떻게 돌리면 움직인 도형이 되는지 설명하시오.

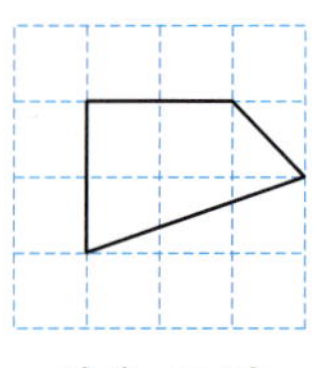

처음 도형   움직인 도형

설명 ___________________________________

____

____

____

13 어떤 도형을 위쪽으로 뒤집었을 때의 도형이 다음과 같습니다. 처음 도형을 그려 보시오.

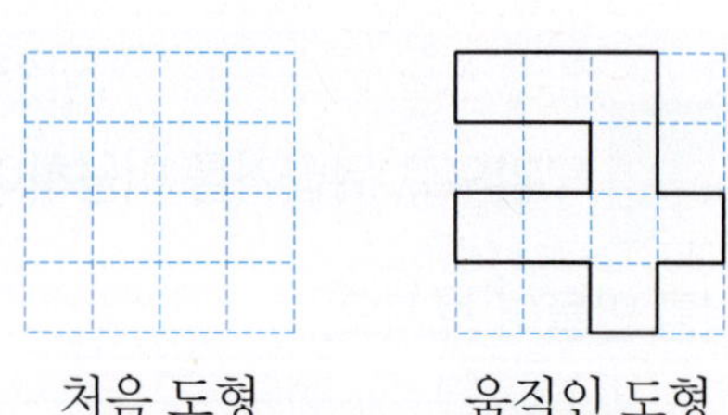

처음 도형   움직인 도형

14 주어진 도형을 오른쪽으로 뒤집고 시계 방향으로 180°만큼 돌렸을 때의 도형을 그려 보시오.

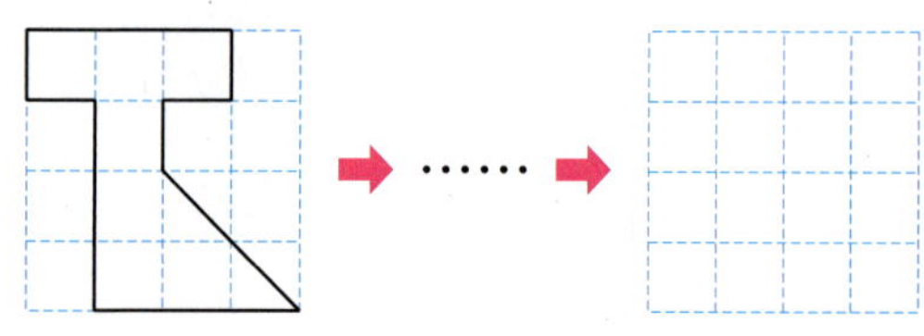

15 다음 중 아래쪽으로 뒤집었을 때의 도형과 시계 방향으로 90°만큼 돌렸을 때의 도형이 같은 것을 찾아 기호를 쓰시오.

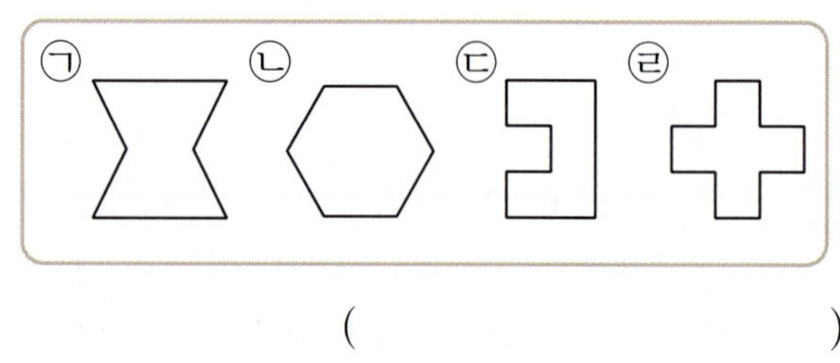

(   )

16 주어진 도형을 시계 반대 방향으로 90°만큼 돌리고 아래쪽으로 3번 뒤집었을 때의 도형을 그려 보시오.

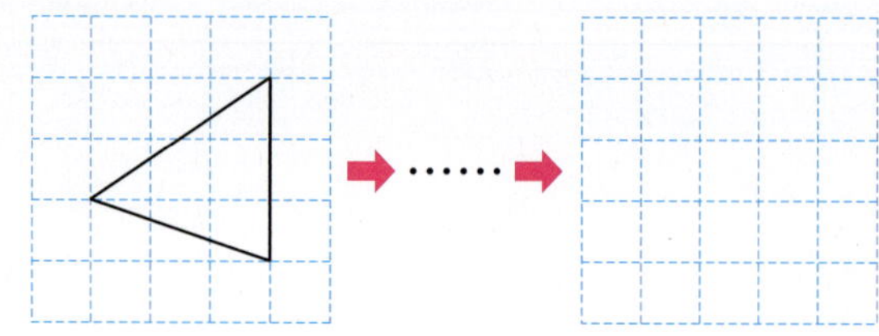

17
처음 도형을 뒤집고 돌렸을 때의 도형이 오른쪽과 같습니다. 도형의 이동 방법을 설명하시오.

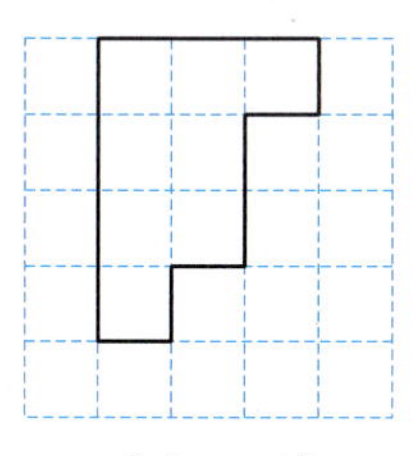
처음 도형

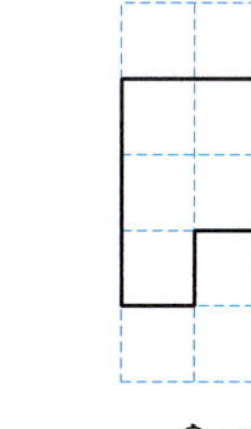
움직인 도형

설명 ______________________________

____

____

____

____

19
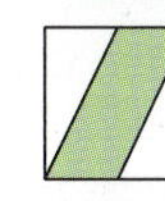 모양으로 규칙적인 무늬를 만들고 만든 방법을 설명하시오.

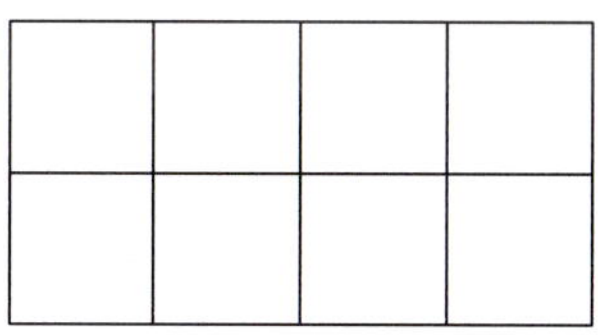

설명 ______________________________

____

____

____

18 어떤 도형을 시계 반대 방향으로 270°만큼 돌리고 왼쪽으로 뒤집었을 때의 도형이 다음과 같습니다. 처음 도형을 그려 보시오.

처음 도형

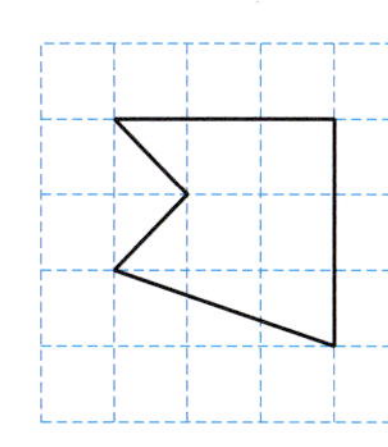
움직인 도형

20 수 카드 2 , 5 , 1 , 0 중 3장을 뽑아 한 번씩 사용하여 가장 큰 세 자리 수와 가장 작은 세 자리 수를 각각 만들었습니다. 만든 두 수를 각각 오른쪽으로 뒤집었을 때 생기는 두 수의 차를 구하시오.

(   )

⭐ 정답은 **42**쪽

1 쇠똥구리는 물구나무를 선 자세로 쇠똥을 굴립니다. 성주가 쇠똥구리처럼 물구나무를 서서 시계를 보니 오른쪽과 같이 보였습니다. 지금부터 9분 후의 시각을 구하시오.

( )

2 펜토미노 조각으로 밀기, 뒤집기, 돌리기를 이용하여 숫자나 글자를 만들 수 있습니다. 다음 펜토미노 조각으로 글자 '너구리'를 만들어 보고 만든 방법을 설명하시오.

만든 모양	만든 방법

막대그래프

5

● 학습계획표

계획표대로 공부했으면 ○표, 못했으면 △표 하세요.

내용	쪽수	날짜		확인
일등 비법	110~111쪽	월	일	
STEP 1 기본 유형 익히기	112~115쪽	월	일	
STEP 2 응용 유형 익히기	116~121쪽	월	일	
STEP 3 응용 유형 뛰어넘기	122~127쪽	월	일	
실력 평가	128~131쪽	월	일	
창의 사고력	132쪽	월	일	

5. 막대그래프

비법 ① 눈금 한 칸의 크기가 1이 아닌 막대그래프 알아보기

① 막대그래프에서 수가 쓰여진 눈금을 찾습니다.

② 그 수를 눈금의 수로 나눕니다.

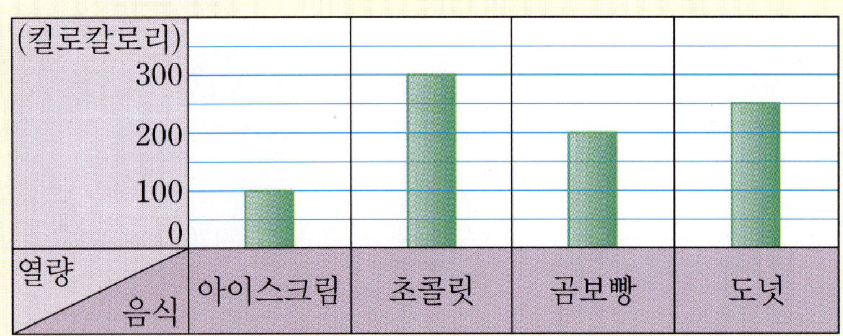

음식별 100 g의 열량

① 세로 눈금 2칸이 100킬로칼로리

② 100÷2＝50 ⇨ 세로 눈금 한 칸은 50킬로칼로리

• 열량은 아이스크림이 100킬로칼로리, 초콜릿이 300킬로칼로리, 곰보빵이 200킬로칼로리, 도넛이 250킬로칼로리입니다.

비법 ② 표와 막대그래프 비교하기

표	자료별 수와 자료의 합계를 알아보기 편리합니다.
막대그래프	자료의 크기를 비교하기 편리합니다.

존경하는 위인별 학생 수

위인	이순신	유관순	세종대왕	신사임당	합계
학생 수(명)	7	5	10	8	30

존경하는 위인별 학생수

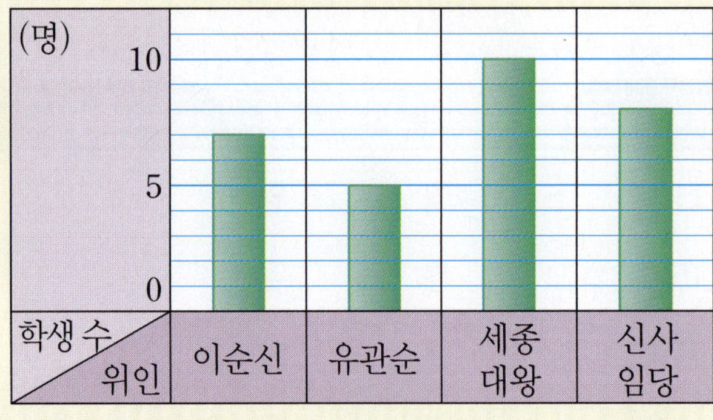

• 표에서 합계가 30이므로 조사한 전체 학생 수는 30명입니다.

• 막대그래프에서 막대의 길이가 **가장** 긴 항목은 세종대왕이므로 **가장 많은** 학생들이 존경하는 위인은 세종대왕입니다.

비법 ③ 여러 가지 방법으로 막대그래프 나타내기

① 막대를 가로 또는 세로로 나타낸 막대그래프
② 눈금 한 칸이 나타내는 수가 ■인 막대그래프

배우고 있는 운동별 학생 수

운동	태권도	체조	수영	축구	합계
학생 수(명)	12	10	6	4	32

• **막대**를 가로로 나타낸 막대그래프
(가로 눈금 한 칸이 1명)

배우고 있는 운동별 학생 수

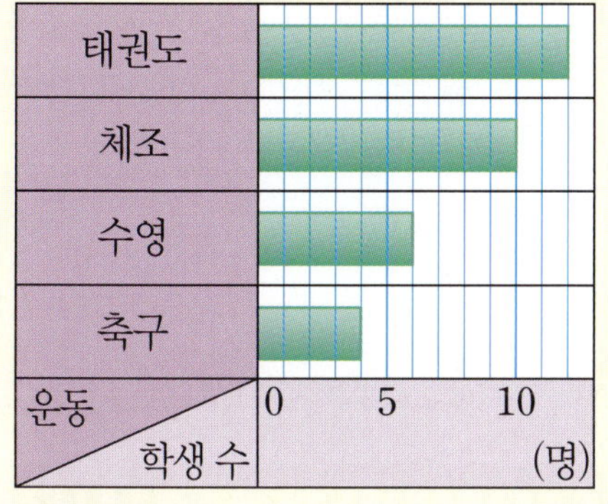

• **막대**를 세로로 나타낸 막대그래프
(세로 눈금 한 칸이 2명)

배우고 있는 운동별 학생 수

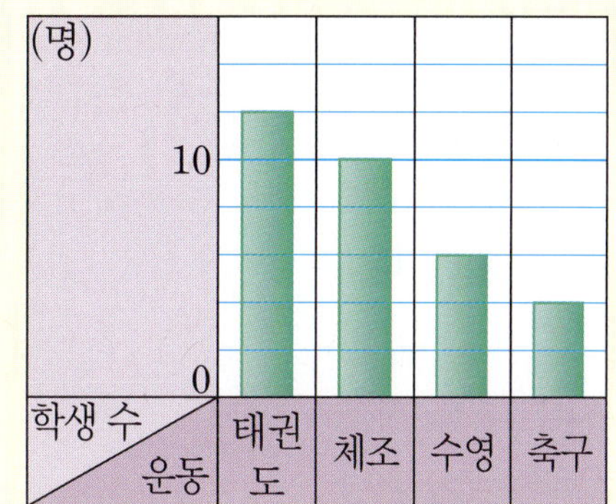

비법 ④ 표와 막대그래프 완성하기

• 표의 수를 이용해 막대그래프에 막대를 그려 넣습니다.
• 막대그래프의 막대가 나타내는 수를 구해 표의 빈칸에 수를 써넣습니다.

반별 모은 재활용품의 무게

반	1반	2반	3반	4반	합계
무게(kg)	①8	12	8	9	37

반별 모은 재활용품의 무게

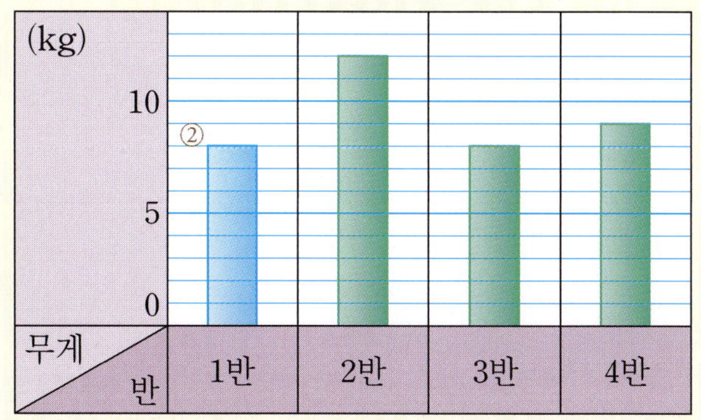

① (1반 학생들이 모은 재활용품의 무게)$=37-12-8-9=8\,(\mathrm{kg})$
　　　　　　　　　　　　　　　　　　　　　└─ 합계
② 세로 눈금 한 칸이 1 kg을 나타내므로 1반은 8칸인 막대를 그립니다.

• 막대그래프로 나타내기

좋아하는 음악별 학생 수

음악	국악	동요	클래식	합계
학생 수(명)	5	7	3	15

좋아하는 음악별 학생 수

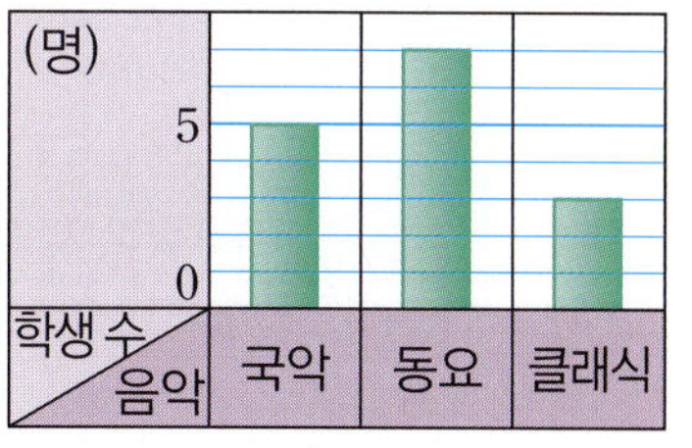

① 가로는 음악, 세로는 학생 수를 나타냅니다.
② 세로 눈금 한 칸의 크기는 1명으로 정합니다.
③ 조사한 수에 맞도록 막대를 그립니다.
④ 막대그래프에 알맞은 제목을 씁니다.

• **눈금 한 칸의 크기 정하기**
막대그래프를 그릴 때는 자료의 수량을 정확하게 나타낼 수 있도록 한 칸의 크기를 정해야 합니다. 예를 들어 자료의 수 중 3이 있는데 눈금 한 칸의 크기를 2로 하면 정확하게 나타낼 수 없게 되므로 이때는 눈금 한 칸의 크기를 1로 해야 합니다.

• 막대그래프를 그릴 때는 꼭 순서대로 그려야 할 필요없이 순서에 해당하는 활동들이 다 포함되면 됩니다.

5

막대그래프

 STEP 1 기본 유형 익히기

1 막대그래프 알아보기

- **막대그래프**: 조사한 자료의 수량을 막대 모양으로 나타낸 그래프

좋아하는 음료수별 학생 수

[1-1~1-5] 은하네 반 학생들이 가 보고 싶어 하는 나라를 조사하여 나타낸 표와 막대그래프입니다. 물음에 답하시오.

가 보고 싶어 하는 나라별 학생 수

나라	미국	중국	영국	일본	합계
학생 수(명)	10	6	8	4	28

가 보고 싶어 하는 나라별 학생 수

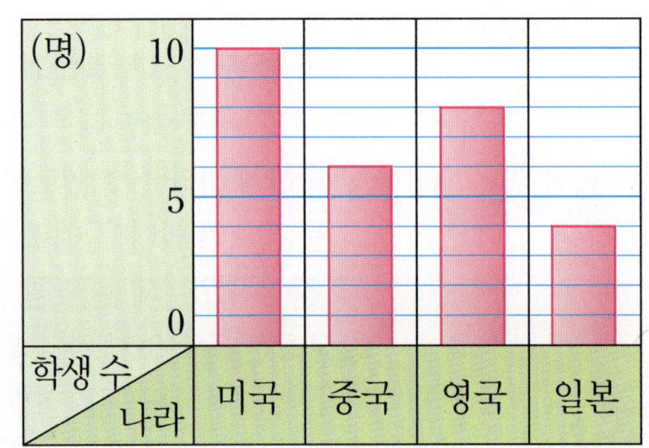

1-1 막대그래프의 가로와 세로는 각각 무엇을 나타냅니까?

가로 (   )

세로 (   )

1-2 세로 눈금 한 칸은 몇 명을 나타냅니까?

(   )

1-3 □ 안에 알맞은 말을 써넣으시오.

막대의 길이는 가 보고 싶어 하는 나라별 □ 수를 나타냅니다.

1-4 은하네 반 전체 학생 수를 알아보기에 더 편리한 것은 표와 막대그래프 중 어느 것입니까?

(   )

1-5 가 보고 싶어 하는 나라별 학생 수의 크기를 한눈에 비교하기에 더 편리한 것은 표와 막대그래프 중 어느 것입니까?

(   )

2 막대그래프로 나타내기

① 가로와 세로 중 어느 쪽에 조사한 수를 나타낼 것인지 정합니다.
② 눈금 한 칸의 크기를 정하고, 조사한 수 중 가장 큰 수를 나타낼 수 있도록 눈금의 수를 정합니다.
③ 조사한 수에 맞도록 막대를 그립니다.
④ 막대그래프에 알맞은 제목을 씁니다.

[2-1~2-3] 연수네 고장에 있는 공공기관의 수를 조사하여 나타낸 표입니다. 물음에 답하시오.

공공기관별 수

공공기관	우체국	경찰서	보건소	소방서	합계
수(개)	8	7	5	6	26

2-1 표를 보고 막대그래프로 나타내려고 합니다. 세로 눈금 한 칸이 공공기관 1개를 나타낸다면 우체국의 수는 몇 칸으로 나타내어야 합니까?

( )

2-2 표를 보고 막대그래프로 나타내어 보시오.

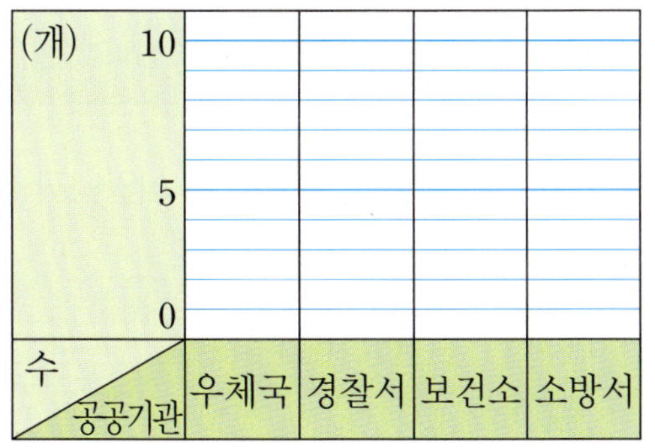

2-3 위 **2-2**의 막대그래프의 가로와 세로를 바꾸어 나타내어 보시오.

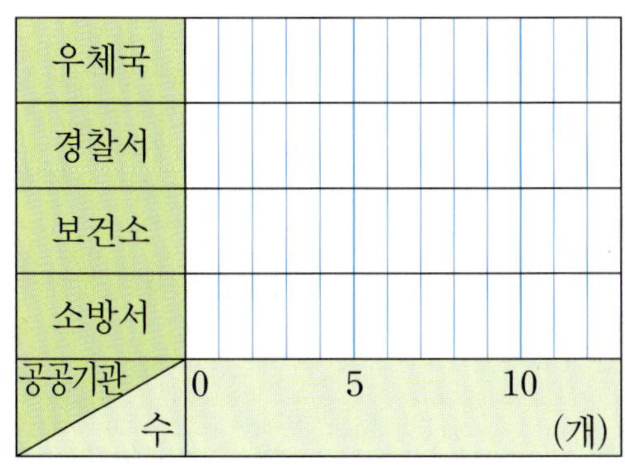

3 막대그래프로 자료 해석하기

- 막대그래프에서 막대의 길이가 가장 긴 항목의 수량이 가장 많습니다.
- 막대그래프에서 막대의 길이가 가장 짧은 항목의 수량이 가장 적습니다.

[3-1~3-3] 월드컵에서 우승한 횟수가 많은 나라를 조사하여 나타낸 막대그래프입니다. 물음에 답하시오.

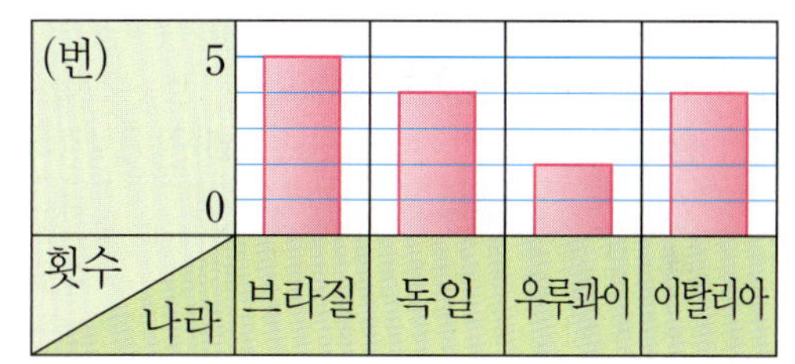

창의·융합

3-1 부길이는 우승한 횟수가 가장 많은 나라의 공을 가지고 있습니다. 부길이가 가지고 있는 공에 ◯표 하시오.

3-2 우승한 횟수가 독일보다 적은 나라를 쓰시오.

( )

3-3 브라질은 독일보다 몇 번 더 우승했습니까?

( )

해결의 창 막대그래프의 가로와 세로를 바꾸어 나타내도 조사한 수는 바뀌지 않고 그대로입니다.

STEP 1 기본 유형 익히기

[3-4~3-6] 진호네 반 학생들이 좋아하는 해산물을 조사하여 나타낸 막대그래프입니다. 물음에 답하시오.

좋아하는 해산물별 학생 수

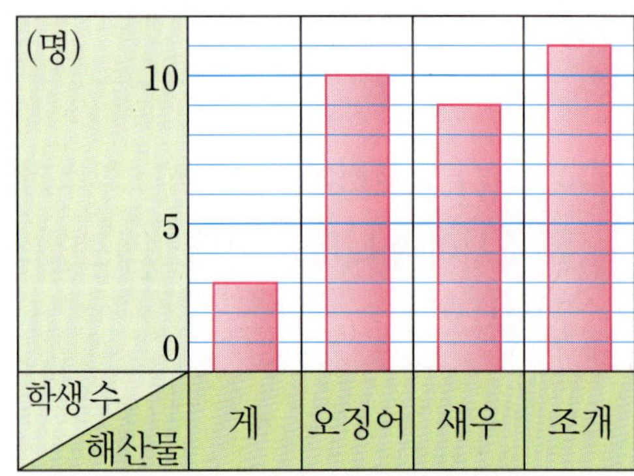

3-4 좋아하는 학생 수가 게의 3배인 것은 무엇입니까?

( )

3-5 좋아하는 학생 수가 가장 많은 해산물과 가장 적은 해산물의 학생 수의 차를 구하시오.

( )

서술형
3-6 막대그래프를 보고 알 수 있는 내용을 2가지 써 보시오.

[3-7~3-9] 연도별 기대 수명을 조사하여 나타낸 막대그래프입니다. 물음에 답하시오.

나이, 성별 등 여러 조건을 바탕으로 몇 살까지 살 수 있는지 예측하여 나타낸 것

연도별 기대 수명

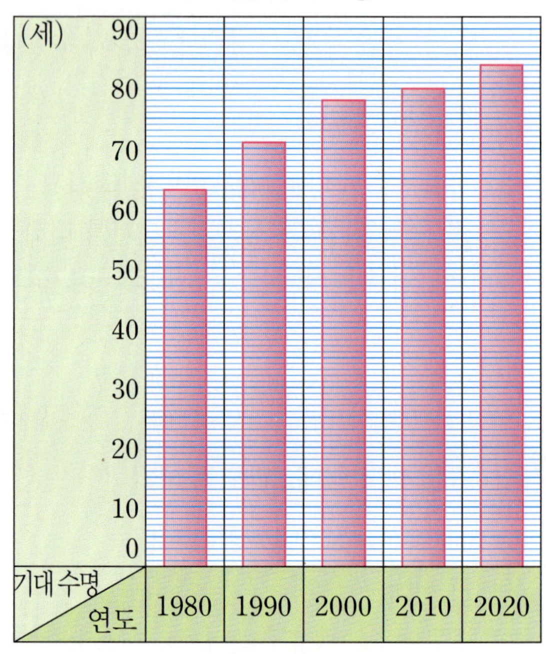

3-7 2000년의 기대 수명은 몇 세입니까?

( )

서술형
3-8 1980년과 1990년의 기대 수명의 차는 몇 세인지 풀이 과정을 쓰고 답을 구하시오.

풀이 ___________________

____

____

답 ___________________

3-9 2030년 기대 수명은 어떻게 변할 것이라고 생각합니까?

( )

4 자료를 수집하고 분석하기

① 주제를 정합니다.
② 자료를 수집합니다.
③ 수집한 자료를 표와 막대그래프로 나타냅니다.
④ 막대그래프로 자료를 해석합니다.

[4-1~4-5] 경수네 반 학생들이 배우고 싶어 하는 악기를 조사한 것입니다. 물음에 답하시오.

배우고 싶어 하는 악기

이름	악기	이름	악기	이름	악기
경수	피아노	지원	피아노	연주	바이올린
수지	트럼펫	상민	바이올린	지현	피아노
준영	피아노	민준	트럼펫	현철	첼로
소영	피아노	미나	피아노	은지	피아노
은아	바이올린	영희	첼로	주은	피아노

4-1 조사한 내용을 정리하여 표로 나타내어 보시오.

배우고 싶어 하는 악기별 학생 수

악기	피아노	트럼펫	바이올린	첼로	합계
학생 수 (명)		2	3		

4-2 위 **4-1**의 표를 보고 막대그래프로 나타내어 보시오.

배우고 싶어 하는 악기별 학생 수

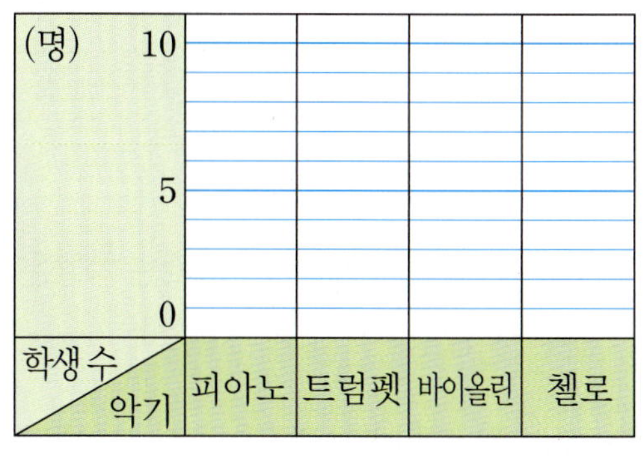

4-3 배우고 싶어 하는 학생 수가 같은 악기는 무엇과 무엇입니까?

(   ), (   )

4-4 배우고 싶어 하는 학생 수가 첼로보다 많고 피아노보다 적은 악기는 무엇입니까?

(   )

서술형　창의·융합

4-5 경수의 물음에 답하고 그렇게 답한 이유를 써 보시오.

(   )

이유 ________________________

____

____

해결의 창 막대그래프에서 수량의 많고 적음은 막대의 길이를 비교하여 알 수 있습니다.
⇨ 막대의 길이가 가장 긴 항목의 수량이 가장 많고 가장 짧은 항목의 수량이 가장 적습니다.

STEP 2 응용 유형 익히기

응용 1

눈금 한 칸의 크기가 1이 아닌 막대그래프 알아보기

오른쪽은 미주네 학교 학생들이 좋아하는 과일을 조사하여 나타낸 막대그래프입니다. [1]가장 많은 학생들이 좋아하는 과일/의[3]학생 수는 몇 명인지 구하시오.

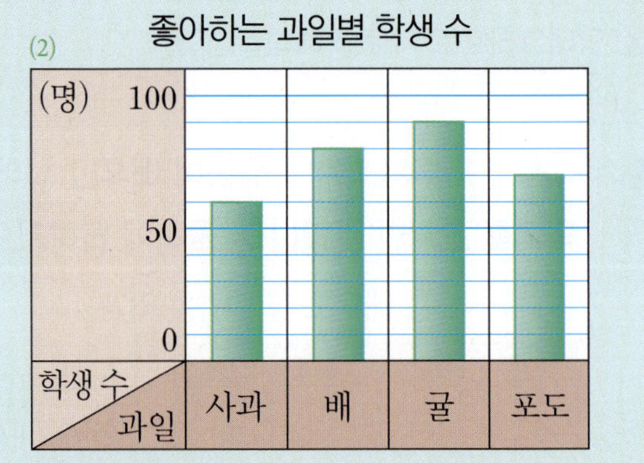

(   )

해결의 법칙

(1) 가장 많은 학생들이 좋아하는 과일을 알아봅니다.

(2) 세로 눈금 한 칸은 몇 명을 나타내는지 알아봅니다.

(3) (1)의 과일의 학생 수는 몇 명인지 구합니다.

예제 1-1 오른쪽은 민서네 농장에서 기르고 있는 동물의 수를 조사하여 나타낸 막대그래프입니다. 가장 적게 기르는 동물은 몇 마리인지 구하시오.

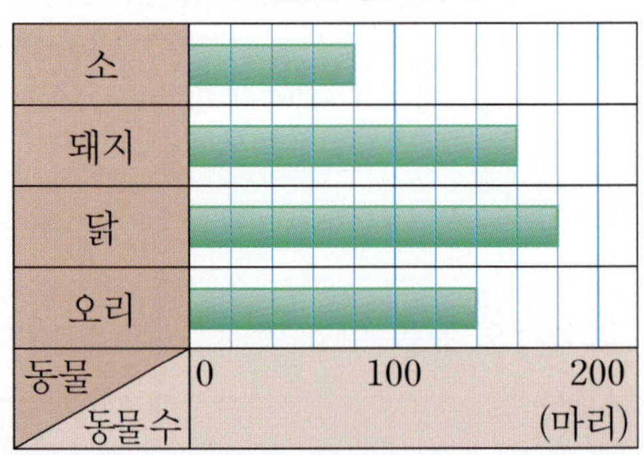

(   )

예제 1-2 위 **1-1**의 막대그래프에서 가장 많이 기르는 동물과 두 번째로 적게 기르는 동물은 모두 몇 마리인지 구하시오.

(   )

응용 2 여러 가지 방법으로 막대그래프 그리기

왼쪽은 영찬이가 가지고 있는 종류별 책의 수를 조사하여 나타낸 표입니다. [1]표를 보고 책의 수가 적은 책부터 차례대로 /[2]막대그래프로 나타내어 보시오.

(1) 종류별 책의 수

종류	위인전	동화책	과학책	만화책	합계
책의 수(권)	6	10	4	9	29

(2)
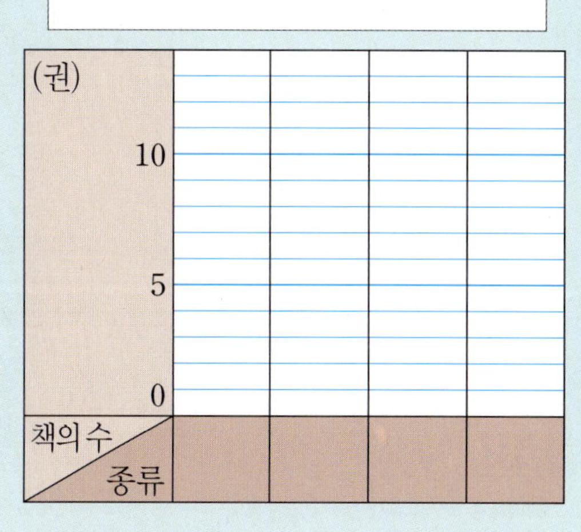

(1) 책의 수가 적은 책부터 차례대로 알아봅니다.

(2) (1)의 책의 차례대로 막대그래프로 나타냅니다.

예제 2-1 반별로 매일 일기를 쓴 학생 수를 조사하여 나타낸 표입니다. 표를 보고 매일 일기를 쓴 학생 수가 많은 반부터 차례대로 막대그래프로 나타내어 보시오.

반별로 매일 일기를 쓴 학생 수

반	1반	2반	3반	4반	합계
학생 수(명)	8	5	7	11	31

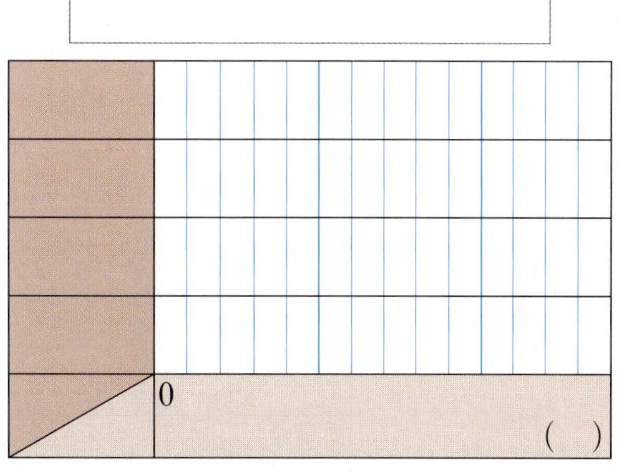

응용 3 — 표에서 모르는 수를 구하여 막대그래프 완성하기

재주네 반 학생들이 좋아하는 간식을 조사하여 나타낸 표입니다. (1) 표의 빈칸에 알맞은 수를 써넣고 /(3) 표를 보고 막대그래프를 완성하시오.

좋아하는 간식별 학생 수

간식	김밥	떡볶이	라면	합계
학생 수(명)	16	10	(1)	40

(2) 좋아하는 간식별 학생 수

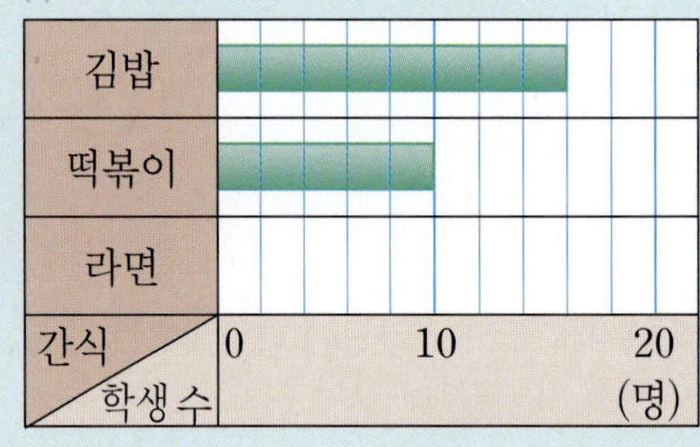

(1) 라면을 좋아하는 학생은 몇 명인지 알아봅니다.

(2) 그래프의 가로 눈금 한 칸은 몇 명을 나타내는지 알아봅니다.

(3) 빈 곳에 막대를 그려 넣어 막대그래프를 완성합니다.

예제 3-1 정수네 학교 학생들이 좋아하는 계절을 조사하여 나타낸 표입니다. 표의 빈칸에 알맞은 수를 써넣고, 표를 보고 막대그래프를 완성하시오.

좋아하는 계절별 학생 수

계절	봄	여름	가을	겨울	합계
학생 수(명)	90		80	50	260

좋아하는 계절별 학생 수

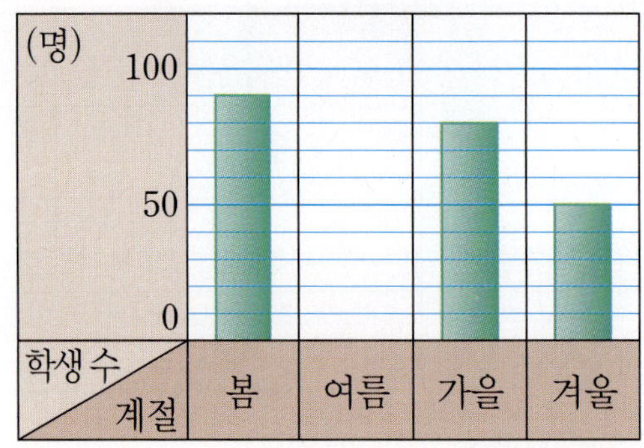

응용 4 두 막대를 한 번에 나타낸 막대그래프 알아보기

희주네 학교 4학년의 반별 남학생 수와 여학생 수를 조사하여 나타낸 막대그래프입니다. ⁽¹⁾학생 수/가 ⁽²⁾가장 많은 반은 몇 반인지 쓰시오.

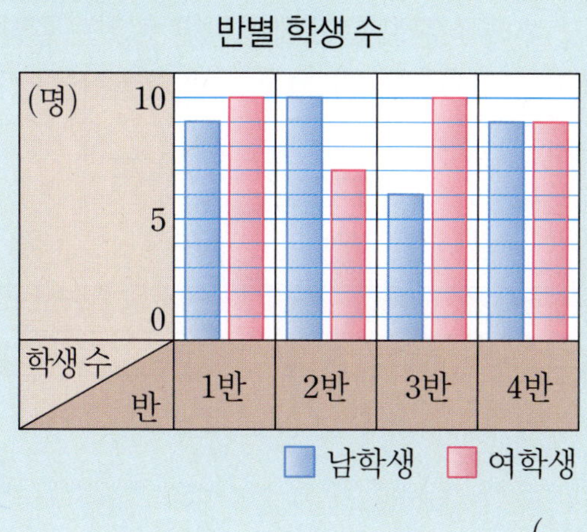

( )

(1) 각 반의 학생 수를 알아봅니다.

(2) 학생 수가 가장 많은 반을 씁니다.

예제 4 – 1 다은이와 정민이의 과목별 시험 점수를 조사하여 나타낸 막대그래프입니다. 다은이와 정민이의 점수가 가장 많이 차이 나는 과목은 무엇이고, 몇 점 차이가 나는지 차례대로 쓰시오.

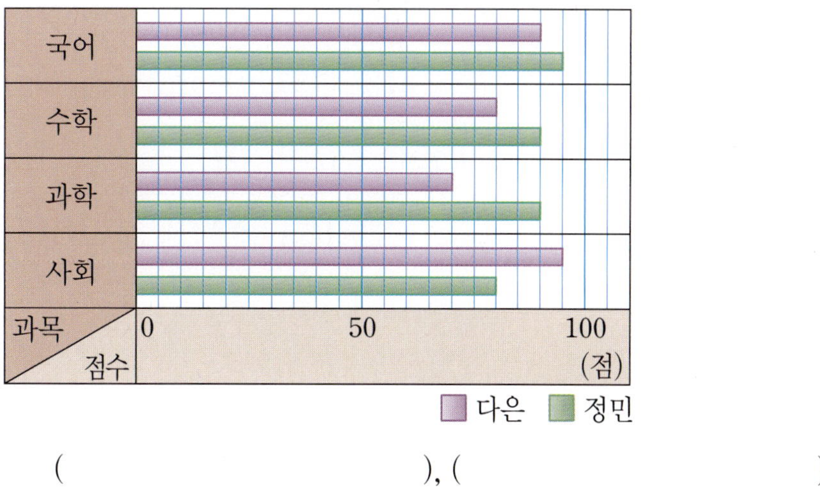

( ), ( )

막대그래프

5

 **응용 5** 막대그래프의 활용 

어느 김밥 가게에서 상자 한 개당 김밥을 몇 줄씩 포장할 수 있는지 조사하여 나타낸 막대그래프입니다. ⁽¹⁾나 상자로만 포장/하여 ⁽²⁾김밥 24줄을 팔았다면 나 상자 몇 개를 판 것인지 구하시오.

상자별 한 개에 포장할 수 있는 김밥 수

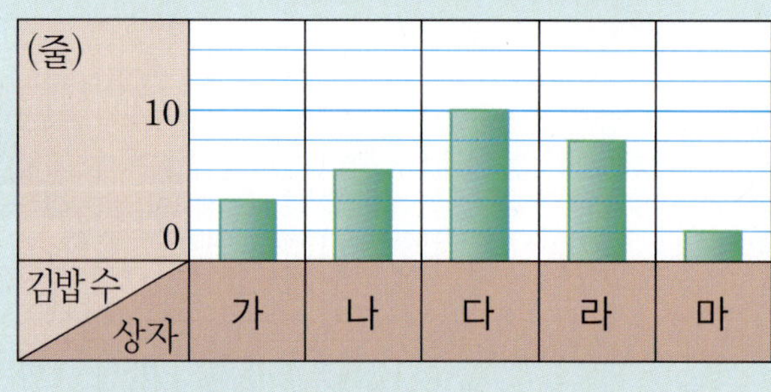

( )

(1) 나 상자 한 개에 포장할 수 있는 김밥은 몇 줄인지 알아봅니다.

(2) 김밥 24줄은 나 상자 몇 개에 포장하여 팔았는지 구합니다.

예제 5-1 놀이기구 한 개당 사람이 몇 명씩 탈 수 있는지 조사하여 나타낸 막대그래프입니다. 회전 컵과 회전 그네는 한 번 운행할 때 탈 수 있는 사람 수가 같습니다. 회전 컵이 12개 있다면 회전 그네는 몇 개 있는지 구하시오.

놀이기구별 한 개에 탈 수 있는 사람 수

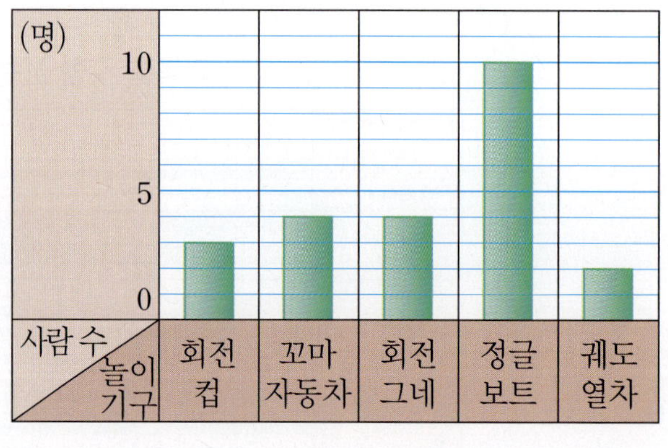

( )

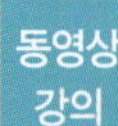

응용 6 막대그래프 그리기의 활용

오른쪽은 마을별로 생산한 감의 양을 조사하여 나타낸 막대그래프입니다. ⁽²⁾네 마을의 전체 생산량은 120상자/이고, ⁽¹⁾햇살 마을의 생산량은 바람 마을보다 12상자 더 많습니다./⁽³⁾막대그래프를 완성하시오.

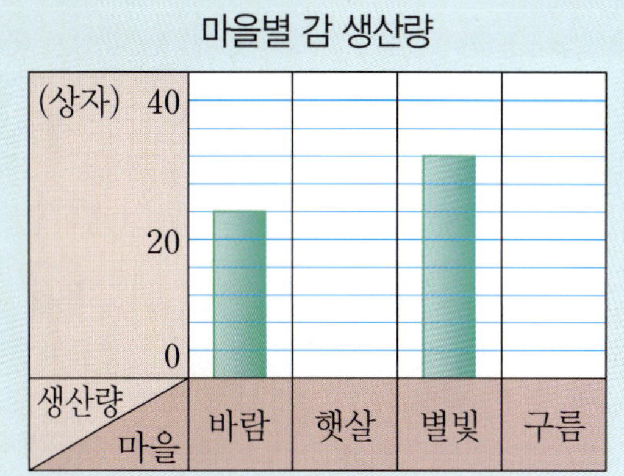

(1) 햇살 마을의 감 생산량은 몇 상자인지 알아봅니다.

(2) 구름 마을의 감 생산량은 몇 상자인지 알아봅니다.

(3) 막대그래프를 완성합니다.

예제 6-1 오른쪽은 현미네 학교 학생들의 혈액형을 조사하여 나타낸 막대그래프입니다. 조사한 학생은 130명이고, O형은 B형보다 15명 더 많습니다. 막대그래프를 완성하시오.

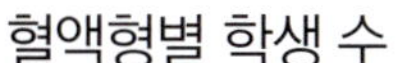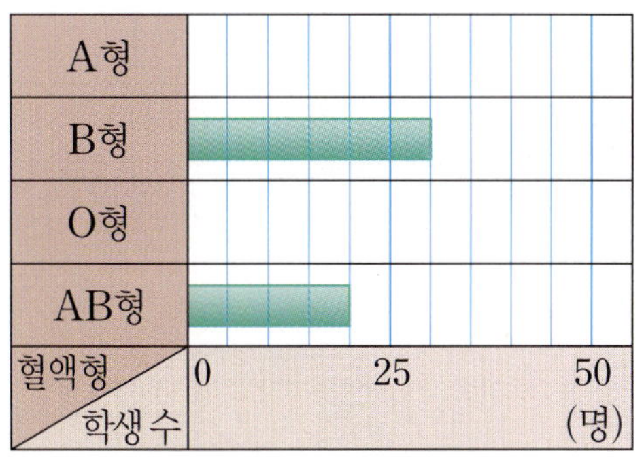

예제 6-2 오른쪽은 영아네 학교 4학년 학생들이 심은 나무의 수를 조사하여 나타낸 막대그래프입니다. 네 개의 반이 심은 전체 나무의 수는 168그루이고, 4반은 3반의 2배를 심었습니다. 막대그래프를 완성하시오.

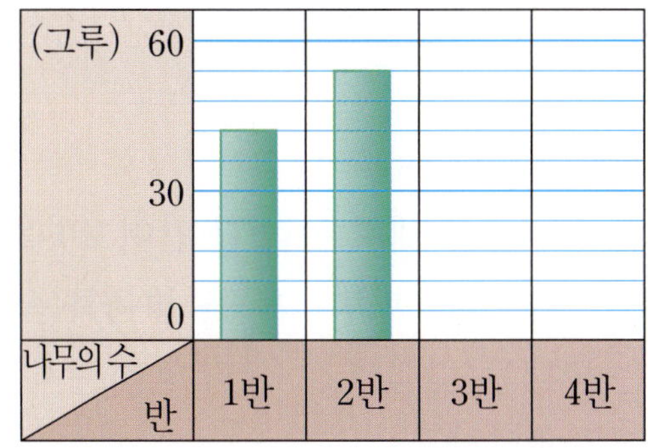

5
막대그래프

3 STEP 응용 유형 뛰어넘기

[1~3] 문정이네 반 학생들이 좋아하는 운동을 조사한 것입니다. 물음에 답하시오.

좋아하는 운동

문정	강식	종신	성희	현수	태진	벼리	훈정
동신	형훈	은성	정휘	요셉	슬기	인태	상돈
동현	준환	경록	윤상	용호	정훈	세중	혜수

: 농구, : 축구, : 배구, : 야구

막대그래프로 나타내기

1 조사한 내용을 정리하여 표로 나타내어 보시오.

🔰쌍둥이

좋아하는 운동별 학생 수

운동	농구	축구	배구	야구	합계
학생 수(명)					

막대그래프로 나타내기

2 위 **1**의 표를 보고 막대그래프로 나타내어 보시오.

🔰쌍둥이

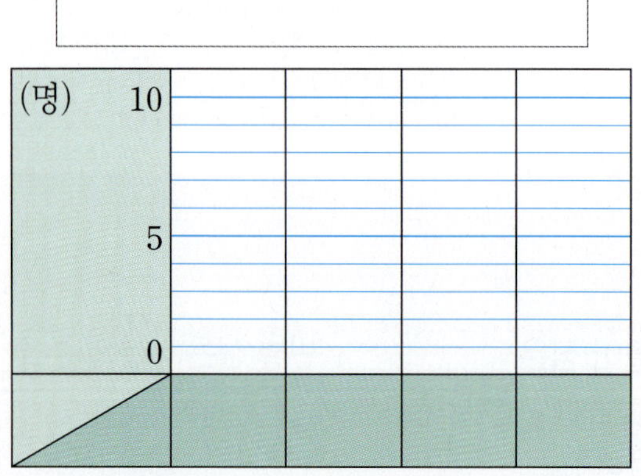

막대그래프로 나타내기

3 위 **1**의 표를 세로 눈금 한 칸이 2명을 나타내는 막대그래프로 나타낸다면 축구를 좋아하는 학생 수를 나타내는 막대는 몇 칸으로 그려야 하는지 풀이 과정을 쓰고 답을 구하시오.

🔰쌍둥이
▶동영상

(서술형)

(   )

풀이

막대그래프로 자료 해석하기

4 희지네 반 학생들이 좋아하는 꽃을 조사하여 나타낸 막대그래프입니다. 막대그래프에서 알 수 있는 내용을 <u>잘못</u> 설명한 것을 찾아 기호를 쓰시오.

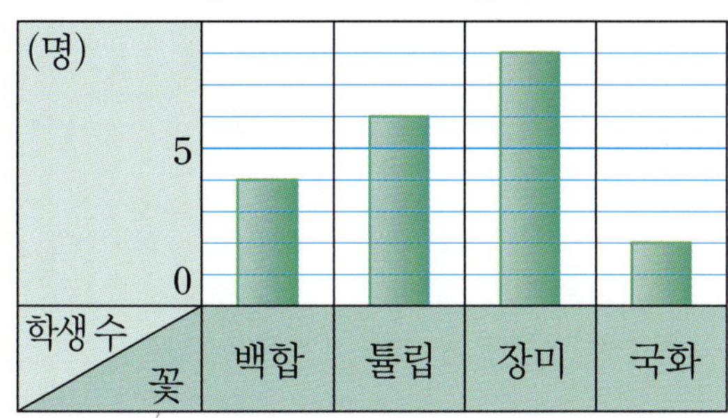

㉠ 가장 많은 학생들이 좋아하는 꽃은 장미입니다.

㉡ 가장 적은 학생들이 좋아하는 꽃은 국화입니다.

㉢ 좋아하는 학생 수가 국화의 2배인 꽃은 튤립입니다.

(   )

[5~6] 오른쪽은 지수네 고장의 마을별 학교 수를 조사하여 나타낸 막대그래프입니다. 지수네 고장의 학교가 모두 40개일 때 물음에 답하시오.

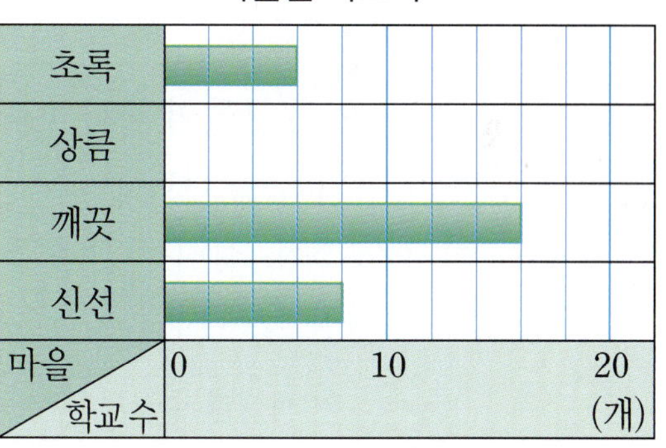

막대그래프로 자료 해석하기

5 상큼 마을의 학교는 몇 개입니까?
🔴 쌍둥이

(   )

막대그래프로 자료 해석하기   서술형

6 지수네 고장에서 깨끗 마을이 가장 넓다고 할 수 있는지
🔴 쌍둥이 '예' 또는 '아니요'로 답하고 그 이유를 쓰시오.

이유

(   )

STEP 3 응용 유형 뛰어넘기

7 연서네 반 학생들이 태어난 계절을 조사하여 나타낸 막대그래프입니다. 겨울에 태어난 학생 수는 여름에 태어난 학생 수보다 2명 더 많습니다. 태어난 학생 수가 가장 많은 계절과 가장 적은 계절의 학생 수의 차를 구하시오.

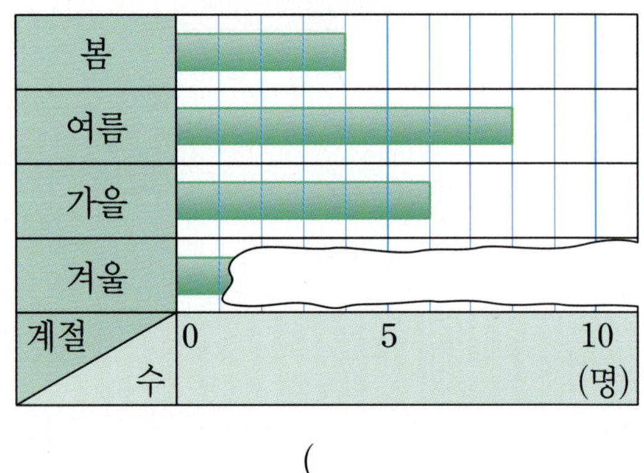

(   )

막대그래프로 자료 해석하기   `창의·융합`

8 예성이네 모둠 친구들이 각각 10개의 고리를 던져 걸리지 않은 고리의 수를 나타낸 막대그래프입니다. 걸린 고리는 한 개에 5점, 걸리지 않은 고리는 0점이 주어집니다. 점수가 가장 높은 사람의 점수는 몇 점입니까?

🔵쌍둥이
▶동영상

(   )

[9~10] 오른쪽은 동원이네 학교 4학년에서 반별로 그리기 대회에 참가한 남학생 수와 여학생 수를 조사하여 나타낸 막대그래프입니다. 물음에 답하시오.

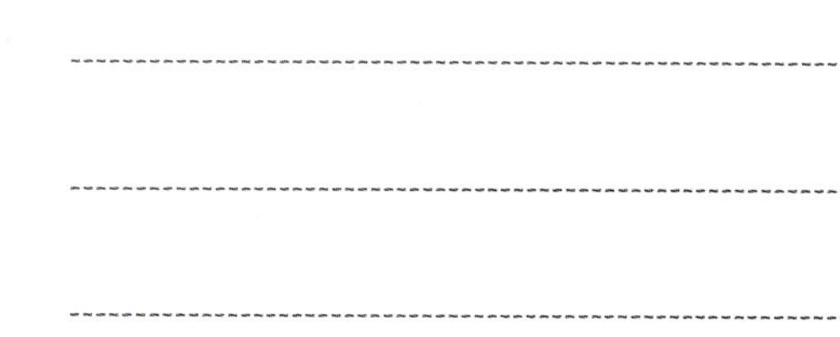

막대그래프로 자료 해석하기

9 그리기 대회에 많은 학생들이 참가한 반부터 차례대로 쓰려고 합니다. 풀이 과정을 쓰고 답을 구하시오.

🔖쌍둥이
▶동영상

서술형

(   )

풀이

막대그래프로 자료 해석하기

10 동원이는 선생님의 질문에 무엇이라고 답해야 합니까?

🔖쌍둥이

(   )

막대그래프로 자료 해석하기

11 영수네 과수원에서는 매일 과일별로 일정한 양만큼 수확하고 일정한 양만큼 팝니다. 두 막대그래프를 보고 오늘부터 수확과 판매를 시작하여 일주일 동안 수확하여 판매하고 남은 과일은 몇 개인지 구하시오. (단, 쉬는 날은 없고, 버린 과일이 없습니다.)

🔖쌍둥이
▶동영상

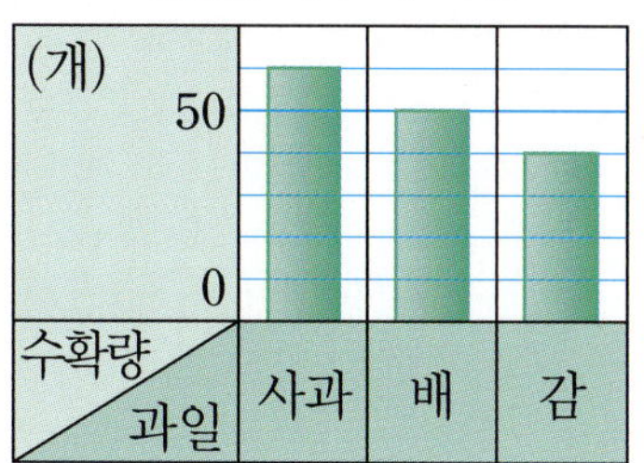

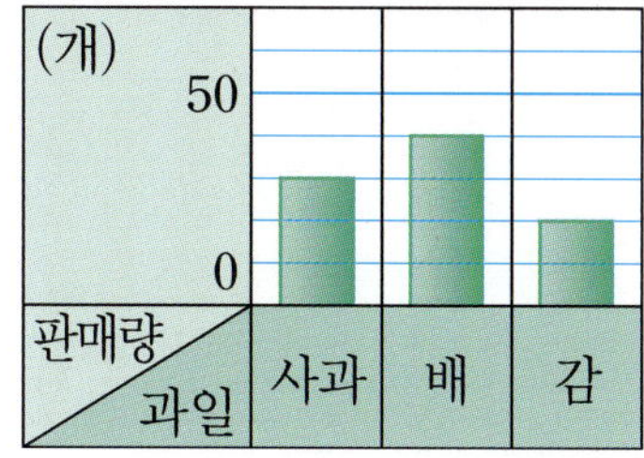

(   )

막대그래프로 자료 해석하기

12 은수네 학교 4학년 학생들이 먹은 빵의 수를 조사하여 나타낸 막대그래프입니다. 남학생이 여학생보다 6개를 더 먹었다면 1반 여학생들이 먹은 빵은 몇 개입니까?

쌍둥이
동영상

반별 먹은 빵의 수

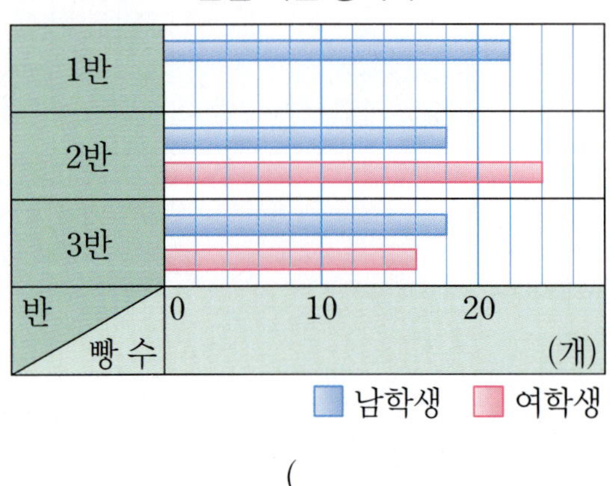

( )

막대그래프로 자료 해석하기

13 민범이와 친구들의 어제와 오늘 운동한 시간을 조사하여 나타낸 막대그래프입니다. 운동한 시간이 가장 많이 늘어난 사람은 누구이고 몇 분 늘어났는지 구하시오.

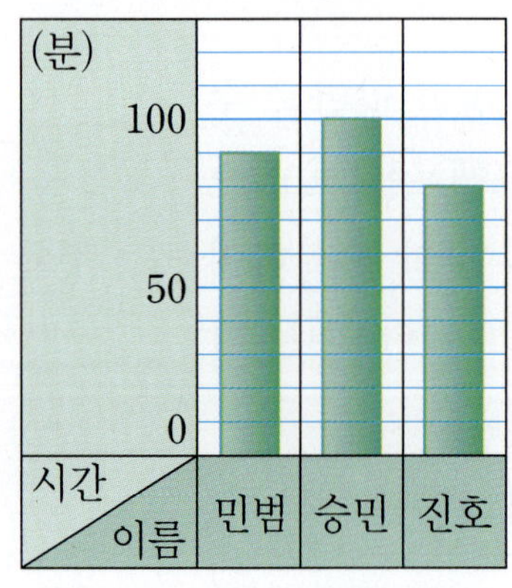

( ), ( )

막대그래프 알아보기 창의·융합

14 선주네 학교 학생들이 체험해 보고 싶어 하는 다른 나라
◑쌍둥이 의 명절을 조사하여 나타낸 막대그래프입니다. 조사한
▶동영상 전체 학생 수가 156명일 때, 가장 많은 학생들이 체험해
보고 싶어 하는 명절의 학생 수는 몇 명인지 구하시오.

| 중국 | 러시아 | 일본 | 미국 |

| 중추절 | 성 드미트리
토요일 | 오봉절 | 추수 감사절 |

체험해 보고 싶어 하는 다른 나라의 명절별 학생 수

명절 \ 학생 수	
중추절	
성 드미트리 토요일	
오봉절	
추수 감사절	

0 (명)

(   )

막대그래프로 자료 해석하기

15 윤호가 학용품을 사는 데 쓴 용돈을 조사하여 나타낸 막대
그래프입니다. 연필과 지우개를 사는 데 3600원을 썼고,
지우개를 사는 데 연필보다 400원 더 썼습니다. 똑같은
연필 4자루와 똑같은 볼펜 3자루를 샀다면 연필 1자루
와 볼펜 1자루 중 어느 것이 얼마나 더 비쌉니까?

학용품별 쓴 용돈

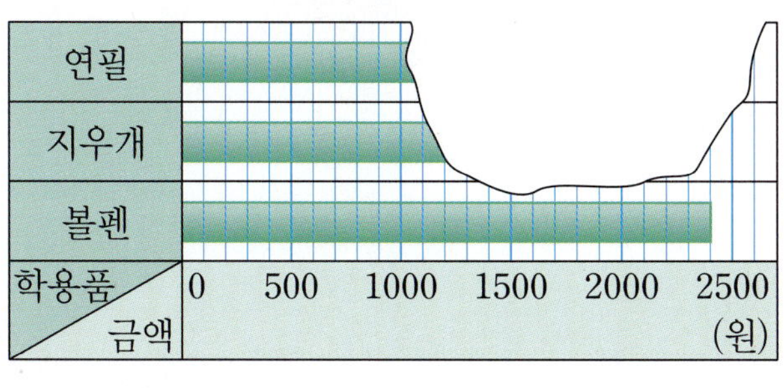

학용품 \ 금액	0	500	1000	1500	2000	2500
연필						
지우개						
볼펜						

(원)

(   ), (   )

5. 막대그래프

[1~2] 서윤이네 반 학생들이 좋아하는 채소를 조사하여 나타낸 막대그래프입니다. 물음에 답하시오.

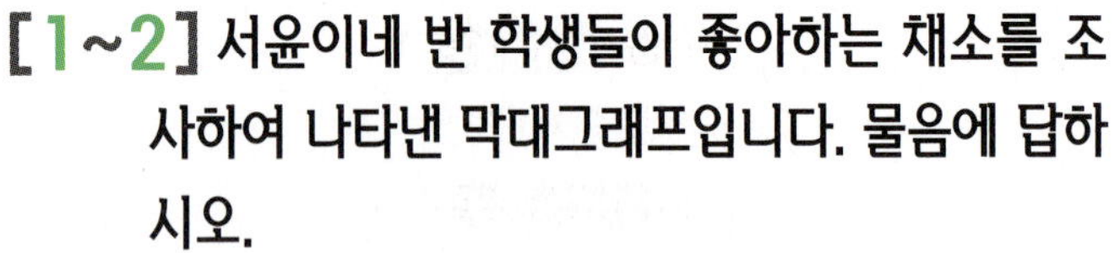

좋아하는 채소별 학생 수

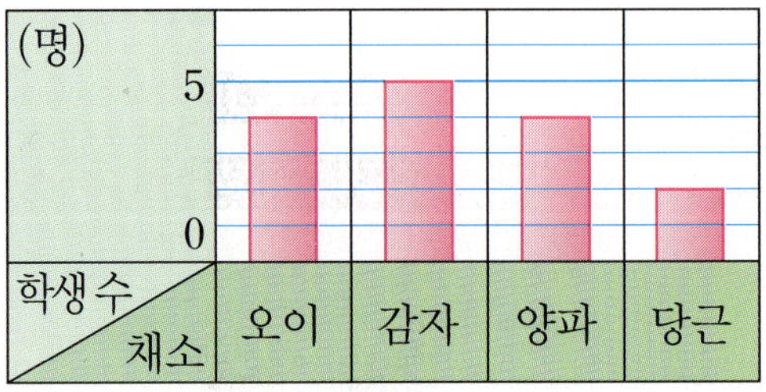

1 막대그래프의 가로와 세로는 각각 무엇을 나타냅니까?

가로 (   )

세로 (   )

2 오이를 좋아하는 학생은 몇 명입니까?

(   )

창의·융합

3 연주와 친구들이 하루 동안 사용한 물의 양을 조사하여 나타낸 막대그래프입니다. 연주는 희완이보다 물을 몇 L 더 사용했습니까?

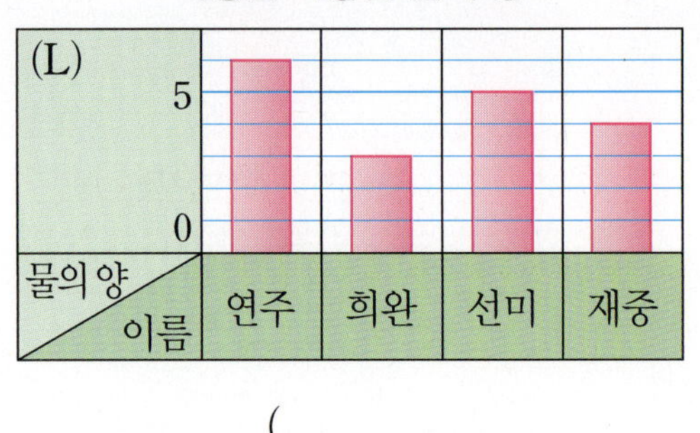

학생별 사용한 물의 양

(   )

4 선미네 학교 4학년 학생 중 안경을 쓴 학생 수를 조사하여 나타낸 표입니다. 표를 보고 막대그래프로 나타내어 보시오.

반별 안경을 쓴 학생 수

반	1반	2반	3반	4반	합계
학생 수(명)	6	5	2	12	25

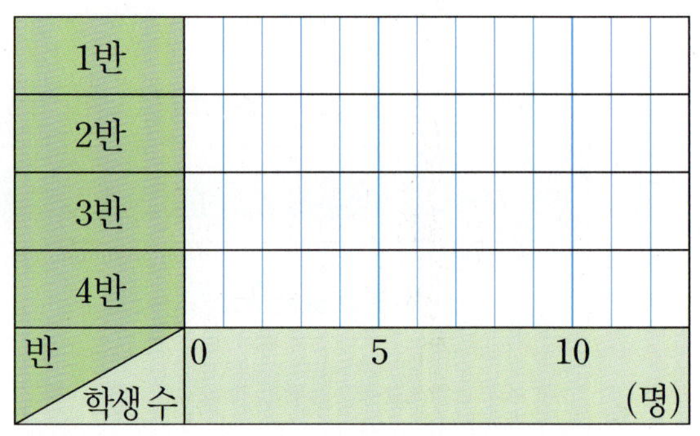

반별 안경을 쓴 학생 수

5 영호네 반 학생들이 집에서 기르고 싶어 하는 동물을 조사하여 나타낸 막대그래프입니다. 기르고 싶어 하는 학생이 많은 동물부터 차례대로 쓰시오.

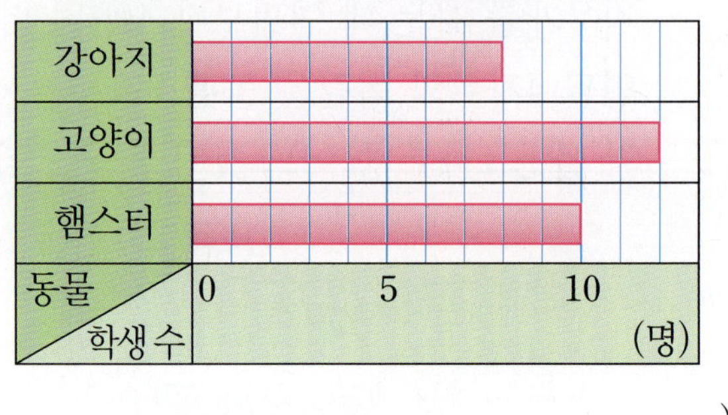

집에서 기르고 싶어 하는 동물별 학생 수

(   )

[6~8] 정기네 모둠 학생들의 제자리멀리뛰기 기록을 조사하여 나타낸 표와 막대그래프입니다. 물음에 답하시오.

학생별 제자리멀리뛰기 기록

이름	정기	수지	은경	지영	합계
기록(cm)		50		60	270

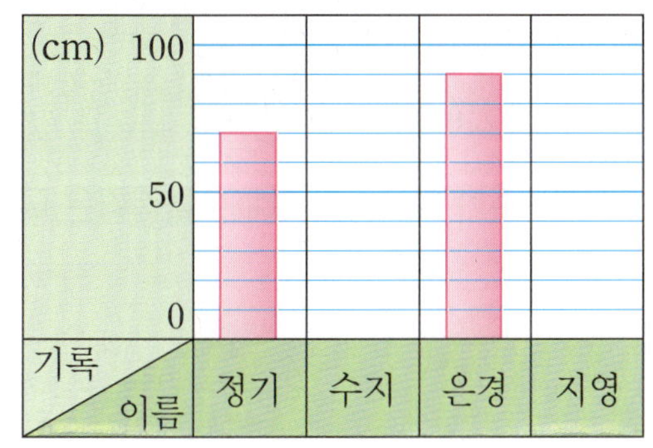

학생별 제자리멀리뛰기 기록

6 표를 보고 막대그래프를 완성하시오.

7 막대그래프를 보고 표를 완성하시오.

서술형 창의·융합

8 뛴 거리가 가장 긴 사람과 가장 짧은 사람의 거리의 차는 몇 cm인지 풀이 과정을 쓰고 답을 구하시오.

풀이

답

[9~11] 현수네 반 학생들이 좋아하는 장난감을 조사하여 나타낸 표입니다. 물음에 답하시오.

좋아하는 장난감별 학생 수

장난감	게임기	인형	로봇	퍼즐	합계
학생 수(명)	14		12	6	40

9 표의 빈 곳에 알맞은 수를 써넣으시오.

10 표를 보고 막대그래프로 나타내어 보시오.

좋아하는 장난감별 학생 수

서술형

11 위 **10**의 막대그래프를 보고 알 수 있는 내용을 2가지 쓰시오.

[12~13] 정수네 반 학생들이 좋아하는 책을 조사하여 나타낸 막대그래프입니다. 물음에 답하시오.

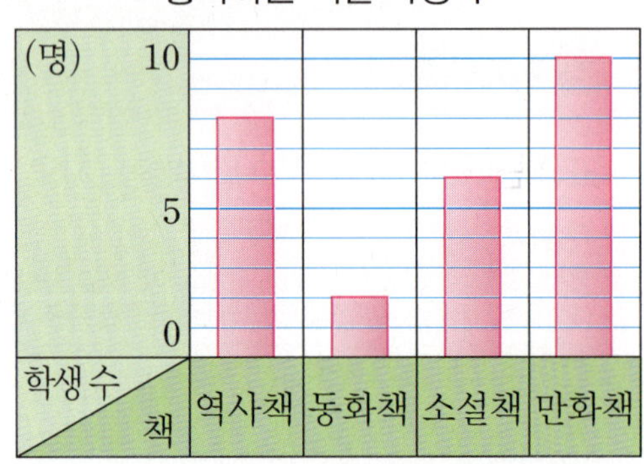
좋아하는 책별 학생 수

12 주어진 막대그래프의 가로와 세로를 바꾸어 나타내어 보시오.

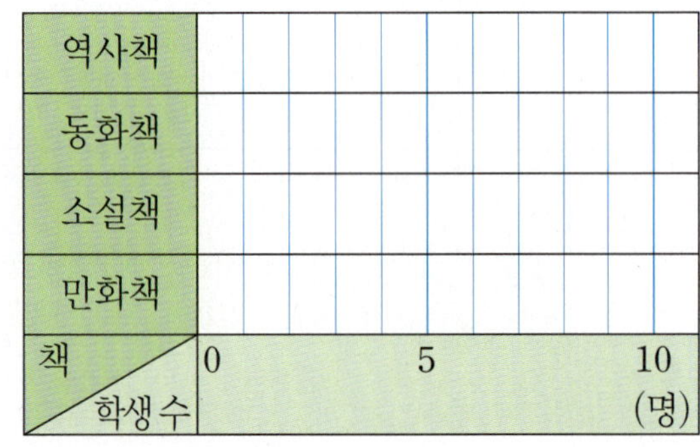
좋아하는 책별 학생 수

13 주어진 막대그래프를 세로 눈금 한 칸이 2명을 나타내는 막대그래프로 나타내어 보시오.

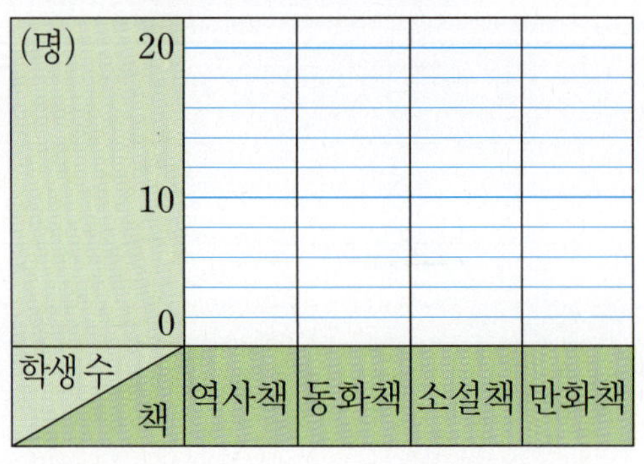
좋아하는 책별 학생 수

[14~15] 재호네 반 학생들의 혈액형을 조사하여 나타낸 막대그래프입니다. 물음에 답하시오.

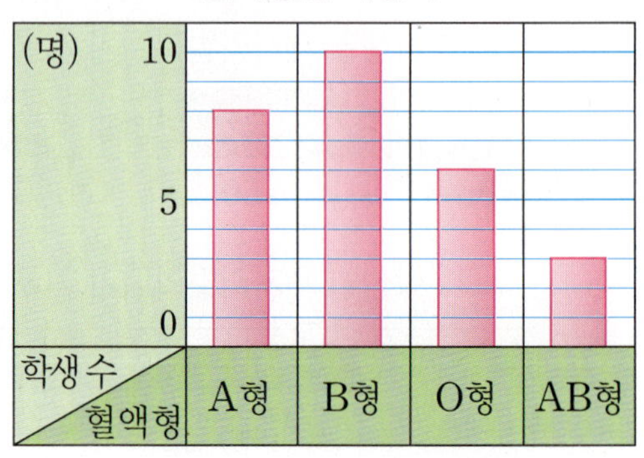
혈액형별 학생 수

14 학생 수가 AB형의 2배인 혈액형은 무엇입니까?

(   )

15 학생 수가 O형보다 많고 B형보다 적은 혈액형은 무엇입니까?

(   )

16 연정이네 모둠 학생들이 겨울 방학 동안 읽은 책의 수를 조사하여 나타낸 막대그래프입니다. 은혜는 연정이보다 14권 적게 읽었습니다. 막대그래프를 완성하시오.

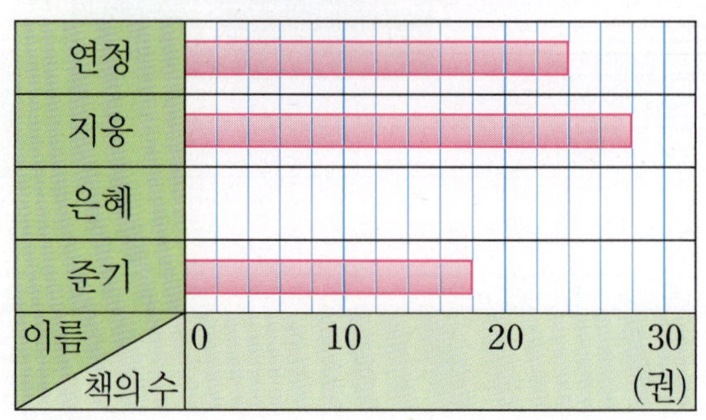
학생별 읽은 책의 수

17 준서네 반 학생들이 좋아하는 색깔을 조사하여 나타낸 막대그래프입니다. 준서네 반이 모두 30명일 때 막대그래프를 완성하시오.

좋아하는 색깔별 학생 수

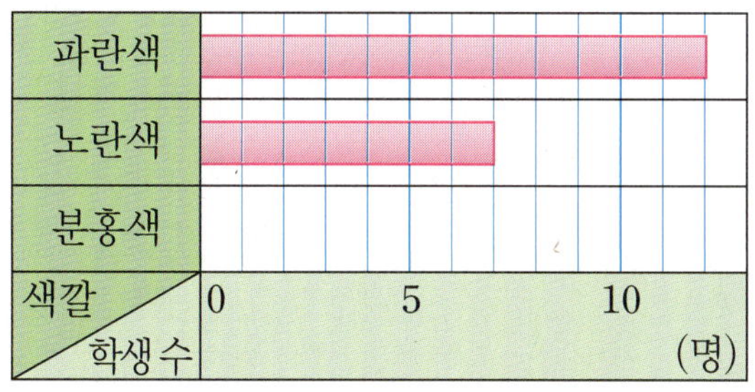

18

안나네 학교 4학년 학생들이 좋아하는 간식을 조사하여 나타낸 막대그래프입니다. 과일을 좋아하는 학생이 70명이라면 라면을 좋아하는 학생은 몇 명인지 풀이 과정을 쓰고 답을 구하시오.

좋아하는 간식별 학생 수

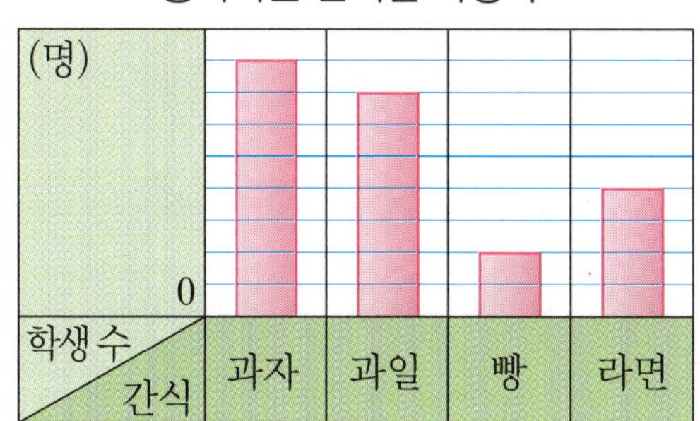

풀이 ___________________________________

____

____

____

답 ___________________________________

19 윤주네 학교 4학년 반별 남학생 수와 여학생 수를 조사하여 나타낸 막대그래프입니다. 학생 수가 가장 많은 반은 남학생과 여학생이 몇 명 차이 납니까?

반별 학생 수

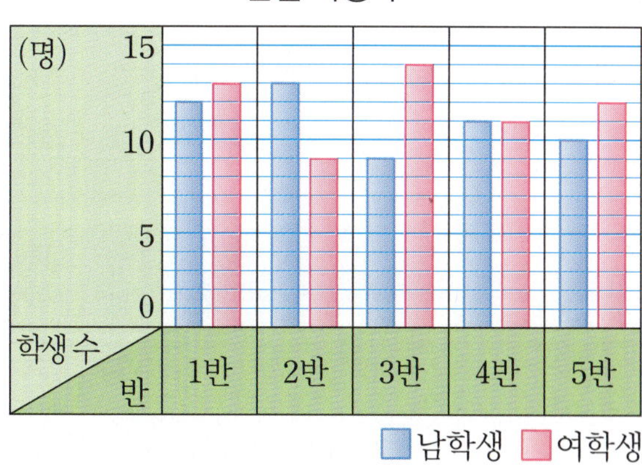

(   )

20 은지네 반 학생 35명이 좋아하는 사탕을 조사하여 나타낸 막대그래프입니다. 우유 맛 사탕을 좋아하는 학생 수는 녹차 맛 사탕을 좋아하는 학생 수의 반입니다. 막대그래프를 완성하시오.

좋아하는 사탕의 맛별 학생 수

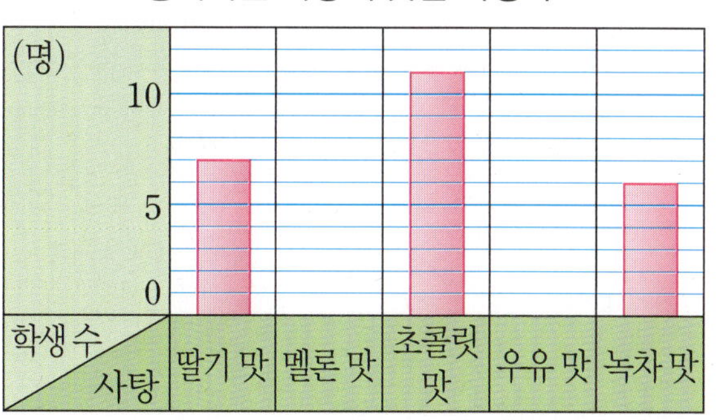

5

막대그래프

✿ 정답은 **51**쪽

1 동물은 크게 사는 곳에 따라 물에 사는 동물, 땅에 사는 동물, 하늘을 나는 동물로 분류할 수 있습니다. 천재 동물원에 있는 동물의 수를 조사하여 나타낸 표를 보고 막대그래프로 나타내어 보시오.

동물별 수

동물		
수(마리)	14	15
동물		
수(마리)	9	13
동물		
수(마리)	11	10

사는 곳별 동물의 수

(마리)	물에 사는 동물	땅에 사는 동물	하늘을 나는 동물
동물 수 / 동물			

2 어느 날의 도시별 최고기온과 최저기온을 조사하여 나타낸 막대그래프의 일부분이 찢어졌습니다. 다음을 보고 최고기온과 최저기온의 차가 가장 큰 도시는 어디인지 구하시오.

- 대전의 최고기온은 서울의 최고기온보다 2 ℃ 낮습니다.
- 대구의 최고기온은 부산의 최고기온보다 5 ℃ 높습니다.

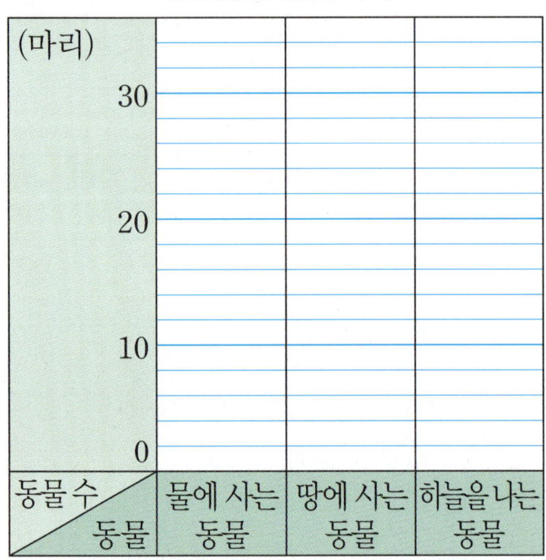

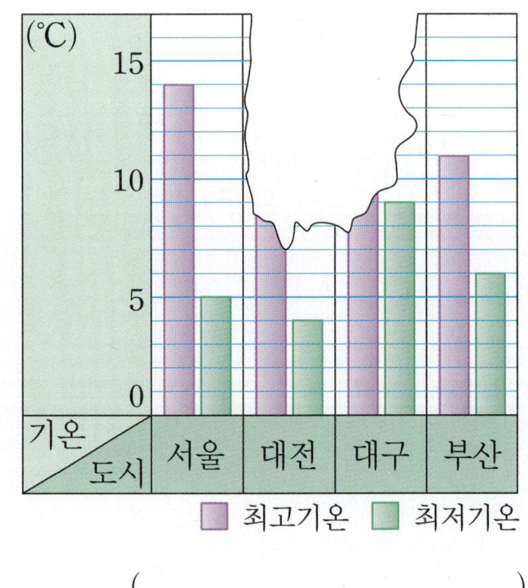
도시별 최고기온과 최저기온

(   )

6 규칙 찾기

비법 ① 수 배열표에서 규칙 찾기

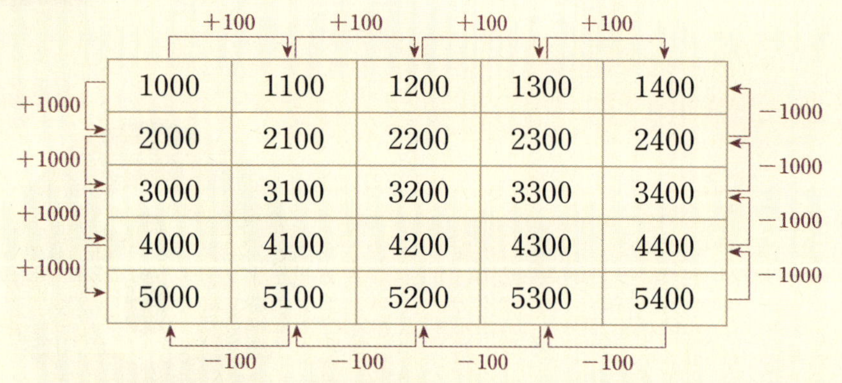

- →, ←, ↓, ↑ 방향에서 규칙 찾기
  ① → 방향으로 100씩 커집니다.
  ② ← 방향으로 100씩 작아집니다.
  ③ ↓ 방향으로 1000씩 커집니다.
  ④ ↑ 방향으로 1000씩 작아집니다.

  > 서로 반대 방향은 규칙도 서로 반대가 됩니다.

- ↘, ↖, ↙, ↗ 방향에서 또 다른 규칙 찾기
  ① ↘ 방향으로 1100씩 커집니다.
  ② ↖ 방향으로 1100씩 작아집니다.
  ③ ↙ 방향으로 900씩 커집니다.
  ④ ↗ 방향으로 900씩 작아집니다.

  > 서로 반대 방향은 규칙도 서로 반대가 됩니다.

비법 ② 도형의 배열에서 규칙 찾기

첫째　　둘째　　셋째　　넷째

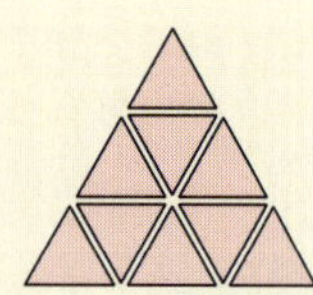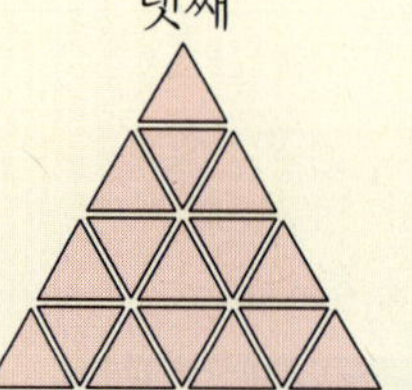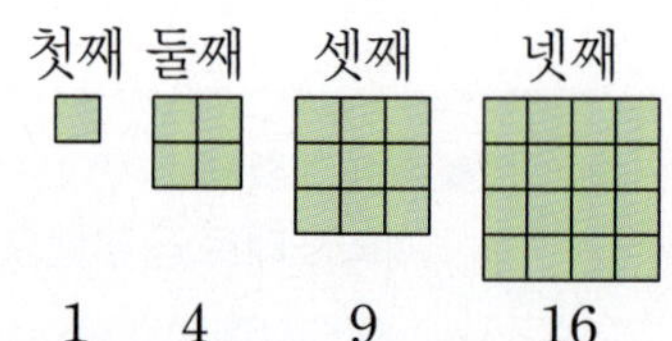

- 도형의 수를 세어 규칙 찾기

순서	첫째	둘째	셋째	넷째
삼각형의 수(개)	1	4	9	16

⇨ 규칙 아래 방향으로 삼각형이 3개, 5개, 7개……씩 늘어납니다.

- 찾은 규칙으로 다음에 올 모양에서 도형의 개수 구하기
  다섯째 모양에서 삼각형의 개수
  ⇨ 넷째보다 삼각형이 9개 늘어나므로 16+9=25(개)입니다.

- **수 배열표에서 규칙 찾는 방법**
  →, ←, ↓, ↑, ↘, ↖, ↙, ↗ 방향으로 수가 몇씩 커지거나 작아지는지 알아봅니다.

- **수 배열에서 규칙 찾기**

24	124	324	624	1024

  규칙 1 → 방향으로 100, 200, 300, 400씩 커집니다.
  규칙 2 ← 방향으로 400, 300, 200, 100씩 작아집니다.

- **도형의 배열에서 규칙 찾기**
  ① 규칙을 찾아 수로 나타내기

  첫째 둘째 　셋째　 　넷째

  1　　4　　9　　16

  규칙 사각형의 수가 3개, 5개, 7개 ……씩 늘어납니다.

  ② 규칙을 찾아 식으로 나타내기

순서	수	식1	식2
첫째	1	1	1×1
둘째	4	1+3	2×2
셋째	9	1+3+5	3×3
넷째	16	1+3+5+7	4×4

비법 ③ 규칙을 찾아 알맞은 수 구하기

① 규칙 찾아보기: 수가 커지면 ＋나 ×를 이용하고, 수가 작아지면 －나 ÷를 이용합니다.

② 규칙에 따라 빈 곳에 알맞은 수 구하기

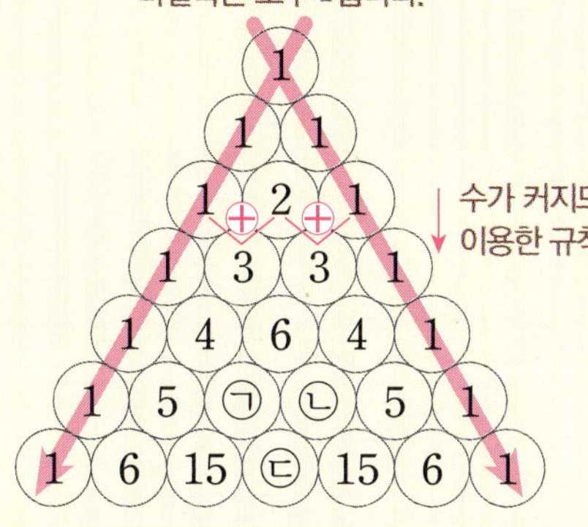

① 왼쪽과 오른쪽의 바깥쪽에는 1을 쓰고 안쪽에는 위의 두 수의 합을 아래에 씁니다.

② ①의 규칙에 따라 ㉠, ㉡, ㉢에 알맞은 수 구하기

$4+6=㉠ \Rightarrow ㉠=10$, $6+4=㉡ \Rightarrow ㉡=10$,
$㉠+㉡=㉢ \Rightarrow 10+10=㉢ \Rightarrow ㉢=20$

비법 ④ 계산 도구를 사용하여 규칙 찾기

계산기, 휴대 전화, 컴퓨터……

① 규칙 찾아보기: 식에서 각 수가 어떻게 변하는지 알아봅니다.

② 규칙에 따라 알맞은 계산식 구하기

순서	나눗셈식
첫째	$111111111 \div 9 = 12345679$
둘째	$222222222 \div 18 = 12345679$
셋째	$333333333 \div 27 = 12345679$
넷째	$444444444 \div 36 = 12345679$
⋮	⋮
■째	$(111111111 \times ■) \div (9 \times ■) = 12345679$

① 나누어지는 수와 나누는 수가 각각 2배, 3배……씩 커지면 몫은 모두 같습니다.

② 72로 나누었을 때 몫이 12345679가 되는 수 찾아보기

순서	나눗셈식
■째	$(111111111 \times ■) \div (9 \times ■) = 12345679$

② 여덟째   ③ 111111111×8 ① 72이므로 ■＝8

• 덧셈식에서 규칙 찾기

순서	덧셈식
첫째	$100+10=110$
둘째	$100+30=130$
셋째	$100+50=150$
넷째	$100+70=170$

규칙 100에 20씩 커지는 수를 더하면 계산 결과는 20씩 커집니다.

• 뺄셈식에서 규칙 찾기

순서	뺄셈식
첫째	$350-150=200$
둘째	$450-250=200$
셋째	$550-350=200$
넷째	$650-450=200$

규칙 100씩 커지는 수에서 100씩 커지는 수를 빼면 계산 결과는 같습니다.

• 곱셈식에서 규칙 찾기

순서	곱셈식
첫째	$10 \times 30=300$
둘째	$20 \times 30=600$
셋째	$30 \times 30=900$
넷째	$40 \times 30=1200$

규칙 10씩 커지는 수에 30을 곱하면 계산 결과는 300씩 커집니다.

• 나눗셈식에서 규칙 찾기

순서	나눗셈식
첫째	$300 \div 3=100$
둘째	$600 \div 3=200$
셋째	$900 \div 3=300$
넷째	$1200 \div 3=400$

규칙 300씩 커지는 수를 3으로 나누면 계산 결과는 100씩 커집니다.

6 규칙 찾기

STEP **1** 기본 유형 익히기

---

1 수 배열표에서 규칙 찾기

107	117	127	137	147
207	217	227	237	247
307	317	327	337	347

- → 방향으로 10씩 커집니다.
- ↓ 방향으로 100씩 커집니다.
- ↘ 방향으로 110씩 커집니다.
- ↙ 방향으로 90씩 커집니다.

[1-1~1-2] 수 배열표를 보고 물음에 답하시오.

1009	1109	1209	1309	1409
2009	2109	2209	2309	2409
3009	3109	3209	3309	3409
4009	4109	4209	4309	4409

1-1 → 방향으로 몇씩 커집니까?

( )

1-2 색칠한 수들의 규칙을 찾아 설명하시오.

규칙 ____________________

1-3 희철이가 말하는 수의 배열을 찾아 ◯표 하시오.

1004	1015	1026	1037	1048
2004	2015	2026	2037	2048
3004	3015	3026	3037	3048
4004	4015	4026	4037	4048
5004	5015	5026	5037	5048

1-4 다음 수 배열표에서 수 배열의 규칙에 따라 ㉠에 들어갈 수를 구하고 그 이유를 설명하시오.

53	55	57	59	61
153	155	157	159	161
	355	357	359	361
㉠	657	659	661	
		1059	1061	

( )

이유 ____________________

____

---

2 규칙을 찾아 수로 나타내기

첫째   둘째   셋째   넷째

1   3   5   7

규칙 쌓기나무의 수가 2개씩 늘어납니다.

[2-1~2-2] 원의 배열을 보고 물음에 답하시오.

첫째   둘째   셋째   넷째

2-1 ☐ 안에 알맞은 수를 써넣으시오.

순서	첫째	둘째	셋째	넷째
원의 수(개)	3	☐	☐	☐

규칙 원의 수가 ☐ 개씩 늘어납니다.

2-2 다섯째에 알맞은 모양에서 원의 수를 구하시오.

(   )

[2-3~2-4] 사각형의 배열을 보고 물음에 답하시오.

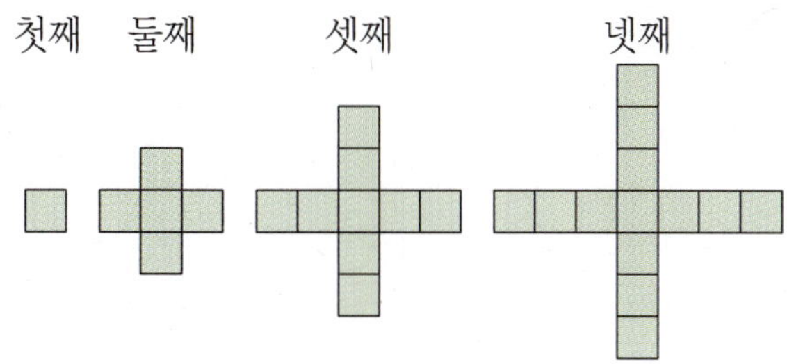

2-3 규칙을 바르게 설명한 것을 찾아 기호를 쓰시오.

> ㉠ 사각형의 수가 3개씩 늘어납니다.
> ㉡ 사각형의 수가 4개씩 늘어납니다.

(   )

2-4 다섯째에 알맞은 모양을 그리고, 사각형의 수를 구하시오.

다섯째

(   )

---

3 규칙을 찾아 식으로 나타내기

순서	첫째	둘째	셋째	넷째
모형의 수(개)	1	3	6	10
식	1	1+2	1+2+3	1+2+3+4

3-1 구슬의 배열에서 규칙을 찾아 □ 안에 알맞은 수를 써넣으시오.

순서	첫째	둘째	셋째	넷째
구슬의 수(개)	3	6	□	□
식	3×1	3×2	3×□	3×□

3-2 바둑돌의 배열을 보고 다섯째 모양을 만드는 데 필요한 흰 돌과 검은 돌의 수를 식으로 각각 나타내시오.

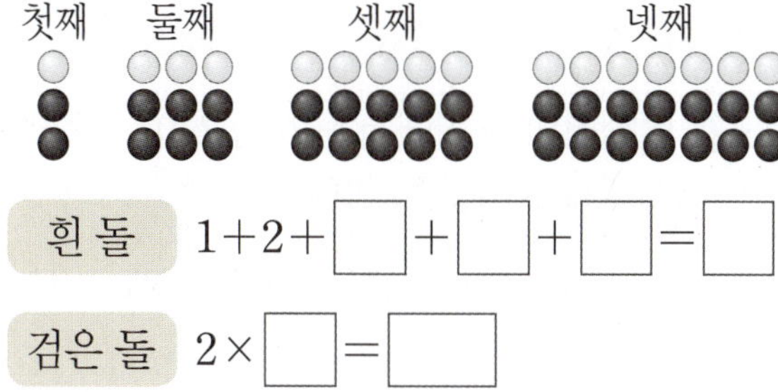

흰 돌 1+2+□+□+□=□

검은 돌 2×□=□

해결의 창 수 배열에서 규칙을 찾을 때 수가 커지면 덧셈이나 곱셈을 이용하고, 수가 작아지면 뺄셈이나 나눗셈을 이용하여 추론해 봅니다.

4 덧셈식과 뺄셈식에서 규칙 찾기

첫째	$210+20=230$
둘째	$310+40=350$
셋째	$410+60=470$
넷째	$510+80=590$

규칙 100씩 커지는 수에 20씩 커지는 수를 더하면 계산 결과는 120씩 커집니다.

[4-1~4-2] 덧셈식의 배열을 보고 물음에 답하시오.

첫째	$811+134=945$
둘째	$821+135=956$
셋째	$831+136=967$
넷째	$841+137=978$

서술형

4-1 덧셈식의 배열에서 규칙을 찾아 설명하시오.

규칙 ______________________

4-2 다섯째에 알맞은 덧셈식을 완성하시오.

식 $851+\boxed{}=\boxed{}$

4-3 뺄셈식의 배열에서 규칙을 찾아 빈칸에 알맞은 뺄셈식을 써넣으시오.

$$990-100=890$$
$$890-200=690$$
$$790-300=490$$

$\boxed{}$

4-4 규칙에 따라 값이 36이 나오는 덧셈식을 쓰시오.

순서	덧셈식
첫째	$1+2+1=4$
둘째	$1+2+3+2+1=9$
셋째	$1+2+3+4+3+2+1=16$
넷째	$1+2+3+4+5+4+3+2+1=25$

식 ______________________

5 곱셈식과 나눗셈식에서 규칙 찾기

첫째	$300\div20=15$
둘째	$400\div20=20$
셋째	$500\div20=25$
넷째	$600\div20=30$

규칙 100씩 커지는 수를 20으로 나누면 계산 결과는 5씩 커집니다.

창의·융합

5-1 영찬이와 희나의 대화를 보고 희나의 말이 맞으면 ◯표, 틀리면 ✕표 하시오.

(   )

5-2 곱셈식의 배열에서 규칙을 찾아 빈칸에 알맞은 곱셈식을 써넣으시오.

$$8 \times 109 = 872$$
$$8 \times 1009 = 8072$$
$$8 \times 10009 = 80072$$

5-3 곱셈식의 배열에서 규칙을 찾아 11111×11111 의 값을 구하시오.

순서	곱셈식
첫째	$1 \times 1 = 1$
둘째	$11 \times 11 = 121$
셋째	$111 \times 111 = 12321$
넷째	$1111 \times 1111 = 1234321$

(   )

---

6 **등호를 사용하여 식으로 나타내기**

크기가 같은 두 양을 등호($=$)를 사용하여
$2 + 3 = 1 + 4$와 같이 식으로 나타낼 수 있습니다.

6-1 저울의 양쪽 무게가 같아지도록 모형을 올리거나 내렸습니다. □ 안에 알맞은 수를 써넣어 저울의 양쪽 무게를 등호를 사용하여 식으로 나타내시오.

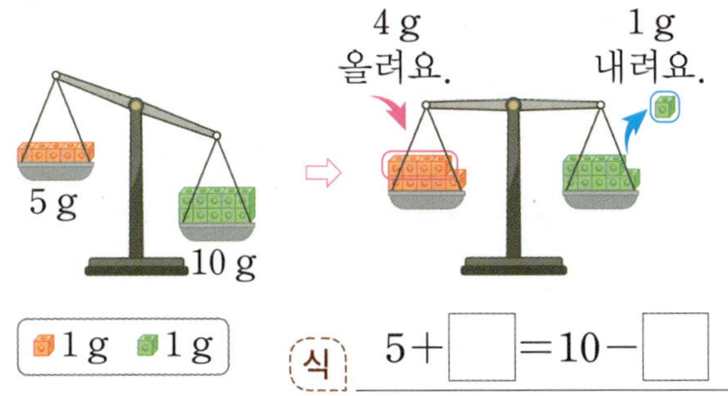

식 $5 + \boxed{} = 10 - \boxed{}$

6-2 등호를 바르게 사용한 식을 찾아 ◯표 하시오.

$16 + 5 = 24 - 5$	( )
$33 - 8 = 19 + 7$	( )
$47 + 6 = 62 - 9$	( )

6-3 저울의 양쪽 무게가 같도록 □ 안에 알맞은 수를 써넣고, 등호를 사용하여 식으로 나타내시오. (단, 검은 돌의 무게는 모두 같습니다.)

검은 돌: 39개   검은 돌: 46개
덜어 낸 돌: $\boxed{}$개   덜어 낸 돌: 15개

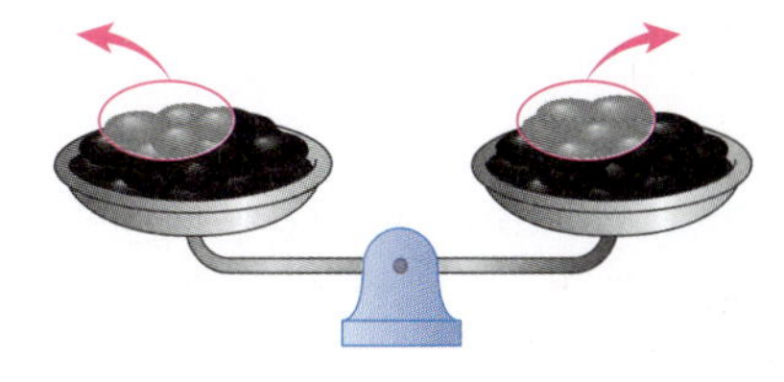

식 _______________________________

6-4 같은 값을 나타내는 두 카드를 찾아 색칠하고, 등호를 사용하여 식으로 나타내시오.

$24 + 12$	$88 - 45$	$16 + 31$	$59 - 23$

식 _______________________________

해결의 창   등호($=$)는 왼쪽과 오른쪽의 두 양(값)이 같다는 것을 나타냅니다.

규칙 찾기   6

STEP 2 응용 유형 익히기

응용 1 조건에 맞는 규칙적인 수 배열 찾기

(2)수 배열표에서 조건에 모두 맞는 규칙적인 수 배열을 찾아 색칠하시오.

(1)
- 가장 큰 수는 8873입니다.
- 다음 수는 앞의 수보다 1001씩 작습니다.

4869	4870	4871	4872	4873
5869	5870	5871	5872	5873
6869	6870	6871	6872	6873
7869	7870	7871	7872	7873
8869	8870	8871	8872	8873

(1) 8873부터 시작하여 1001씩 작아지는 수는 어느 방향인지 알아봅니다.

(2) 조건에 모두 맞는 규칙적인 수 배열을 색칠합니다.

예제 1-1 수 배열표에서 조건에 모두 맞는 규칙적인 수 배열을 찾아 색칠했을 때 가장 큰 수를 구하시오.

- 가장 작은 수는 4552입니다.
- 다음 수는 앞의 수보다 900씩 커집니다.

4052	4152	4252	4352	4452	4552
5052	5152	5252	5352	5452	5552
6052	6152	6252	6352	6452	6552
7052	7152	7252	7352	7452	7552
8052	8152	8252	8352	8452	8552
9052	9152	9252	9352	9452	9552

(   )

응용 2 수 배열의 규칙 찾기

(1) 수 배열표에서 빨간색 점선 위의 수들은 몇씩 커지는지 규칙을 찾아 / (2) 같은 규칙으로 빈칸에 수 배열을 쓰시오.

16	19	22	25	28	31
116	119	122	125	128	131
316	319	322	325	328	331
616	619	622	625	628	631
1016	1019	1022	1025	1028	1031
1516	1519	1522	1525	1528	1531

2143 — ☐ — ☐ — ☐ — ☐ — ☐

(1) 빨간색 점선 위의 수들은 몇씩 커지는 규칙이 있는지 알아봅니다.

(2) (1)의 규칙으로 빈칸에 들어갈 수 배열을 씁니다.

예제 2-1 수 배열표를 보고 물음에 답하시오.

	1	2	3	4	5
50	50	100	150	200	250
100	100	200	300		500
150	150	300	450		750
200	200	400	600	800	1000
250	250	500	750	1000	1250

(1) 파란색 점선 위의 수들은 몇씩 커지는지 규칙을 찾아 같은 규칙으로 빈칸에 수 배열을 쓰시오.

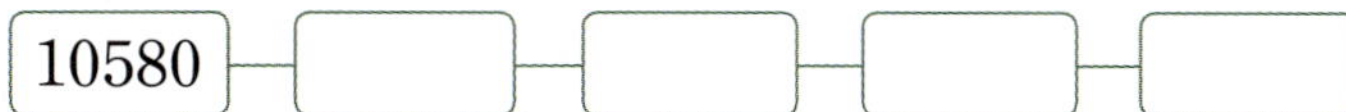

10580 — ☐ — ☐ — ☐ — ☐

(2) 빨간색 점선 위의 수들은 몇씩 커지는지 규칙을 찾아 같은 규칙으로 빈칸에 수 배열을 쓰려고 합니다. ★에 알맞은 수를 구하시오.

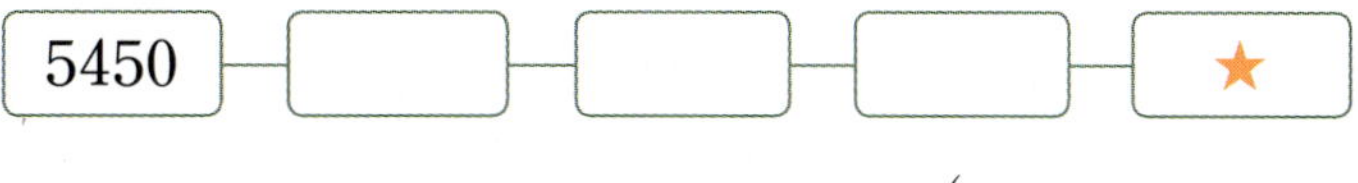

5450 — ☐ — ☐ — ☐ — ★

(   )

응용 3 도형의 수 구하기

(1) 도형의 배열을 보고 / (2) 일곱째에 알맞은 도형에서 삼각형의 수를 구하시오.

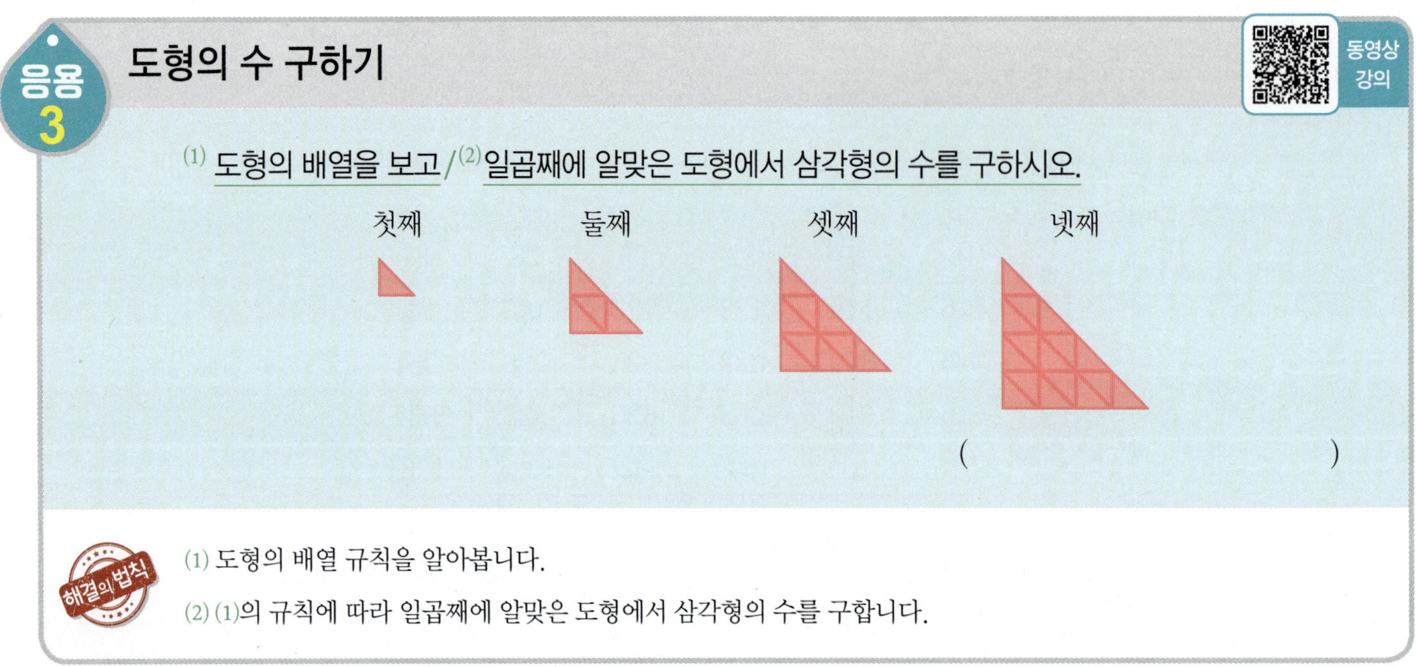

해결의 법칙

(1) 도형의 배열 규칙을 알아봅니다.

(2) (1)의 규칙에 따라 일곱째에 알맞은 도형에서 삼각형의 수를 구합니다.

예제 **3**-1 도형의 배열을 보고 여덟째에 알맞은 도형에서 사각형의 수를 구하시오.

예제 **3**-2 도형의 배열을 보고 다섯째에 알맞은 도형에서 파란색 사각형과 빨간색 사각형의 수의 차를 구하시오.

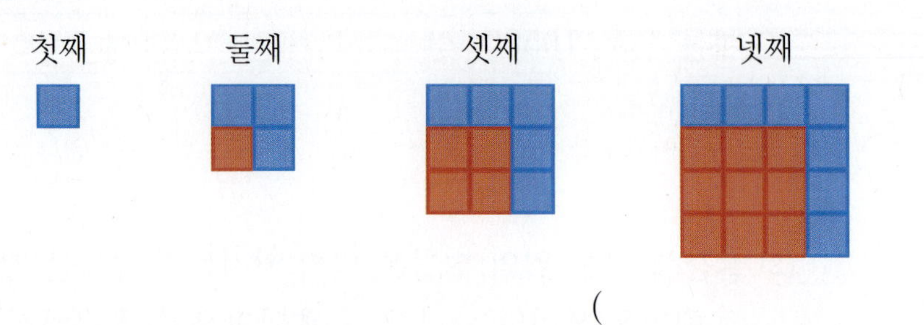

응용 4 계산식에서 규칙 찾기

동영상 강의

(1) 규칙적인 계산식을 보고 /(2) 규칙에 따라 값이 1150이 나오는 계산식을 쓰시오.

순서	계산식
첫째	$100+700-250=550$
둘째	$300+800-450=650$
셋째	$500+900-650=750$
넷째	$700+1000-850=850$
다섯째	$900+1100-1050=950$

[식] ___________________________________

(1) 계산식에는 어떤 규칙이 있는지 알아봅니다.

(2) 규칙에 따라 값이 1150이 나오는 계산식을 씁니다.

예제 **4-1** 규칙적인 계산식을 보고 물음에 답하시오.

순서	계산식
첫째	$1×9=\boxed{}-1$
둘째	$12×9=\boxed{}-2$
셋째	$123×9=\boxed{}-3$
넷째	$1234×9=\boxed{}-4$
다섯째	$12345×9=\boxed{}-5$

(1) 계산기를 사용하여 규칙적인 계산식을 완성하시오.

(2) 규칙에 따라 여덟째에 알맞은 계산식을 쓰시오.

[식] ___________________________________

6

규칙 찾기

응용 5 실생활에서 규칙 찾기 
동영상 강의

공연장에 있는 의자 뒷면에는 좌석 번호가 붙어 있습니다. ⁽²⁾선주의 자리는 E열 왼쪽에서 일곱 번째 자리 / 입니다. ⁽¹⁾좌석 번호의 규칙 / 을 찾아 ⁽²⁾선주의 좌석 번호는 몇 번인지 구하시오.

( )

해결의 법칙
(1) 한 열씩 뒤로 갈 때마다 좌석 번호는 몇씩 커지는지 알아봅니다.
(2) E열 왼쪽에서 일곱 번째 자리의 좌석 번호는 몇 번인지 구합니다.

예제 5-1 다음은 110번부터 시작하는 도서관 사물함의 일부입니다. 영주의 사물함은 위에서 다섯 번째이고, 왼쪽에서 네 번째입니다. 사물함 번호의 규칙을 찾아 영주의 사물함 번호는 몇 번인지 구하시오.

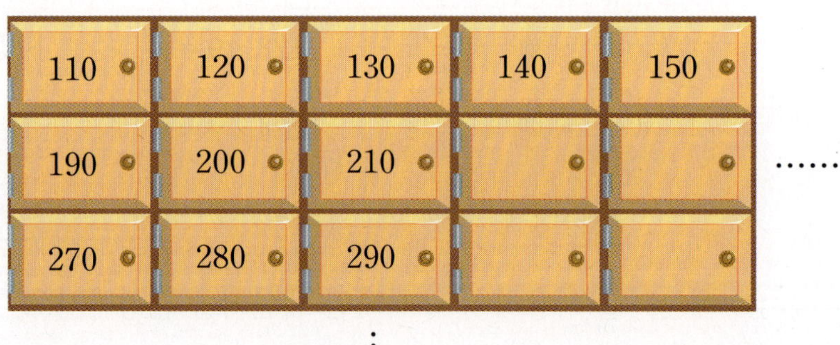

( )

응용 6 도형의 배열에서 2가지 규칙 찾기

⁽¹⁾도형의 배열에서 규칙을 찾아 /⁽²⁾다섯째에 알맞은 도형을 그리고 색칠하시오.

첫째   둘째   셋째   넷째

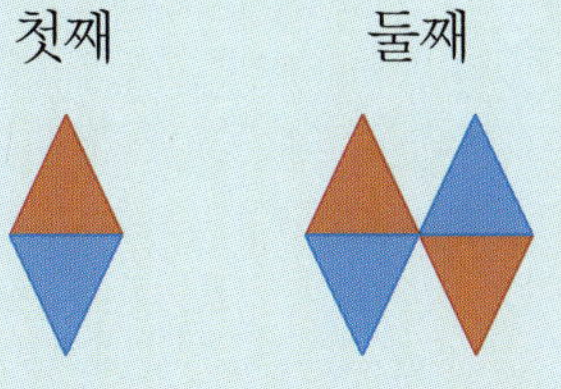 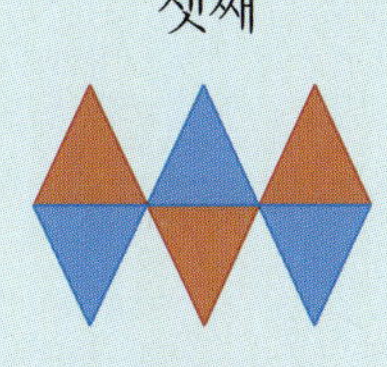 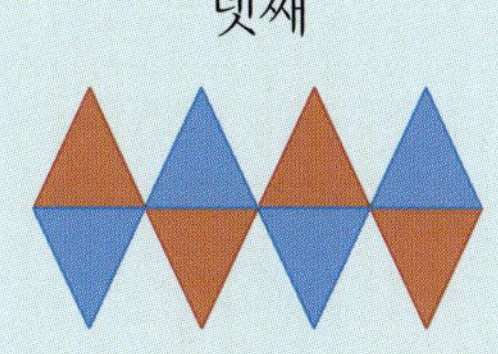

다섯째

해결의 법칙

(1) 도형의 배열에서 개수와 색깔의 규칙을 각각 알아봅니다.

(2) (1)의 규칙을 이용하여 다섯째에 알맞은 도형을 그리고 색칠합니다.

6   규칙 찾기

 **예제 6–1**   도형의 배열에서 규칙을 찾아 다섯째에 알맞은 도형을 그리고 색칠하시오.

첫째   둘째   셋째   넷째

  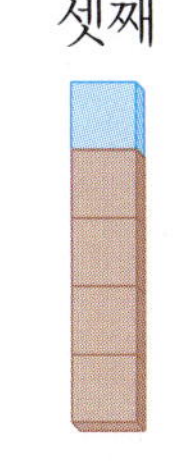 

다섯째

 3 STEP 응용 유형 뛰어넘기

도형의 배열에서 규칙 찾기

1 규칙을 찾아 빈칸에 알맞은 도형을 그리고 □ 안에 알맞
🌑쌍둥이 은 수를 써넣으시오.

1   4   9   16

규칙적인 계산식 찾기

2 승강기 버튼의 수 배열에서 •보기•와 같이 세 수를 골라
🌑쌍둥이 규칙적인 계산식을 만들어 보시오.

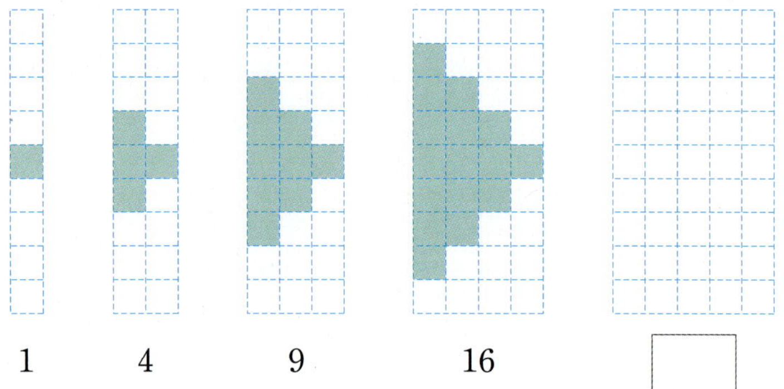

[계산식] _______________________________

수의 배열에서 규칙 찾기

서술형

3 수 배열의 규칙에 따라 빈칸에 알맞은 수를 써넣고 수
🌑쌍둥이 배열의 규칙을 설명하시오.

[규칙]

수 배열표에서 규칙 찾기　　　　　　　　　　　서술형

4 수 배열표의 일부가 찢어졌습니다. 수 배열의 규칙에 따라 ■에 들어갈 수를 구하고 그 이유를 설명하시오.

🔸 쌍둥이
▶ 동영상

46251	46252	46253	46254	46255
56251	56252	56253	56254	56255
66251	66252	66253	66254	66255
76251	76252	76253	76254	76255
86251	86252	86253	86254	86255

(　　　　　　　　　　　)

이유

수의 배열에서 규칙 찾기

5 원 안에 있는 수 배열의 규칙을 찾아 □ 안에 알맞은 수를 써넣으시오.

첫째　　　　둘째　　　　셋째　　　　넷째

| 3 | | 8 | | 20 | | □ |
| 1 | 3 | 2 | 4 | 4 | 5 | 8 | 6 |

곱셈식에서 규칙 찾기

6 규칙적인 곱셈식을 보고 규칙에 따라 열째 빈칸에 알맞은 곱셈식을 써넣으시오.

🔸 쌍둥이

순서	곱셈식
첫째	$12 \times 9 = 108$
둘째	$112 \times 9 = 1008$
셋째	$1112 \times 9 = 10008$
넷째	$11112 \times 9 = 100008$
⋮	⋮
열째	

6

규칙 찾기

도형의 배열에서 규칙 찾기

7 구슬의 배열을 보고 일곱째에 알맞은 모양에서 구슬의 수를 구하시오.

첫째　　둘째　　　셋째　　　　　넷째

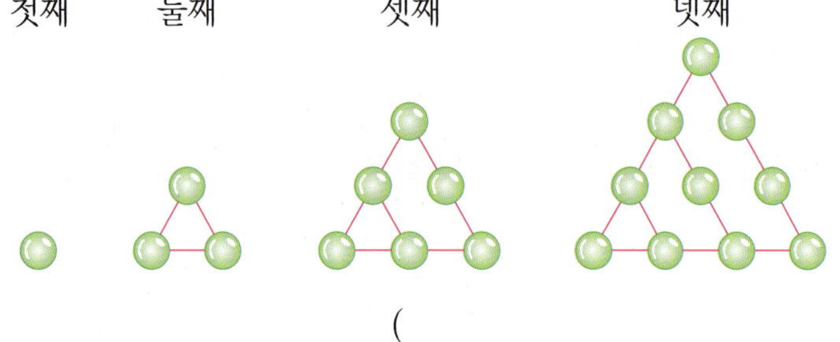

(　　　　　　　　　　)

나눗셈식에서 규칙 찾기

8 규칙적인 나눗셈식을 보고 규칙에 따라 여덟째 빈칸에 알맞은 나눗셈식을 써넣으시오.

순서	나눗셈식
첫째	$91800 \div 90 = 1020$
둘째	$81600 \div 80 = 1020$
셋째	$71400 \div 70 = 1020$
넷째	$61200 \div 60 = 1020$
⋮	⋮
여덟째	

도형의 배열에서 규칙 찾기

9 바둑돌의 배열을 보고 여섯째에 알맞은 모양에서 검은 돌과 흰 돌의 수의 차를 구하시오.

첫째　　둘째　　　셋째　　　　　넷째

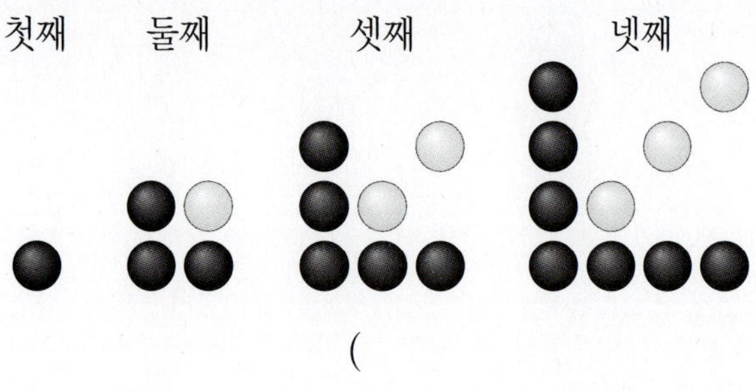

(　　　　　　　　　　)

수의 배열에서 규칙 찾기

10 규칙에 따라 빈칸에 알맞은 수를 써넣으시오.

◑ 쌍둥이

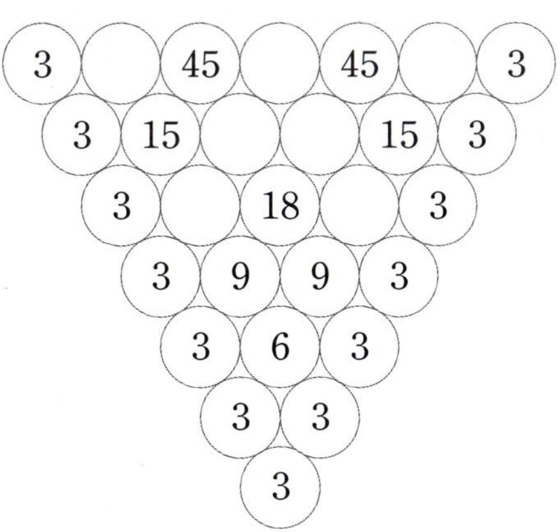

도형의 배열에서 규칙 찾기

11 사각형의 배열을 보고 연속하는 홀수의 합을 구하려고 합니다. 늘어나는 사각형의 수의 규칙을 찾아 1부터 39까지의 홀수의 합을 구하시오.

첫째　　둘째　　셋째　　넷째

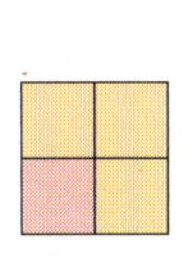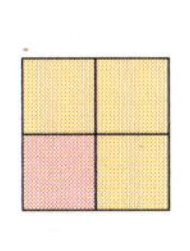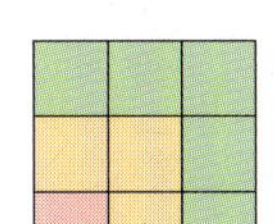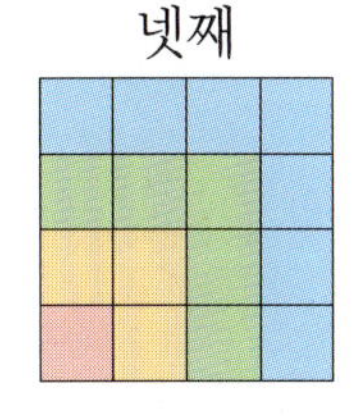

1　　1+3　　1+3+5　　1+3+5+7

$$1+3+5+\cdots+35+37+39=20\times\boxed{}=\boxed{}$$

수의 배열에서 규칙 찾기　　창의·융합

12 미희가 말한 수들의 규칙을 찾아 같은 규칙으로 빈칸에 수 배열을 쓰시오.

◑ 쌍둥이

4 ─ □ ─ □ ─ □ ─ □ ─ □

6
규칙 찾기

계산식에서 규칙 찾기

13 계산기를 사용하여 규칙적인 계산식을 완성하고, 규칙에 따라 값이 3456789가 나오는 계산식을 쓰시오.

🔊쌍둥이

순서	계산식
첫째	$98-21+12=$
둘째	$987-321+123=$
셋째	$9876-4321+1234=$
넷째	$98765-54321+12345=$

식 _______________________________

도형의 배열에서 규칙 찾기

14 도형의 배열을 보고 여섯째에 알맞은 도형을 그리고, 이 도형에서 찾을 수 있는 크고 작은 사각형은 모두 몇 개인지 구하시오.

🔊쌍둥이
▶동영상

첫째　　둘째　　셋째　　넷째

여섯째

, (　　　　　　　　　)

수의 배열에서 2가지 규칙 찾기

15 수 배열의 규칙에 따라 ㉠에 알맞은 수와 색깔을 차례로 쓰시오.

🔊쌍둥이
▶동영상

2234　2284　2384　2534　2734　㉠

(　　　　　　　　　), (　　　　　　　　　)

도형의 배열에서 규칙 찾기 `창의·융합`

16 선민이가 스케치북에 원을 그리고 원 위에 점을 찍어 선분을 그었습니다. 선민이가 점 12개를 찍었을 때 그을 수 있는 선분은 모두 몇 개입니까?

쌍둥이
동영상

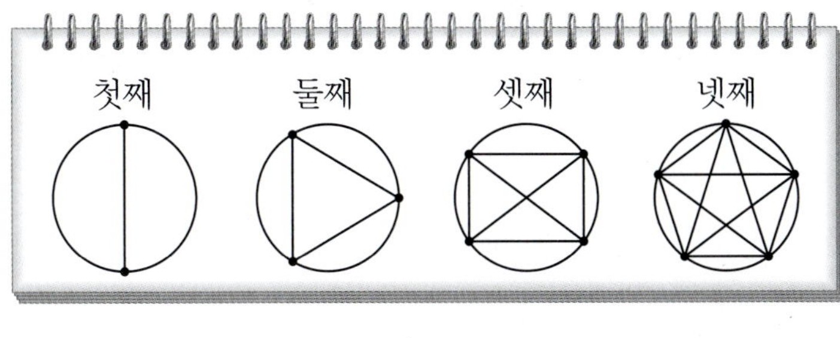

(   )

도형의 배열에서 규칙 찾기 `서술형`

17 도형의 배열을 보고 연두색 모양이 64개 놓인 도형에는 분홍색 모양이 몇 개 놓이겠는지 풀이 과정을 쓰고 답을 구하시오.

쌍둥이
동영상

첫째   둘째   셋째   넷째

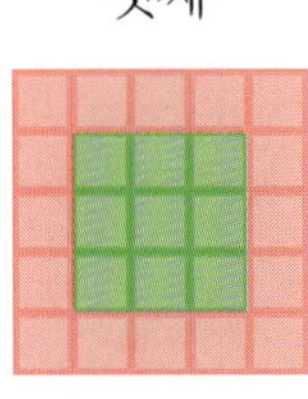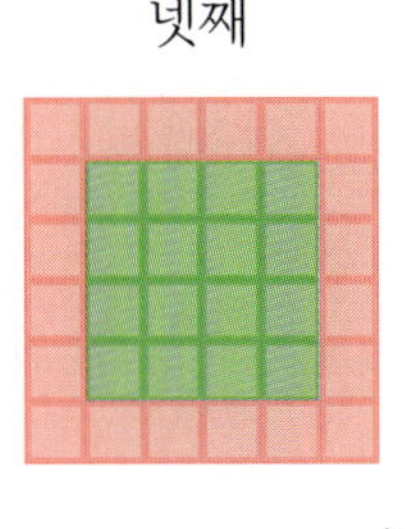

(   )

`풀이`

등호를 사용하여 식으로 나타내기

18 수 카드 10 , 20 , 30 , 60 , 70 중에서 4장을 뽑아 한 번씩만 사용하여 아래의 식을 완성하려고 합니다. 모두 몇 가지 식을 완성할 수 있는지 구하시오. (단, 더하는 순서만 바꾼 식은 한 가지로 생각합니다.)

$$\boxed{} - \boxed{} = \boxed{} + \boxed{}$$

(   )

6

규칙 찾기

[1~2] 수 배열표를 보고 물음에 답하시오.

111	122	133	144	155
211	222	233		255
311		333	344	355
	422	433	444	455
511	522		544	555

1 수 배열의 규칙에 따라 빈칸에 알맞은 수를 써넣으시오.

창의·융합

2 수 배열표에서 찾을 수 있는 규칙을 말한 사람의 이름을 쓰시오.

(   )

3 수 배열의 규칙에 따라 빈칸에 알맞은 수를 써넣으시오.

(1) 5024 – 5124 – 5324 – 5624 – [   ]

(2) 4 – 12 – 36 – 108 – [   ]

4 도형의 배열을 보고 물음에 답하시오.

첫째	둘째	셋째

서술형

(1) 도형의 배열에서 규칙을 찾아 설명하시오.

규칙 ________________________________

____

(2) 다섯째에 알맞은 도형을 그려 보시오.

다섯째

5 덧셈식의 배열에서 규칙을 찾아 빈칸에 알맞은 덧셈식을 써넣으시오.

$$800 + 200 = 1000$$
$$800 + 300 = 1100$$
$$800 + 400 = 1200$$
$$800 + 500 = 1300$$

6 수 배열의 규칙이 다른 하나를 찾아 기호를 쓰시오.

㉠	5805	5705	5605	5505	5405
㉡	7694	7684	7674	7664	7654
㉢	4332	4232	4132	4032	3932

(   )

7 등호를 바르게 사용한 식을 찾아 ◯표 하시오.

$$27+8=42-6$$ (   )

$$55-7=39+9$$ (   )

$$68+5=84-7$$ (   )

8 성냥개비의 배열에서 규칙을 찾아 다섯째에 알맞은 모양에서 성냥개비의 수를 구하시오.

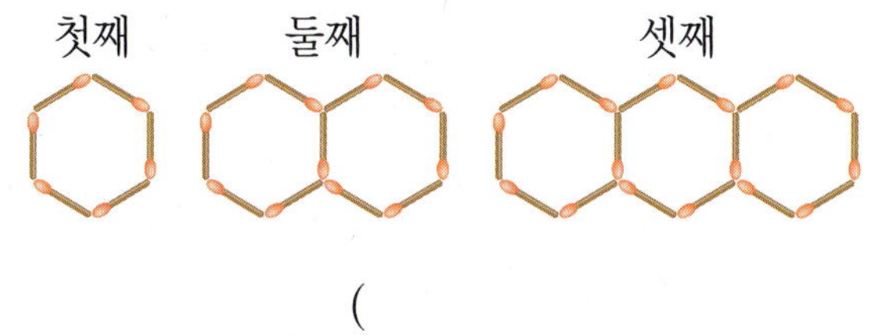

(   )

9 저울의 양쪽 무게가 같도록 □ 안에 알맞은 수를 써넣고, 등호를 사용하여 식으로 나타내시오. (단, 검은 돌의 무게는 모두 같습니다.)

검은 돌: 48개   검은 돌: 56개

덜어 낸 돌: 17개   덜어 낸 돌: [ ]개

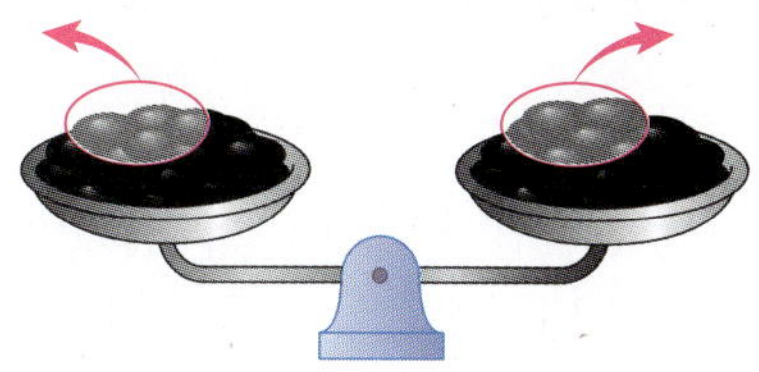

식 ______________________________

10 •보기•의 규칙을 이용하여 나누는 수가 7일 때의 계산식을 1개 더 쓰시오.

보기
$$3\div3=1$$
$$9\div3\div3=1$$
$$27\div3\div3\div3=1$$

⬇

계산식
$$7\div7=1$$
$$49\div7\div7=1$$

[11~13] 계산식을 보고 물음에 답하시오.

㉮
$$976-142=834$$
$$876-242=634$$
$$776-342=434$$
$$676-442=234$$

㉯
$$586-285=301$$
$$686-385=301$$
$$786-485=301$$
$$886-585=301$$

㉰
$$11\times11=121$$
$$22\times11=242$$
$$33\times11=363$$
$$44\times11=484$$

㉱
$$6000\div50=120$$
$$4800\div40=120$$
$$3600\div30=120$$
$$2400\div20=120$$

11 설명에 맞는 계산식을 찾아 기호를 쓰시오.

> 같은 자리의 수가 똑같이 커지는 두 수의 차는 항상 일정합니다.

(   )

12 ㉮에서 다음에 알맞은 계산식을 쓰시오.

식 _______________________

13 ㉱에서 다음에 알맞은 계산식을 쓰시오.

식 _______________________

14 1부터 9까지의 자연수 중에서 알맞은 수를 □ 안에 써넣어 아래의 식을 완성해 보시오.

$$20+\boxed{}=12+\boxed{}$$

[15~16] 달력을 보고 물음에 답하시오.

일	월	화	수	목	금	토
1	2	3	4	5	6	7
8	9	10	11	12	13	14
15	16	17	18	19	20	21
22	23	24	25	26	27	28
29	30	31				

15 ▭ 안의 수를 보고 □ 안에 알맞은 수를 써넣으시오.

$$12+13+14=19+20+21-\boxed{}$$
$$19+20+21=26+27+28-\boxed{}$$

16 조건에 모두 맞는 수를 찾아 쓰시오.

> • ✚ 안에 있는 5개의 수 중의 하나입니다.
> • ✚ 안에 있는 5개의 수의 합을 5로 나눈 몫과 같습니다.

(   )

17 연극 공연장 좌석 번호입니다. 좌석 번호에 나타난 수의 배열에서 찾을 수 있는 규칙을 설명하시오.

무대							
1	2	3	4	5	6	7	8
9	10	11	12	13	14	15	16
17	18	19	20	21	22	23	24
25	26	27	28	29	30	31	32

규칙 _______________________________

____

____

18 계산기를 사용하여 규칙적인 곱셈식을 완성하고, 규칙에 따라 일곱째에 알맞은 곱셈식을 쓰시오.

순서	곱셈식
첫째	$33 \times 33 =$
둘째	$333 \times 333 =$
셋째	$3333 \times 3333 =$
넷째	$33333 \times 33333 =$

식 _______________________________

19 돌다리에 쓰여 있는 수들과 같은 규칙으로 수 배열을 쓰려고 합니다. 빈칸에 알맞은 수를 써넣고 그 이유를 설명하시오.

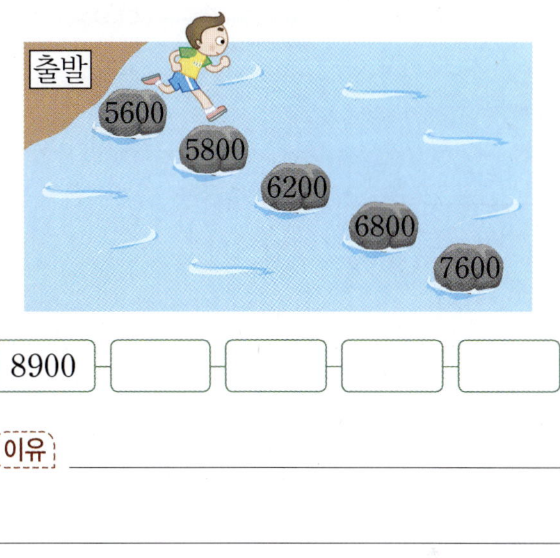

8900				

이유 _______________________________

____

____

20 모형의 배열을 보고 열째에 알맞은 모양에서 파란색 모형은 빨간색 모형보다 몇 개 더 많은지 구하시오.

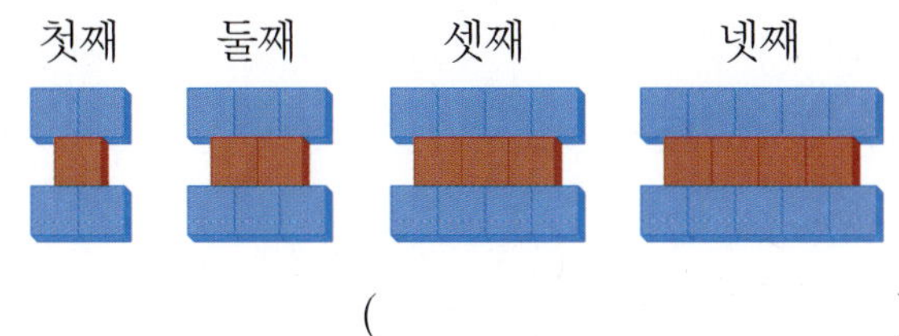

(　　　　　　　　　　　)

규칙 찾기

6

1 은경이가 콜라츠의 우박수 계산 방법에 따라 우박수를 만들려고 합니다. 은경이가 고른 수가 14일 때 우박수 규칙에 따라 빈칸에 알맞은 수를 써넣으시오.

콜라츠의 우박수 계산 방법
① 자연수를 하나 고릅니다.
② 짝수이면 2로 나누고 홀수이면 3을 곱한 뒤 1을 더합니다.
③ ②의 과정을 반복하면 그 결과는 항상 1이 됩니다.

14	→	7	→	22	→	11
→		→		→		→
		→		→		→
→		→		→		→
		→		→		→

2 플라나리아는 몸길이가 1~3 cm 정도 되는 작은 생물로 하천이나 호수의 바닥에 삽니다. 플라나리아는 자신의 몸을 반으로 나누면 두 마리가 됩니다. 만들어진 플라나리아를 모두 각각 반으로 나눠 플라나리아 수를 늘려가는 실험을 하고 있습니다. 2마리로 시작하여 1024마리가 되려면 실험을 몇 번 해야 합니까?

	1번	2번	3번	
2마리 →	4마리 →	8마리 →	16마리 →	……

(   )

디지털학습 1위 밀크T

성적
향상에
강한
밀크T

키즈부터 고등까지
전학년, 전과목 무제한 수강

초등 교과 학습 전문 최정예 강사진

국·영·수 수준별 심화학습

최상위권으로 만드는 독보적 콘텐츠

우리 아이만을 위한 정교한 AI 1:1 맞춤학습

1:1 초밀착 관리 시스템

※디지털학습 소비자 조사 기준 (2024.08 기준) 한국갤럽조사연구소

www.milkt.co.kr | 1577-1533

성적이 오르는 공부법
무료체험 후 결정하세요!

모든 응용을
다 푸는
해결의 법칙

꼼꼼 풀이집

꼼꼼 풀이집

응용 해결의 법칙

4-1

1. 큰 수

1 STEP 기본 유형 익히기 8~11쪽

1-1 예 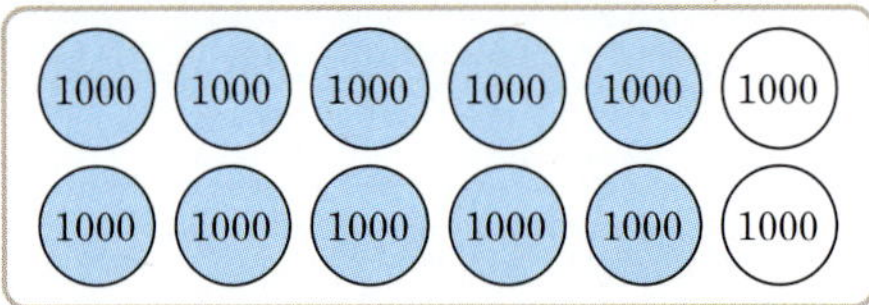

1-2 ㉢

1-3 칠만 백구십팔

1-4 $90000+3000+100+50+7$

1-5 3

1-6 예 1000이 10개인 수는 10000이므로 A4용지는 모두 10000장입니다. ; 10000장

1-7 64900원

2-1 이백오만 육천사백팔십구

2-2 예 백만의 자리 숫자를 각각 알아보면 ㉠ 7, ㉡ 4, ㉢ 3, ㉣ 2입니다.
⇨ 2<3<4<7이므로 백만의 자리 숫자가 가장 작은 것은 ㉣입니다. ; ㉣

2-3 1000배

3-1 인도 **3-2** ③

3-3 4803804200000000 또는 4803조 8042억, 사천팔백삼조 팔천사십이억

3-4 7개

3-5 예 1조는 7000억보다 3000억만큼 더 큰 수입니다. 따라서 작년보다 3000억 원이 더 필요합니다. ; 3000억 원

3-6 4237240064084000

3-7 1000장 **3-8** 1000000배

3-9 십조의 자리 숫자

4-1 (위에서부터) 619000, 719000, 819000, 919000

4-2 30억씩 ; 2490억, 2520억, 2550억

4-3 741873590000 또는 7418억 7359만

5-1 (1) > (2) < **5-2** ㉡

5-3 7, 8, 9

1-1 1000이 10개이면 10000이므로 10개를 색칠합니다.

1-2 ㉠, ㉡, ㉣ 10000
㉢ 9910
참고 ㉢ 9900보다 10만큼 더 큰 수는 9910입니다.

1-3 생각 열기 수를 읽을 때에는 일의 자리부터 거꾸로 네 자리씩 나눈 후 높은 자리부터 차례로 읽습니다.
70198 ⇨ 7만 198 ⇨ 칠만 백구십팔
만   일
주의
• 자리의 숫자가 0일 때에는 그 자리를 읽지 않습니다.
⇨ 70198을 칠만 영천백구십팔이라고 읽지 않도록 합니다.
• 일의 자리는 숫자만 읽습니다.
⇨ 70198을 칠만 백구십팔일이라고 읽지 않도록 합니다.

1-4 생각 열기 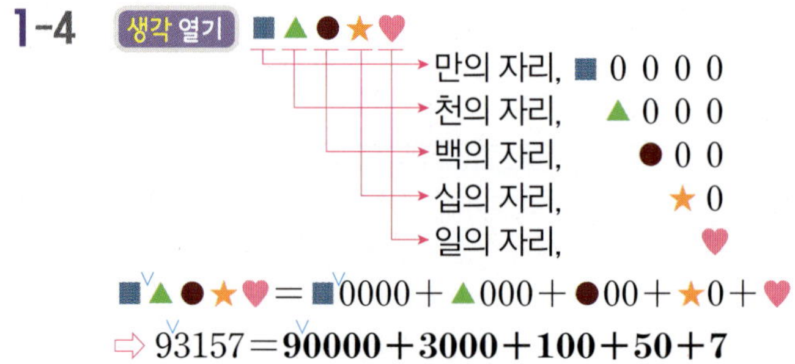
■▲●★♥＝■0000＋▲000＋●00＋★0＋♥
⇨ 93157＝$90000+3000+100+50+7$

1-5

만	천	백	십	일
3	2	8	0	6

1-6 1000이 10개이면 10000입니다.
서술형 가이드 1000이 10개이면 10000이라는 풀이 과정이 들어 있어야 합니다.

채점 기준	1000이 10개이면 10000이라는 것을 알고 답을 구함.	상
	1000이 10개이면 10000이라는 것을 알았지만 답을 잘못 구함.	중
	1000이 10개이면 10000이라는 것을 알지 못해 답을 구하지 못함.	하

1-7 생각 열기 10000이 ■개이면 ■0000, 10000이 ▲개이면 ▲000, 100이 ●개이면 ●00입니다.
10000원짜리 지폐 6장: 60000원
1000원짜리 지폐 4장: 4000원
100원짜리 동전 9개: 900원
____
64900원

2-1 2056489 ⇨ 205만 6489
　　　　만　　일　⇨ **이백오만 육천사백팔십구**

[주의] 2056489를 이백영십오만 육천사백팔십구라고 읽지 않도록 합니다.

2-2 ㉠ 17382469　　　㉡ 4563605
　　　　└→백만의 자리 숫자　　└→백만의 자리 숫자
　　　㉢ 3412680　　　㉣ 72081002
　　　　└→백만의 자리 숫자　　└→백만의 자리 숫자

[서술형 가이드] ㉠, ㉡, ㉢, ㉣의 백만의 자리 숫자를 각각 알아보고 크기를 비교하는 풀이 과정이 들어 있어야 합니다.

채점기준	㉠, ㉡, ㉢, ㉣의 백만의 자리 숫자를 각각 알아보고 크기를 바르게 비교하여 답을 구함.	상
	㉠, ㉡, ㉢, ㉣의 백만의 자리 숫자는 각각 알았지만 크기를 잘못 비교하여 답을 잘못 구함.	중
	㉠, ㉡, ㉢, ㉣의 백만의 자리 숫자를 알지 못해 답을 구하지 못함.	하

2-3 95094061
　　　　㉠　㉡
⇨ ㉠은 ㉡보다 왼쪽으로 3자리 옮겨간 수이므로 **1000배**입니다.

[다른 풀이] 95094061
　　　　　　㉠　㉡
⇨ ㉠이 나타내는 값은 90000000, ㉡이 나타내는 값은 90000이므로 ㉠은 ㉡의 1000배입니다.

3-1 · 중국: 1373541278
　　　　　　　└→억의 자리 숫자
　　　· 인도: 1266883598
　　　　　　　└→억의 자리 숫자
　　　· 미국: 323995528
　　　　　　└→억의 자리 숫자
⇨ 억의 자리 숫자가 중국과 미국은 3이고 인도는 2이므로 억의 자리 숫자가 다른 한 나라는 **인도**입니다.

3-2 1조의 10배 ⇨ 10조
　　　10조의 100배 ⇨ 1000조

3-3 1조가 4803개, 1억이 8042개인 수
⇨ **4803804200000000 또는 4803조 8042억**
⇨ 사천팔백삼조 팔천사십이억

3-4 6020억 1905만 ⇨ 602019050000
　　　　　　　　　　　　　└──────┘
　　　　　　　　　　　　　　7개
따라서 0은 모두 **7개**입니다.

[주의]
육천이십억 천구백오만 ⇨ 60201905 (✕)
　　　　　　　　　　　 602019050000 (○)

3-5 [서술형 가이드] 1조는 7000억보다 3000억만큼 더 큰 수라는 풀이 과정이 들어 있어야 합니다.

채점기준	1조는 7000억보다 3000억만큼 더 큰 수임을 이용하여 답을 구함.	상
	1조는 7000억보다 3000억만큼 더 큰 수임을 알았지만 답을 잘못 구함.	중
	1조는 7000억보다 3000억만큼 더 큰 수임을 알지 못해 답을 구하지 못함.	하

3-6 4237240064084000
　　　　조　억　만　일
　　　　└→백조의 자리 숫자

3-7 10억은 100만이 1000개인 수입니다.
따라서 100만 원짜리 수표를 **1000장** 모아야 합니다.

[참고] · 10억은 10000000000이므로 0이 9개입니다.
　　　· 100만은 1000000이므로 0이 6개입니다.
⇨ 10억은 100만의 1000배입니다.
　　　　　　　　　　　└0이 3개

3-8 53247800000000
　　　　조　억　만　일
⇨ 숫자 5는 50000000000000를 나타내므로
　　　　　　　　└0이 13개
　50000000의 **1000000배**입니다.
　└0의 수의 합: 13개

3-9 [생각 열기] 어떤 수의 100배는 어떤 수 뒤에 0을 2개 붙인 것과 같습니다.
100광년은 9조 4600억 km의 100배입니다.
9460000000000 km의 100배
⇨ 946000000000000 km
　　　조　　억　만　일
　　　└→십조의 자리 숫자

4-1 100000씩 뛰어 세면 십만의 자리 숫자가 1씩 커집니다.
4**1**9000 - 5**1**9000 - 6**1**9000
- 7**1**9000 - 8**1**9000 - 9**1**9000

4-2 생각 열기 뛰어 세기 규칙을 찾을 때에는 어느 자리 숫자가 어떻게 변하고 있는지 살펴봅니다.
십억의 자리 숫자가 3씩 커지므로 **30억**씩 뛰어 세었습니다.
⇨ 2460억 — **2490억** — **2520억** — **2550억**
　　　　 $+30$억　　$+30$억　　$+30$억

4-3 7418억 2359만 → 741823590000
⇨ 741823590000에서 10000000씩 뛰어 세기를 5번 하면 천만의 자리 숫자가 5 커지므로 **741873590000**입니다.
다른 풀이 10000000씩 뛰어 세면 천만의 자리 숫자가 1씩 커집니다.
⇨ 10000000씩 뛰어 세기를 5번 하면
741823590000 – 741833590000 –
741843590000 – 741853590000 –
741863590000 – 741873590000입니다.

5-1 (1) 7854280000 ⟩ 976485000
　　　　10자리 수　　　9자리 수
(2) 306조 2047억 ⟨ 306조 2058억
　　　　　　　　　4<5
참고 ・수의 크기 비교
① 자릿수가 많은 쪽이 더 큽니다.
② 자릿수가 같으면 가장 높은 자리의 수부터 차례로 비교하여 수가 큰 쪽이 더 큽니다.

5-2 생각 열기 ㉠과 ㉡을 수로 써서 크기를 비교합니다.
㉠ 5040390000000000
　　조　 억　 만　 일
㉡ 5400387000000000
　　조　 억　 만　 일
⇨ 백조의 자리 수를 비교하면 0<4이므로 더 큰 수는 ㉡입니다.

5-3 7□9893>775823
→ 천의 자리 수를 비교하면 9>5이므로 □ 안에는 7과 같거나 7보다 큰 수가 들어갑니다.
⇨ **7, 8, 9**
다른 풀이 ・□>7인 경우: □=8, 9
・□=7인 경우: 779893>775823
　　　　　　　　　9>5

---

2 STEP 응용 유형 익히기　　12~19쪽

응용 **1** 8개
예제 **1-1** 10개
예제 **1-2** 혜지
응용 **2** 40000배
예제 **2-1** 2000000배
예제 **2-2** 3000배
응용 **3** 4493000원
예제 **3-1** 554200원
예제 **3-2** B 은행
응용 **4** ㉠
예제 **4-1** ㉡, ㉠, ㉢
예제 **4-2** 1
응용 **5** 9611100000000 또는 9조 6111억
예제 **5-1** 7490000000 또는 74억 9000만
예제 **5-2** 3개
응용 **6** 1억 5600만
예제 **6-1** 1조 5330억
예제 **6-2** 상희
응용 **7** ㉡
예제 **7-1** 나
예제 **7-2** ㉠, ㉢, ㉡
응용 **8** 1128266778
예제 **8-1** 887739319100
예제 **8-2** 84012579

응용 **1** 생각 열기 수를 쓴 다음 0은 몇 개인지 세어 봅니다.
(1) 8002조 908억 5400만 37
　　⇨ 8002090854000037
(2) 8002090854000037
　　　　　　　　8개
주의 수를 쓸 때 읽지 않은 자리에는 0을 씁니다.

예제 **1-1** ・300억 6920만 1506 ⇨ 30069201506
　　　　　　　　　　　　　　　　4개
・410억 5902만 ⇨ 41059020000
　　　　　　　　　　　6개
따라서 두 수에 있는 0은 모두 4+6=**10(개)**입니다.

예제 1-2

· 경수: 1조 3000억 5203만 9260
⇨ 1300052039260
0이 5개

· 혜지: 150조 2006억 3926만
⇨ 152200639260000
0이 7개

따라서 5<7이므로 0이 더 많은 사람은 **혜지**입니다.

응용 2

생각 열기 왼쪽으로 한 자리 옮겨갈 때마다 자리가 나타내는 값은 10배가 됩니다.

(1) ㉠은 천억의 자리 숫자이므로 8000억을 나타냅니다.

(2) ㉡은 천만의 자리 숫자이므로 2000만을 나타냅니다.

(3) 800000000000÷20000000=**40000**(배)

주의 ㉠과 ㉡이 같은 숫자가 아니므로 자릿수만 생각하여 10000배라고 답하지 않도록 합니다.

다른 풀이 830429560000
㉠   ㉡

⇨ ㉠은 ㉡보다 왼쪽으로 4자리 옮겨간 자리이고 8÷2=4이므로 ㉠이 나타내는 값은 ㉡이 나타내는 값의 40000배입니다.

예제 2-1

㉠은 백조의 자리 숫자이므로 600조를 나타내고, ㉡은 억의 자리 숫자이므로 3억을 나타냅니다.

⇨ 600000000000000÷300000000
=**2000000**(배)

다른 풀이 2618795378420000
㉠   ㉡

⇨ ㉠은 ㉡보다 왼쪽으로 6자리 옮겨간 자리이고 6÷3=2이므로 ㉠이 나타내는 값은 ㉡이 나타내는 값의 2000000배입니다.

예제 2-2

해법 순서

① ㉠의 숫자 6과 ㉡의 숫자 2가 나타내는 값을 각각 알아봅니다.

② ㉠의 숫자 6이 나타내는 값은 ㉡의 숫자 2가 나타내는 값의 몇 배인지 구합니다.

㉠의 숫자 6은 60조를 나타내고, ㉡의 숫자 2는 200억을 나타냅니다.

⇨ 60000000000000÷20000000000
=**3000**(배)

다른 풀이 십조의 자리는 백억의 자리보다 왼쪽으로 3자리 옮겨간 자리이고 6÷2=3이므로 ㉠의 숫자 6이 나타내는 값은 ㉡의 숫자 2가 나타내는 값의 3000배입니다.

응용 3

(1) 1000000원짜리 3장이면 3000000원,
100000원짜리 14장이면 1400000원,
10000원짜리 7장이면 70000원,
1000원짜리 23장이면 23000원입니다.

(2) 3000000+1400000+70000+23000
=**4493000**(원)

예제 3-1

해법 순서

① 10000원짜리 지폐 52장은 얼마인지 구합니다.
② 1000원짜리 지폐 28장은 얼마인지 구합니다.
③ 100원짜리 동전 62개는 얼마인지 구합니다.
④ ①, ②, ③에서 구한 금액을 모두 더합니다.

10000원짜리 지폐 52장: 520000원
1000원짜리 지폐 28장: 28000원
100원짜리 동전 62개: 6200원
554200원

예제 3-2

· A 은행:
1000000원짜리 수표 23장: 23000000원
100000원짜리 수표 320장: 32000000원
55000000원

· B 은행:
1000000원짜리 수표 31장: 31000000원
100000원짜리 수표 290장: 29000000원
60000000원

⇨ 55000000<60000000이므로
B 은행의 오늘 예금액이 더 많습니다.

응용 4

(1) ㉡ 780492360000
㉢ 7조 5046억 ⇨ 7504600000000

(2) ㉠과 ㉢은 13자리 수, ㉡은 12자리 수이므로 ㉡이 가장 작습니다.

⇨ ㉠과 ㉢의 백억의 자리 수를 비교하면
7540208630000>7504600000000
4>0
이므로 ㉠이 더 큽니다.

참고 자릿수를 먼저 비교한 후 자릿수가 같으면 가장 높은 자리의 수부터 차례로 비교합니다.

예제 4-1 해법 순서

① ㉡과 ㉢을 수로 씁니다.
② 세 수의 자릿수를 비교합니다.
③ 자릿수가 같으면 가장 높은 자리의 수부터 차례로 비교합니다.
   ㉠ 13445865720000
   ㉡ 17695458710000
   ㉢ 9조 7624억 → 9762400000000
㉠과 ㉡은 14자리 수, ㉢은 13자리 수이므로 ㉢이 가장 작습니다.
㉠과 ㉡의 조의 자리 수를 비교하면
13445865720000 < 17695458710000
        3 < 7
이므로 ㉡이 더 큽니다.
따라서 큰 수부터 차례로 기호를 쓰면 ㉡, ㉠, ㉢입니다.

예제 4-2 ㉠ 3572조 1573억 5820만
   → 3572157358200000
㉡ 3578456548750000
㉢ 3578조 6040억 252만
   → 3578604002520000
⇨ 3578604002520000 > 3578456548750000 > 3572157358200000이므로 가장 작은 수 (㉠)의 천억의 자리 숫자는 **1**입니다.

응용 5 (1) 가장 큰 수이므로 일의 자리부터 거꾸로 0을 8개 써넣습니다.

					0	0	0	0	0	0	0	0
조			억			만			일			

참고 가장 큰 수를 만들어야 하므로 낮은 자리부터 거꾸로 0을 8개 씁니다.
(2) 가장 큰 수이므로 가장 높은 자리 숫자는 9입니다.
(3) 9□□□□00000000에서 □ 안의 숫자의 합이 9가 되는 가장 큰 수는
   9 6 1 1 1 00000000입니다.

예제 5-1 해법 순서

① 0이 7개 있는 10자리 수를 나타냅니다.
② 7500000의 1000배인 수를 알아봅니다.
③ ②보다 작은 수 중 가장 큰 ①의 수를 구합니다.
0이 7개 있는 10자리 수는 □□□0000000입니다.

7500000의 1000배인 수는 7500000000이고, 7500000000보다 작은 수 중 가장 큰 □□□0000000은 **7490000000**입니다.
참고 어떤 수의 1000배인 수는 어떤 수 뒤에 0을 3개 붙인 수와 같습니다.

예제 5-2 해법 순서

① 1만이 835개, 1이 3개인 수를 씁니다.
② 8349998보다 크고 ①에서 구한 수보다 작은 자연수를 모두 구합니다.
③ ②에서 구한 수 중 0이 있는 수는 몇 개인지 구합니다.
1만이 835개, 1이 3개인 수: 8350003
8349998 < □ < 8350003에서 □ 안에 들어갈 수 있는 자연수는 8349999, 8350000, 8350001, 8350002입니다.
이 중 0이 있는 수는 8350000, 8350001, 8350002이므로 **3개**입니다.

응용 6 생각 열기 1000만씩 3번 거꾸로 뛰어 세어 어떤 수를 먼저 구합니다.
(1) 1억 8300만 — 1억 7300만 — 1억 6300만 — 1억 5300만
(2) 어떤 수는 1억 5300만입니다.
(3) 1억 5300만에서 100만씩 3번 뛰어 세면
   1억 5300만 — 1억 5400만 — 1억 5500만 — **1억 5600만**입니다.

예제 6-1 해법 순서

① 1조 1370억에서 10억씩 4번 거꾸로 뛰어 세어 어떤 수를 구합니다.
② 어떤 수에서 1000억씩 4번 뛰어 세기 한 수를 구합니다.
1조 1370억에서 10억씩 4번 거꾸로 뛰어 세면
1조 1370억 — 1조 1360억 — 1조 1350억 — 1조 1340억 — 1조 1330억이므로 어떤 수는 1조 1330억입니다.
⇨ 1조 1330억에서 1000억씩 4번 뛰어 세면
   1조 1330억 — 1조 2330억 — 1조 3330억 — 1조 4330억 — **1조 5330억**입니다.

예제 6-2 • 상희: 72조 5600억에서 10조씩 3번 거꾸로 뛰어 세면 72조 5600억 — 62조 5600억 — 52조 5600억 — 42조 5600억이므로 어떤 수는 42조 5600억입니다.

⇨ 42조 5600억에서 1조씩 3번 뛰어 세면
　42조 5600억 − 43조 5600억 −
　44조 5600억 − 45조 5600억입니다.
・영철: 71조 4800억에서 1조씩 4번 뛰어 세면
71조 4800억 − 72조 4800억 − 73조 4800
억 − 74조 4800억 − 75조 4800억이므로 어
떤 수는 75조 4800억입니다.
⇨ 75조 4800억에서 10조씩 4번 거꾸로 뛰
어 세면
75조 4800억 − 65조 4800억
　− 55조 4800억 − 45조 4800억
　− 35조 4800억입니다.
따라서 45조 5600억>35조 4800억이므로 바르
게 뛰어 세기 한 수가 더 큰 사람은 **상희**입니다.

주의 영철이가 뛰어 세기 한 수를 구할 때 어떤 수
를 71조 4800억에서 1조씩 4번 거꾸로 뛰어 세어
구하지 않도록 합니다.

응용 7

(1) ㉠ 9자리 수, ㉡ 9자리 수
(2) ㉠의 천만의 자리에 9를 넣어도
9 9 7041□09<9972□0488이므로
　　　　└ 0<2 ┘
㉡이 더 큽니다.

예제 7-1 가의 천의 자리에 9를 넣어도
52□9 63□ < 52973□이므로 **나**가 아래로 내
　　└ 6<7 ┘
려갑니다.

다른 풀이 52□㉠63□, 52973□에서
・㉠<9인 경우: 52□㉠63□<52973□
・㉠=9인 경우: 52963□<52973□
따라서 52□63□<52973□이므로 나가 아래
로 내려갑니다.

예제 7-2 **생각 열기** ㉠, ㉡, ㉢의 자릿수가 같으므로 가장 높
은 자리의 수부터 차례로 비교합니다.
㉡의 십억의 자리에 0부터 9까지의 어느 숫자
를 넣어도 ㉡이 가장 작습니다.
㉠과 ㉢의 크기를 비교하면 ㉠의 백만의 자리
에 0, ㉢의 백만의 자리에 9를 넣어도
46982□0 723□51>46981□9□23458
　　　└ 2>1 ┘
입니다.
⇨ ㉠>㉢>㉡

다른 풀이

㉠	4	6	9	8	2	□	7	2	3	□	5	1
㉡	4	6	㉮	6	2	0	□	2	3	4	5	3
㉢	4	6	9	8	1	□	2	3	4	5	8

억　　　　　만　　　　　일

・㉡의 ㉮에 0부터 8까지의 숫자를 넣으면 ㉡이 가
장 작습니다. ㉮에 9를 넣어도 ㉡이 가장 작으므로
㉡이 가장 작습니다.
・㉠과 ㉢의 크기를 비교하면 천만의 자리 숫자가
2>1이므로 ㉠이 더 큽니다.
⇨ ㉠>㉢>㉡

응용 8

(1) 백만의 자리를 찾아 8을 써넣습니다.

				8						

억　　　　　만　　　　　일

(2) 백만의 자리를 제외한 높은 자리부터 남은
수 카드 중 작은 수를 차례로 씁니다.
⇨ 1 1 2 8 2 6 6 7 7 8

예제 8-1 **해법 순서**

① 12자리 수를 나타냅니다.
② 천의 자리 숫자와 백만의 자리 숫자가 9인 수를
나타냅니다.
③ 가장 큰 수를 만들어 봅니다.

12자리 수: □□□□□□□□□□□□
→ 천의 자리 숫자와 백만의 자리 숫자가 9인 수는
□□□□□9□□9□□□입니다.
⇨ 수 카드는 9>8>7>3>1>0이고 9는 2번
사용했으므로 남은 수 카드 중 큰 수부터 높
은 자리에 차례로 써넣으면 **887739319100**
입니다.

예제 8-2 백만의 자리 숫자가 4이면서 8000만에 가장 가
까운 8자리 수: 84□□□□□□
⇨ □ 안에 남은 수 카드 중 작은 수부터 차례
로 써넣으면 **84012579**입니다.

주의 백만의 자리 숫자가 4이므로 8000만에 가
장 가까운 수는 74□□□□□□가 아니라
84□□□□□□가 됩니다.
이때 백만의 자리 숫자가 5보다 큰 ▲라면 8000만
에 가장 가까운 수는
8▲□□□□□□가 아니라
7▲□□□□□□가 됩니다.

3 STEP 응용 유형 뛰어넘기 20~25쪽

1 운동화

2 예 • 초등학생 10명: 1000이 10개이면 10000이므로 10000원입니다.
• 선생님 2명: 10000이 2개이면 20000이므로 20000원입니다.
⇨ 10000＋20000＝30000이므로 입장료로 모두 30000원을 내야 합니다.
; 30000원

3 8

4 대전 경기장

5 제아

6 예 칠천이백만은 7200만이고, 육백만은 600만입니다. 7200만에서 600만씩 5번 뛰어 세면
7200만 − 7800만 − 8400만 − 9000만
− 9600만 − 1억 200만입니다.
따라서 2025년에 예상되는 수출액은
1억 200만 달러입니다.
; 1억 200만 달러 또는 102000000달러

7 498765321

8 2769998 또는 276만 9998

9 토성, 화성, 지구, 수성

10 30조 9000억, 31조 1800억

11 7조 1000억

12 5000000 또는 500만

13 33장

14 300 m

15 10

16 ㉡, ㉢, ㉠, ㉣

17 십사조 삼천사백칠십구억

18 예　　가장 큰 수: 88866633311100
두 번째로 큰 수: 88866633311010
세 번째로 큰 수: 88866633311001
네 번째로 큰 수: 88866633311000
다섯 번째로 큰 수: 88866633310110
; 88866633310110

---

1 생각 열기 숫자 8이 8000을 나타내려면 천의 자리 숫자가 8이어야 합니다.
숫자 8이 나타내는 값을 각각 알아보면 청바지는 80000, 케이크는 800, 농구공은 80, 운동화는 8000입니다.
따라서 숫자 8이 8000을 나타내는 물건은 **운동화**입니다.

2 해법 순서
① 초등학생 10명의 입장료를 구합니다.
② 선생님 2명의 입장료를 구합니다.
③ ①과 ②에서 구한 입장료의 합을 구합니다.
서술형 가이드 1000이 10개이면 10000, 10000이 2개이면 20000이라는 풀이 과정이 들어 있어야 합니다.

채점 기준		
1000이 10개이면 10000, 10000이 2개이면 20000이라는 것을 알고 답을 구함.	상
1000이 10개이면 10000, 10000이 2개이면 20000이라는 것을 알았지만 답을 구하지 못함.	중
1000이 10개이면 10000, 10000이 2개이면 20000이라는 것을 알지 못해 답을 구하지 못함.	하

참고 10000이 ▲개이면 ▲0000입니다.

3 1조에서 200억씩 거꾸로 7번 뛰어 세면
1조−9800억−9600억−9400억−9200억
−9000억−8800억−8600억입니다.
⇨ 8600억에서 천억의 자리 숫자는 8입니다.

4 생각 열기 자릿수가 같으면 가장 높은 자리의 수부터 차례로 비교합니다.
인천 경기장: 50256, 대구 경기장: 66422,
　　　　　5자리 수　　　　　　　5자리 수
대전 경기장: 42176, 전주 경기장: 42477
　　　　　5자리 수　　　　　　　5자리 수
만의 자리 수를 비교하면 6＞5＞4이므로 대전 경기장과 전주 경기장의 수용 인원이 적습니다.
⇨ 대전 경기장과 전주 경기장의 백의 자리 수를 비교하면 42176＜42477이므로 수용 인원이 가장 적은
　　　　　1＜4
곳은 **대전 경기장**입니다.

5 199만 9000보다 1000만큼 더 큰 수는 200만입니다.
석현: 200만은 100만보다 백만의 자리 숫자가 1만큼 더 큰 수입니다.
민준: 200만은 2000000이므로 숫자 0이 6개 있습니다.
제아: 200만은 2000000이므로 7자리 수입니다.

6 서술형 가이드 7200만에서 600만씩 5번 뛰어 세는 풀이 과정이 들어 있어야 합니다.

채점기준	뛰어 세는 규칙을 이용하여 답을 구함.	상
	뛰어 세는 규칙을 이용하는 과정에서 실수하여 답을 구하지 못함.	중
	뛰어 세는 규칙을 이용하지 못해 답을 구하지 못함.	하

7 5억보다 작으면서 5억에 가장 가까운 수는 억의 자리 숫자가 4입니다.

➡ 4☐☐☐☐☐☐☐☐

☐ 안에 남은 수 카드를 큰 수부터 차례로 써넣으면 **498765321**입니다.

8 해법 순서
① 이백칠십칠만을 수로 씁니다.
② 2769990보다 크고 ①에서 구한 수보다 작은 수를 구합니다.
③ ②에서 구한 수 중 일의 자리 숫자가 8인 수를 구합니다.
이백칠십칠만을 수로 쓰면 2770000입니다.
2769990보다 크고 2770000보다 작은 수는 2769991부터 2769999까지의 수입니다. 이 중에서 일의 자리 숫자가 8인 수는 **2769998**입니다.

9 생각 열기 먼저 자릿수를 비교합니다.
화성과 지구는 9자리 수, 토성은 10자리 수, 수성은 8자리 수이므로 토성이 가장 멀고 수성이 가장 가깝습니다.
화성과 지구의 억의 자리 수를 비교하면 2>1이므로 화성이 더 멉니다.

➡ 태양에서 먼 순서대로 행성의 이름을 쓰면 **토성, 화성, 지구, 수성**입니다.

10 해법 순서
① 작은 눈금 한 칸이 나타내는 수를 구합니다.
② ①에서 구한 수만큼 뛰어 세기 하여 ㉠과 ㉡을 구합니다.
작은 눈금 10칸이 2000억을 나타내므로 작은 눈금 한 칸은 200억을 나타냅니다.
따라서 ㉠은 30조 8000억에서 200억씩 5번 뛰어 세었으므로 **30조 9000억**이고, ㉡은 31조 2000억에서 200억씩 1번 거꾸로 뛰어 세었으므로 **31조 1800억**입니다.

참고 31조는 30조 8000억보다 2000억만큼 더 큰 수이므로 30조 8000억과 31조의 차는 2000억입니다.

11 5조 6000억−5조 9000억−6조 2000억
−6조 5000억−6조 8000억−7조 1000억
➡ 6조 8000억은 7조보다 2000억 작은 수이고 7조 1000억은 7조보다 1000억 큰 수이므로 7조에 가장 가까운 수는 **7조 1000억**입니다.

12 15 km 100 m=15100 m=1510000 cm
=15100000 mm
➡ 15100000
└→ 백만의 자리 숫자, **5000000**

참고 1 km=1000 m, 1 m=100 cm,
1 cm=10 mm

13 생각 열기 523000000원을 1000만 원짜리 수표 52장과 100만 원짜리 수표 몇 장으로 찾을 수 있는지 먼저 생각해 봅니다.

1000만 원짜리 수표(장)	52	51	50	49
100만 원짜리 수표(장)	3	13	23	33
합계(장)	55	64	73	82

➡ 은행에서 찾은 100만 원짜리 수표는 **33장**입니다.

참고 1000만 원짜리 수표 1장은 100만 원짜리 수표 10장과 같습니다.

14 만은 10이 1000개인 수이므로 생일 카드 만 장의 두께는 3 mm의 1000배인 3000 mm입니다.
백만은 만이 100개인 수이므로 생일 카드 100만 장의 두께는 3000 mm의 100배인 300000 mm입니다.
➡ 300000 mm=30000 cm=**300 m**

15 ㉠ 124억 348만의 10배인 수는 1240억 3480만입니다.
㉡ 3조 4021억 5900만의 100배인 수는 340조 2159억입니다.
㉢ 46조 700억 1670만의 10배인 수는 460조 7001억 6700만입니다.
➡ 억의 자리 숫자가 ㉠ 0, ㉡ 9, ㉢ 1이므로 0+1+9=**10**입니다.

16 모두 11자리 수이므로 가장 높은 자리의 수부터 차례로 비교합니다.

㉣의 십억의 자리에 9를 넣어도 ㉣이 가장 작은 수이고, ㉡의 백만의 자리에 0을 넣어도 ㉡이 가장 큰 수입니다.

㉠과 ㉢의 크기를 비교하면

797□02□□185 < 79904□8□□53이므로
└─ 7 < 9 ─┘

㉠ < ㉢입니다. ⇨ ㉡ > ㉢ > ㉠ > ㉣

다른 풀이

		억			만				일	
㉠	7	9	7	□	0	2	□	□	1	8	5
㉡	7	9	9	6	□	5	1	5	4	□	□
㉢	7	9	9	0	4	□	8	□	□	5	3
㉣	7	㉮	6	6	4	2	0	□	□	7	4

- ㉣의 ㉮에 0부터 8까지의 숫자를 넣으면 ㉣이 가장 작습니다. ㉮에 9를 넣어도 ㉣이 가장 작으므로 ㉣이 가장 작습니다.
- ㉠, ㉡, ㉢의 크기를 비교하면 억의 자리 숫자가 ㉠이 가장 작습니다.
- ㉡, ㉢의 크기를 비교하면 천만의 자리 숫자가 ㉢이 더 작습니다.

⇨ ㉡ > ㉢ > ㉠ > ㉣

17 **해법 순서**

① 얼마만큼씩 뛰어 세기 한 것인지 구합니다.
② 4번 뛰어 세기 한 수를 구합니다.
③ 4번 뛰어 세기 한 수를 읽습니다.

5조 1479억 – □ – □ – 12조 479억

→ 3번 뛰어 세기 하여 6조 9000억이 커졌으므로 2조 3000억씩 뛰어 세기 한 것입니다.

따라서 5조 1479억에서 2조 3000억씩 4번 뛰어 세기 한 수는 12조 479억에서 2조 3000억 뛰어 세기 한 14조 3479억이고 **십사조 삼천사백칠십구억**이라고 읽습니다.

18 **서술형 가이드** 가장 큰 수부터 다섯 번째로 큰 수까지 차례로 구하는 풀이 과정이 들어 있어야 합니다.

채점 기준		
가장 큰 수부터 다섯 번째로 큰 수까지 차례로 구하여 답을 구함.	상
가장 큰 수는 구했지만 답을 구하지 못함.	중
가장 큰 수를 구하는 방법을 알지 못해 답을 구하지 못함.	하

실력 평가 　26~29쪽

1 10, 100, 1000
2 50000, 오만
3 <
4 4126905700000000,
　사천백이십육조 구천오십칠억
5 （선 잇기）
6 2375300
7 예 오조 삼백육십억 사천오만 구를 수로 쓰면
　5036040050009입니다.
　따라서 0은 모두 7개입니다. ; 7개
8 6000만, 60억
9 ②
10 8, 9
11 ㉢
12 예 42억 5000만 – 42억 8000만 – 43억 1000만
　– 43억 4000만
　따라서 3000만씩 3번 뛰어 세기 한 수는
　43억 4000만입니다. ; 43억 4000만
13 2조 10억씩 ;
　(위에서부터) 72조 20억, 76조 40억, 80조 60억
14 9
15 2002446699
16 예 삼천억 구천이백만: 300092000000
　⇨ 100배인 수: 30009200000000
　따라서 올해 수출액은 삼십조 구십이억 원이라고 읽습니다. ; 삼십조 구십이억 원
17 6
18 500000000원 또는 5억 원
19 34125
20 ㉡, ㉢, ㉠

1 10000은 1000이 **10**개인 수, 100이 **100**개인 수, 10이 **1000**개인 수입니다.

2 10000원짜리 지폐가 5장이므로 **50000**원입니다. 50000원은 **오만** 원이라고 읽습니다.

3 **생각 열기** 자릿수가 같으면 가장 높은 자리의 수부터 차례로 비교합니다.

7476203 < 7698304
　└─ 4 < 6 ─┘

4 1조가 4126개, 1억이 9057개인 수
⇨ **4126905700000000** 또는 **4126조 9057억**
⇨ **사천백이십육조 구천오십칠억**

주의

4126905700000000
⇨ 사천일백이십육조 구천영백오십칠일억 (×)
⇨ 사천백이십육조 구천오십칠억 (○)

5

수	쓰기	읽기
10000이 10개인 수	100000	십만
	10만	
10000이 100개인 수	1000000	백만
	100만	
10000이 1000개인 수	10000000	천만
	1000만	

6 이백삼십칠만 오천삼백 ⇨ 237만 5300 ⇨ **2375300**

7 서술형 가이드 오조 삼백육십억 사천오만 구를 수로 써서 0이 몇 개 있는지 알아보는 풀이 과정이 들어 있어야 합니다.

채점기준	오조 삼백육십억 사천오만 구를 수로 쓰고 답을 구함.	상
	오조 삼백육십억 사천오만 구를 수로 썼지만 0의 개수를 잘못 구함.	중
	오조 삼백육십억 사천오만 구를 수로 쓰지 못해 답을 구하지 못함.	하

8 어떤 수의 100배인 수는 어떤 수 뒤에 0을 2개 붙입니다.

9 ① 3209403
→ 십만의 자리 숫자, 200000
② 29816
→ 만의 자리 숫자, 20000
③ 29688000
→ 천만의 자리 숫자, 20000000
④ 43215000
→ 십만의 자리 숫자, 200000
⑤ 82000000
→ 백만의 자리 숫자, 2000000

10 □ 안에 7을 넣으면 528⑦364<5288346이고,
└ 7<8 ┘
□ 안에 8을 넣으면 528⑧364>5288346이고,
└ 6>4 ┘
□ 안에 9를 넣으면 528⑨364>5288346이므로
└ 9>8 ┘
□ 안에 들어갈 수 있는 숫자는 **8, 9**입니다.

다른 풀이 백만, 십만, 만의 자리 수가 같으므로 천, 백의 자리 수를 비교합니다. 이때 백의 자리 수도 같으므로 십의 자리 수까지 비교합니다.
⇨ □36>834이므로 □ 안에 들어갈 수 있는 숫자는 **8, 9**입니다.

11 ⓒ 285900000 ⇨ 천만의 자리 숫자는 8입니다.
억 만 일

12 서술형 가이드 3000만씩 3번 뛰어 세는 풀이 과정이 들어 있어야 합니다.

채점기준	3000만씩 3번 뛰어 세어 답을 구함.	상
	3000만씩 3번 뛰어 세기를 잘못하여 답을 구하지 못함.	중
	뛰어 세기를 이해하지 못해 답을 구하지 못함.	하

주의 3000만씩 뛰어 세면 천만의 자리 숫자가 3씩 커집니다.

13 해법 순서

① 2번 뛰어 세어 얼마만큼 커졌는지 구합니다.
② 얼마만큼씩 뛰어 세기 한 것인지 구합니다.
③ ②의 규칙에 따라 뛰어 세어 봅니다.

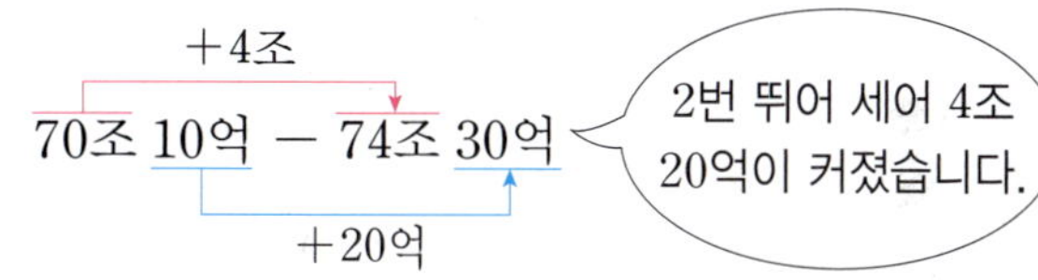

⇨ **2조 10억**씩 뛰어 세면
70조10억 ─ **72조 20억** ─ 74조 30억
─ **76조 40억** ─ 78조 50억 ─ **80조 60억**입니다.

14 생각 열기 천 리는 몇 m인지 수로 씁니다.
1리가 393 m이므로 1000리는 1리의 1000배인 393000 m입니다.
⇨ 393000의 만의 자리 숫자는 **9**입니다.
만 일

15 가장 작은 수를 만들려면 높은 자리부터 수 카드 중 작은 수를 차례로 쓰면 됩니다.
⇨ 0<2<4<6<9이므로 **2002446699**입니다.
주의 가장 높은 자리인 십억의 자리에 0이 오면 10자리 수를 만들 수 없습니다.

16 서술형 가이드 삼천억 구천이백만의 100배인 수를 구하고 읽는 풀이 과정이 들어 있어야 합니다.

채점기준	삼천억 구천이백만의 100배인 수를 바르게 읽어 답을 구함.	상
	삼천억 구천이백만의 100배인 수를 구했지만 잘못 읽어 답이 틀림.	중
	삼천억 구천이백만의 100배인 수를 구하지 못해 답을 구하지 못함.	하

17 ㉠ 8350678000000
㉡ 8356780000000 ⇨ ㉡>㉠>㉢
㉢ 8035900000000
따라서 ㉡의 십억의 자리 숫자는 **6**입니다.

18 100000이 5000개이면 500000000입니다.
⇨ **500000000원**

19 34000보다 크고 34200보다 작은 수이므로 만의 자리 숫자는 3, 천의 자리 숫자는 4, 백의 자리 숫자는 1입니다.
일의 자리 숫자가 홀수이므로 일의 자리 숫자는 5이고 남은 수인 2는 십의 자리 숫자가 됩니다.
⇨ **34125**

20 ㉠의 억의 자리에 9를 넣어도 ㉠이 가장 작습니다.
㉡과 ㉢의 크기를 비교하면
9081□□045>908054□□2입니다.
└─ 1>0 ─┘
⇨ ㉡>㉢>㉠

참고 ㉠의 억의 자리에 1부터 9까지의 어느 숫자를 넣어도 ㉠이 가장 작습니다.

창의 사고력   30쪽

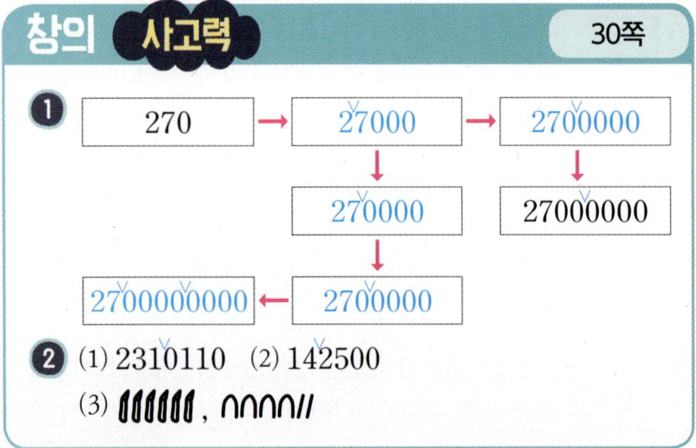

❶ 270 → 27000 → 2700000
270000 ← , → 27000000
2700000000 ← 2700000

❷ (1) 2310110   (2) 142500
(3) 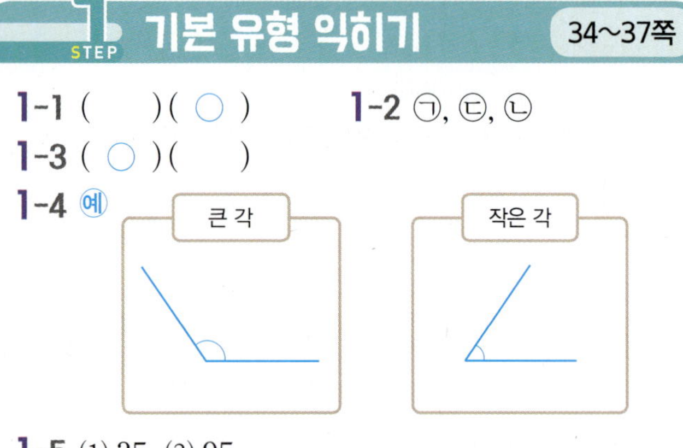

❶ 생각 열기 화살표의 방향에 따라 수를 10배, 100배, 1000배합니다.
10배는 수 뒤에 0을 1개, 100배는 수 뒤에 0을 2개, 1000배는 수 뒤에 0을 3개 붙입니다.

❷ 생각 열기 고대 이집트 숫자가 나타내는 수를 알아봅니다.
(1) 2000000+300000+10000+100+10
    =**2310110**
(2) 100000+40000+2000+500=**142500**
(3) 3261042=

---

2. 각도

1 STEP 기본 유형 익히기   34~37쪽

1-1 (   )(◯)   **1-2** ㉠, ㉢, ㉡
1-3 (◯)(   )
1-4 예 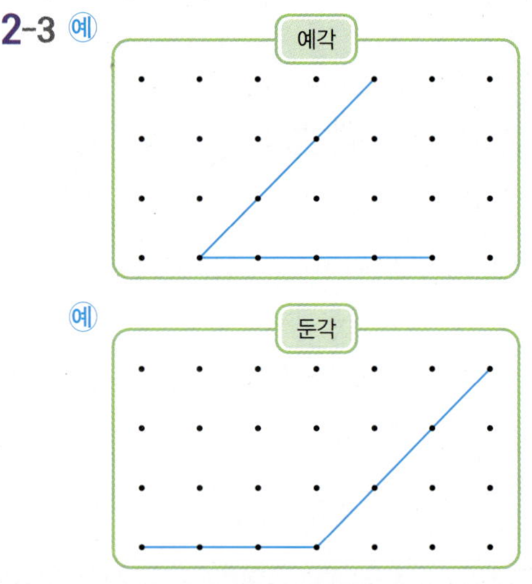

1-5 (1) 35   (2) 95
1-6 80°; 예 각의 한 변이 바깥쪽 눈금 0에 맞춰져 있으므로 각도기의 바깥쪽 눈금 80을 읽어야 하기 때문입니다.
2-1 (1) ㉠, ㉣   (2) ㉡, ㉢   (3) ㉢, ㉤
2-2 예각, 둔각, 예각
2-3 예

예

2-4 (1) 직각   (2) 예각   (3) 둔각
3-1 민아
3-2 예 85°; 예 직각보다는 작기 때문입니다.
3-3 (1) 120°   (2) 55°   **3-4** (1) 130   (2) 40
3-5 ㉡, ㉠, ㉣, ㉢   **3-6** 30°
4-1 40
4-2 예 삼각형의 세 각의 크기의 합은 180°이므로
㉠+㉡+55°=180°, ㉠+㉡=180°-55°,
㉠+㉡=125°입니다.
; 125°
4-3 60°
5-1 ×   **5-2** 180°
5-3 110°

1-1 생각 열기 각의 변이 많이 벌어질수록 각의 크기가 큽니다.
왼쪽의 각보다 두 변의 벌어진 정도가 더 큰 각을 찾습니다.

1-2 부채가 많이 벌어진 것부터 차례로 기호를 쓰면 ㉠, ㉢, ㉡입니다.

1-3 생각 열기

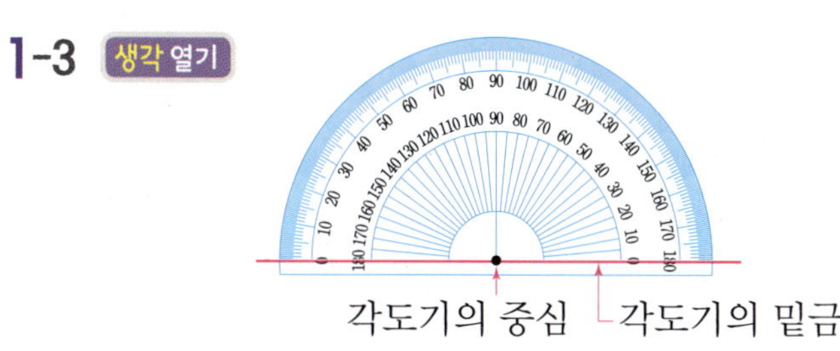
각도기의 중심 ⌐ 각도기의 밑금

각도기의 중심을 각의 꼭짓점에 맞춰야 합니다.

1-4 직각보다 큰 각과 작은 각을 각각 그려 봅니다.

1-5 ① 각도기의 중심을 각의 꼭짓점에 맞추고, 각도기의 밑금을 각의 한 변에 맞춥니다.
② 각의 나머지 한 변과 만나는 각도기의 눈금을 확인합니다.

(1)
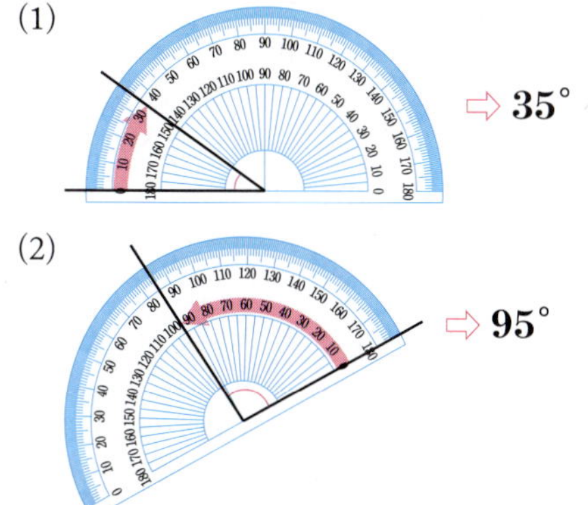
⇨ **35°**

(2)
⇨ **95°**

주의 **각의 크기 재기**
• 각의 한 변이 안쪽 눈금 0에 맞춰져 있으면 나머지 한 변이 만나는 안쪽 눈금을 읽습니다.
• 각의 한 변이 바깥쪽 눈금 0에 맞춰져 있으면 나머지 한 변이 만나는 바깥쪽 눈금을 읽습니다.

1-6 서술형 가이드 각의 한 변이 바깥쪽 눈금 0에 맞춰져 있기 때문에 각도기의 바깥쪽 눈금을 읽어야 한다는 이유를 써야 합니다.

채점기준		
바른 각도를 쓰고 이유를 바르게 씀.	상
바른 각도는 썼지만 이유를 쓰지 못함.	중
바른 각도를 쓰지 못하고 이유도 쓰지 못함.	하

2-1 생각 열기 $0° <$ 예각 $< 90°$, $90° <$ 둔각 $< 180°$
(1) 각도가 0°보다 크고 직각보다 작은 각을 찾으면 ㉠, ㉣입니다.
(2) 각도가 90°인 각을 찾으면 ㉡, ㉤입니다.
(3) 각도가 직각보다 크고 180°보다 작은 각을 찾으면 ㉢, ㉥입니다.

참고 • 각의 크기에 따른 각의 종류
① 예각: 각도가 0°보다 크고 90°보다 작은 각
② 직각: 각도가 90°인 각
③ 둔각: 각도가 90°보다 크고 180°보다 작은 각
④ 평각: 각도가 180°인 각
⑤ 우각: 각도가 180°보다 크고 360°보다 작은 각

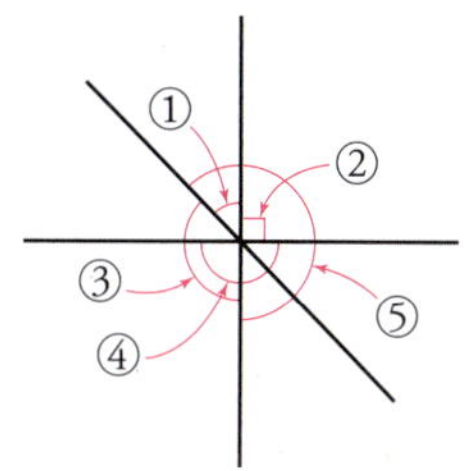

2-2 ㉠과 ㉣은 각도가 0°보다 크고 직각보다 작은 각이므로 **예각**입니다.
㉡은 각도가 직각보다 크고 180°보다 작은 각이므로 **둔각**입니다.

2-3 • 예각: 각도가 0°보다 크고 직각보다 작은 각을 그립니다.
• 둔각: 각도가 직각보다 크고 180°보다 작은 각을 그립니다.

2-4 생각 열기 먼저 시각을 시계에 나타냅니다.

(1) (2) (3)
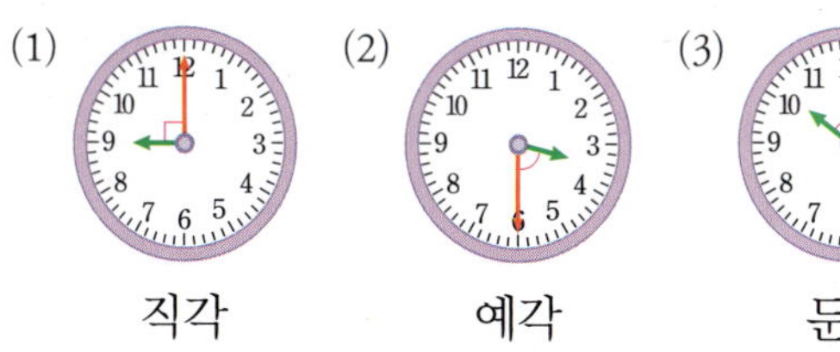
직각   예각   둔각

주의 3시 30분을 오른쪽 그림과 같이 생각하여 직각이라고 하지 않도록 주의합니다.

3-1 생각 열기 어림한 각도와 잰 각도의 차이가 작을수록 어림을 더 잘한 것입니다.
각도를 재어 보면 95°입니다.
⇨ 어림한 각도와 잰 각도의 차이를 알아보면 경수는 45°, 민아는 5°이므로 차이가 더 작은 **민아**가 어림을 더 잘했습니다.

3-2 [서술형 가이드] 직각보다 작은 각도로 어림하고, 어림한 이유를 써야 합니다.

채점기준	각도를 어림하고 이유를 바르게 씀.	상
	각도를 어림했지만 이유를 쓰지 못함.	중
	각도를 어림하지 못하고 이유도 쓰지 못함.	하

3-3 각도의 합과 차는 자연수의 덧셈, 뺄셈과 같이 계산한 다음 단위(°)를 붙입니다.

(1) $70°+50°=\mathbf{120°}$
$70+50=120$

(2) $90°-35°=\mathbf{55°}$
$90-35=55$

3-4 [생각 열기] 직선은 180°임을 이용합니다.

(1)
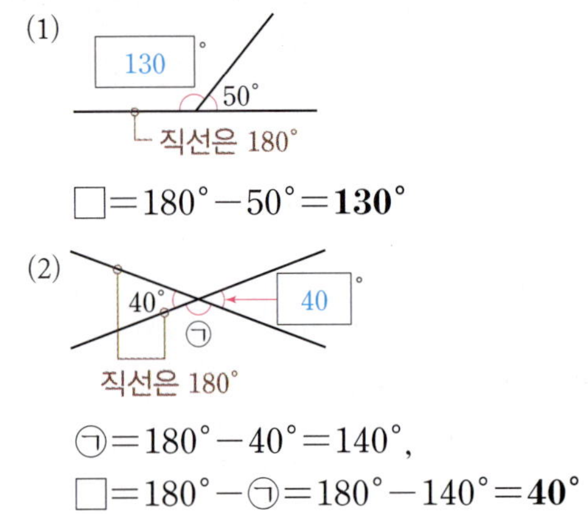

$\square=180°-50°=\mathbf{130°}$

(2)

$㉠=180°-40°=140°$,
$\square=180°-㉠=180°-140°=\mathbf{40°}$

3-5 [생각 열기] 각도의 합과 차를 구한 후 비교합니다.

㉠ $90+145=235 \Rightarrow 90°+145°=235°$
㉡ $180+95=275 \Rightarrow 180°+95°=275°$
㉢ $270-72=198 \Rightarrow 270°-72°=198°$
㉣ $360-138=222 \Rightarrow 360°-138°=222°$
$\Rightarrow 275°>235°>222°>198°$이므로
㉡>㉠>㉣>㉢입니다.

3-6
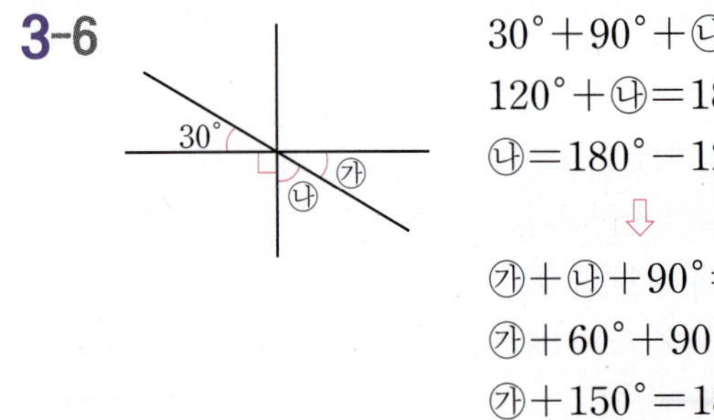

$30°+90°+㉯=180°$,
$120°+㉯=180°$,
$㉯=180°-120°=60°$
$\Downarrow$
$㉮+㉯+90°=180°$,
$㉮+60°+90°=180°$,
$㉮+150°=180°$,
$㉮=180°-150°=\mathbf{30°}$

4-1 [생각 열기] 삼각형의 세 각의 크기의 합은 180°입니다.
$\square+90°+50°=180°$, $\square+140°=180°$,
$\square=180°-140°=\mathbf{40°}$

4-2 [서술형 가이드] 삼각형의 세 각의 크기의 합이 180°임을 이용하여 ㉠과 ㉡의 각도의 합을 구하는 풀이 과정이 들어 있어야 합니다.

채점기준	삼각형의 세 각의 크기의 합이 180°임을 이용하여 답을 구함.	상
	삼각형의 세 각의 크기의 합이 180°임을 이용했지만 계산 과정에서 실수하여 답이 틀림.	중
	삼각형의 세 각의 크기의 합이 180°임을 알지 못해 답을 구하지 못함.	하

[주의] • ㉠과 ㉡의 각도를 따로 구하려고 하지 않도록 합니다.
• 삼각형에서 두 각의 크기의 합은 180°−(나머지 한 각의 크기)입니다.

4-3
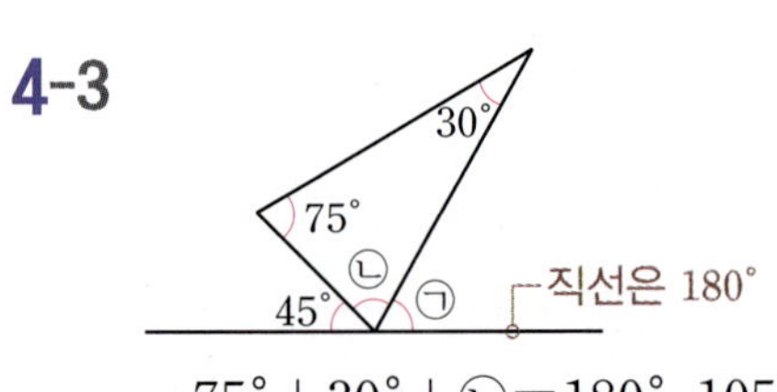

• $75°+30°+㉡=180°$, $105°+㉡=180°$,
$㉡=180°-105°=75°$
• $45°+㉡+㉠=180°$, $45°+75°+㉠=180°$,
$120°+㉠=180°$,
$㉠=180°-120°=\mathbf{60°}$

5-1 [생각 열기] 사각형의 네 각의 크기의 합은 360°입니다.
$120°+35°+135°+45°=335°$
$\rightarrow$ 360°가 아닙니다.
$\Rightarrow$ 사각형의 네 각의 크기의 합이 360°가 아니므로 잘못 잰 것입니다.

5-2 $90°+90°+㉠+㉡=360°$,
$180°+㉠+㉡=360°$,
$㉠+㉡=360°-180°=\mathbf{180°}$

5-3
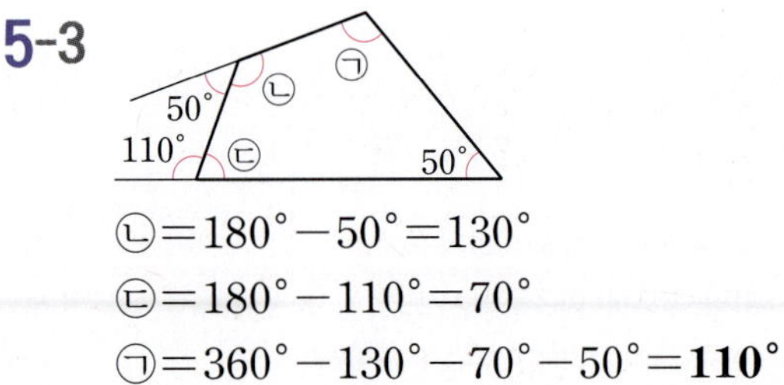

$㉡=180°-50°=130°$
$㉢=180°-110°=70°$
$㉠=360°-130°-70°-50°=\mathbf{110°}$

STEP 2 응용 유형 익히기 38~45쪽

응용 **1** 60°
예제 **1-1** 120°
예제 **1-2** 115°
응용 **2** ㉣, ㉠, ㉢
예제 **2-1** ㉣, ㉡, ㉠, ㉢
예제 **2-2** 74°
응용 **3** 75°
예제 **3-1** 165°
예제 **3-2** 150°
응용 **4** 4번
예제 **4-1** ㉡, ㉣, ㉤
예제 **4-2** 3시
응용 **5** 3개
예제 **5-1** 7개
예제 **5-2** 16개
응용 **6** 110°
예제 **6-1** 50
예제 **6-2** 20°
응용 **7** 50°
예제 **7-1** 44°
예제 **7-2** 119°
응용 **8** 120°
예제 **8-1** 140°
예제 **8-2** 15°

응용 **1** (1) 직각($=90°$)을 크기가 같은 6개의 각으로 나누었으므로 (각 ㄱㅇㄴ)$=90°÷6=15°$입니다.
(2) 각 ㄴㅇㅂ의 크기는 각 ㄱㅇㄴ의 크기의 4배이므로 $15°×4=$ **60°**입니다.

예제 **1-1** (각 ㄱㅊㄴ)$=360°÷9=40°$
➡ (각 ㄴㅊㅁ)$=40°×3=$ **120°**

예제 **1-2** (각 ㄷㅇㄹ)$=180°-160°=20°$
➡ (각 ㄴㅇㄷ)$=($각 ㄴㅇㄹ$)-($각 ㄷㅇㄹ$)$
$=135°-20°=$ **115°**

다른 풀이 (각 ㄱㅇㄴ)$=180°-135°=45°$
➡ (각 ㄴㅇㄷ)$=($각 ㄱㅇㄷ$)-($각 ㄱㅇㄴ$)$
$=160°-45°=115°$

응용 **2** (1) ㉠ $190°-25°=165°$
㉡ $90°+83°=173°$
㉢ $77°+54°=131°$
(2) $173°>165°>131°$이므로
㉡$>$㉠$>$㉢입니다.

예제 **2-1** 생각 열기 각도의 합과 차를 구한 후 비교합니다.
㉠ $155°-35°=120°$ ㉡ $86°+33°=119°$
㉢ $95°+26°=121°$ ㉣ $172°-58°=114°$
➡ $114°<119°<120°<121°$이므로
㉣$<$㉡$<$㉠$<$㉢입니다.

예제 **2-2** 생각 열기 ■, ★, ▲의 순서로 각도를 구합니다.
• ■$+80°=125°$, ■$=125°-80°$, ■$=45°$
• ■$+$■$=$★, $45°+45°=90°$, ★$=90°$
• ★$-16°=$▲, $90°-16°=74°$, ▲$=$ **74°**

응용 **3** 생각 열기 삼각자의 한 각은 $90°$입니다.

(1) 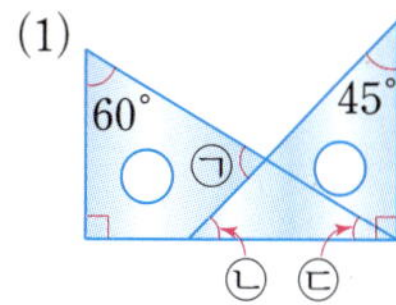
㉡$=180°-45°-90°$
$=45°$
㉢$=180°-60°-90°$
$=30°$

(2) 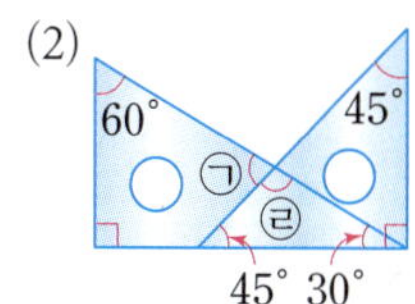
㉣$=180°-45°-30°$
$=105°$
㉠$=180°-105°$
$=$ **75°**

예제 **3-1** 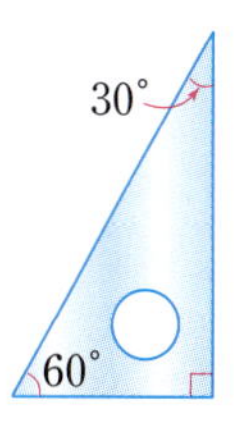
㉡$=180°-45°=135°$
㉢$=180°-135°-30°$
$=15°$
㉠$=180°-15°=$ **165°**

예제 **3-2** 생각 열기 두 삼각자의 세 각의 크기를 각각 알아봅니다.

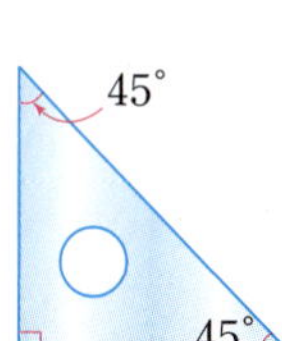

• 가장 큰 각도: $90°+90°=180°$
• 두 번째로 큰 각도: $60°+90°=$ **150°**

참고 두 삼각자를 이어 붙여서 만들 수 있는 각도는 다음과 같습니다.
$90°+90°=180°$, $60°+90°=150°$,
$45°+90°=135°$, $30°+90°=120°$,
$60°+45°=105°$, $30°+45°=75°$

응용 4

(1) 오전 8시 30분에서 7시간 후의 시각은 오후 3시 30분입니다.

(2) 오전 8시 30분과 오후 3시 30분 사이에서 정각인 시각을 구하면 9시, 10시, 11시, 12시, 1시, 2시, 3시입니다.

(3) • 9시, 3시: 직각
   • 10시, 11시, 1시, 2시: 예각 ⇨ **4번**

참고 시계의 긴바늘이 12를 가리킬 때의 시각은 '몇 시'이므로 정각인 시각을 나타냅니다.

예제 4-1

생각 열기 먼저 시각을 시계에 나타냅니다.

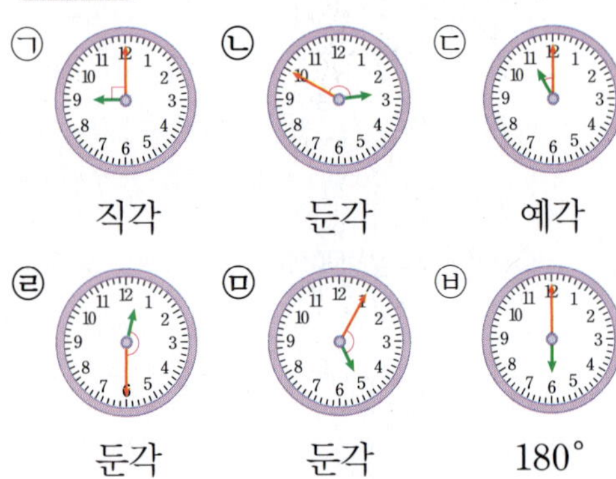

참고 시계가 9시를 가리킬 때 긴바늘과 짧은바늘이 이루는 작은 쪽의 각의 크기가 90°이므로 긴바늘과 짧은바늘이 이루는 작은 쪽의 각이 숫자 눈금 3칸보다 더 많이 벌어져 있으면 둔각입니다.

예제 4-2

해법 순서

① 정각인 시각 중 예각과 둔각인 시각을 각각 구합니다.

② ①의 시각 중 지금부터 1시간 전과 후의 시각을 각각 구합니다.

③ 지금 시각을 구합니다.

• 정각 중 예각: 10시, 11시, 1시, 2시
• 정각 중 둔각: 4시, 5시, 7시, 8시

지금부터 1시간 전 시각은 2시(예각),
지금부터 1시간 후 시각은 4시(둔각)입니다.
따라서 지금 시각은 **3시**입니다.

응용 5

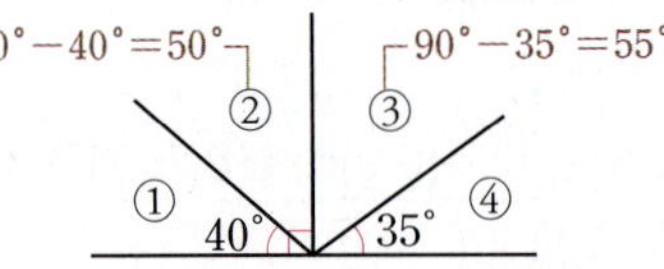

(1) ②+③ ⇨ 1개
(2) ①+②+③, ②+③+④ ⇨ 2개
(3) 1+2=**3(개)**

예제 5-1

생각 열기 각 1개, 2개로 이루어진 예각을 각각 찾아봅니다.

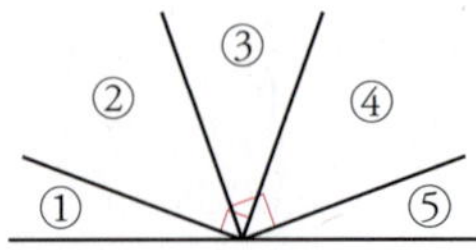

• 각 1개로 이루어진 예각:
  ①, ②, ③, ④, ⑤ → 5개
• 각 2개로 이루어진 예각:
  ①+②, ④+⑤ → 2개
⇨ 5+2=**7(개)**

주의 각 2개로 이루어진 ②+③, ③+④의 크기는 직각입니다.

예제 5-2

해법 순서

① 그림에서 나머지 두 각도(②, ④)를 구합니다.

② 각 1개, 2개로 이루어진 예각을 각각 찾아 예각은 모두 몇 개인지 구합니다.

③ 각 4개, 5개로 이루어진 둔각을 각각 찾아 둔각은 모두 몇 개인지 구합니다.

④ ②와 ③에서 구한 수의 합을 구합니다.

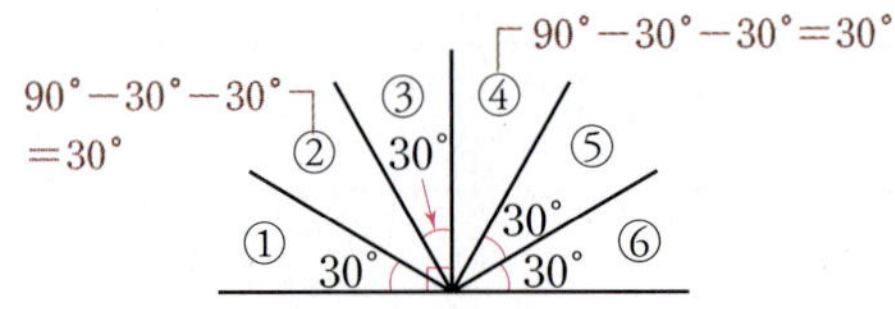

②와 ④의 각도는 30°입니다.

• 각 1개로 이루어진 예각:
  ①, ②, ③, ④, ⑤, ⑥ → 6개
  각 2개로 이루어진 예각:
  ①+②, ②+③, ③+④, ④+⑤, ⑤+⑥ → 5개
  → 예각은 모두 6+5=11(개)입니다.

• 각 4개로 이루어진 둔각:
  ①+②+③+④, ②+③+④+⑤, ③+④+⑤+⑥ → 3개
  각 5개로 이루어진 둔각:
  ①+②+③+④+⑤, ②+③+④+⑤+⑥ → 2개
  → 둔각은 모두 3+2=5(개)입니다.
⇨ 11+5=**16(개)**

응용 6

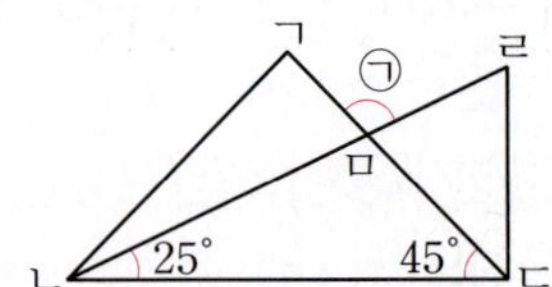

(1) (각 ㄴㅁㄷ)=180°−25°−45°=110°
(2) (각 ㄱㅁㄴ)=180°−110°=70°
(3) ㉠=180°−70°=**110°**

　다른 풀이　삼각형 ㅁㄴㄷ에서 삼각형 밖에 있는 각 ㄱㅁㄴ의 크기는 각 ㄴㅁㄷ을 제외한 나머지 두 각의 크기의 합과 같습니다.
(각 ㄱㅁㄴ)=25°+45°=70°
㉠=180°−70°=110°

예제 **6-1**　생각 열기　삼각형의 세 각의 크기의 합은 180°입니다.

해법 순서
① 각 ㄱㄹㅁ의 크기를 구합니다.
② 각 ㄴㄹㄷ의 크기를 구합니다.
③ 각 ㄹㄴㄷ의 크기를 구합니다.

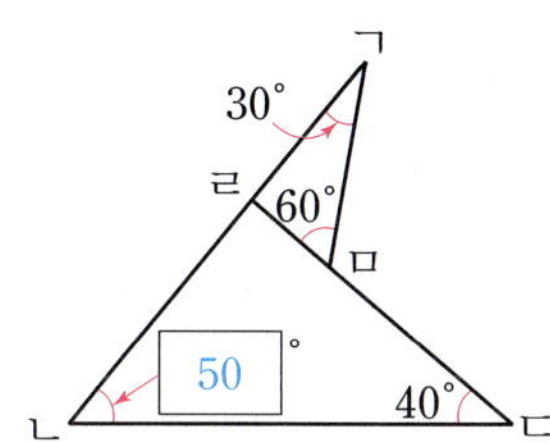

(각 ㄱㄹㅁ)=180°−30°−60°=90°
(각 ㄴㄹㄷ)=180°−90°=90°
➡ (각 ㄹㄴㄷ)=180°−90°−40°=**50°**

예제 **6-2**

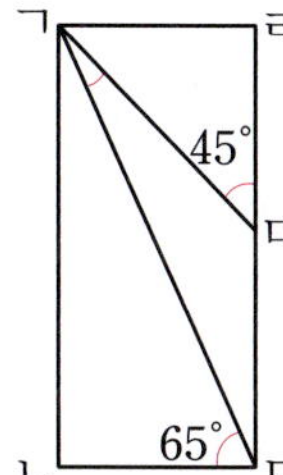

(각 ㄱㅁㄷ)=180°−45°=135°
(각 ㄱㄷㅁ)=90°−65°=25°
➡ (각 ㄷㄱㅁ)
　　사각형 ㄱㄴㄷㄹ은 직사각형입니다.
　　=180°−(각 ㄱㅁㄷ)
　　　−(각 ㄱㄷㅁ)
　　=180°−135°−25°=**20°**

　참고　직사각형은 네 각이 모두 직각(=90°)입니다.

응용 **7**

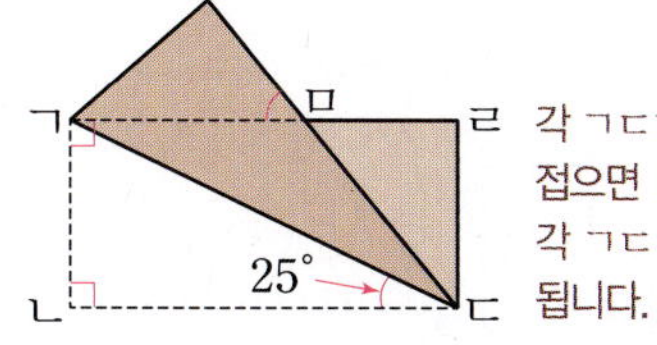

(1) (각 ㄱㄷㅁ)=(각 ㄱㄷㄴ)=25°
(2) (각 ㄴㄷㅁ)=25°+25°=50°
　(각 ㄱㅁㄷ)=360°−90°−90°−50°=130°
(3) (각 ㄱㅁㅂ)=180°−(각 ㄱㅁㄷ)
　　　　　　=180°−130°=**50°**

예제 **7-1**　해법 순서
① 각 ㅁㄱㄹ의 크기를 구합니다.
② 사각형 ㄱㅁㄷㄹ에서 각 ㄱㅁㄷ의 크기를 구합니다.
③ 각 ㄷㅁㅂ의 크기를 구합니다.

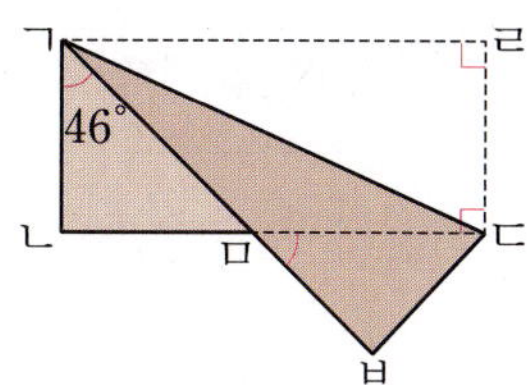

(각 ㅁㄱㄹ)=90°−46°=44°
사각형 ㄱㅁㄷㄹ에서
(각 ㄱㅁㄷ)=360°−44°−90°−90°=136°입니다.
➡ (각 ㄷㅁㅂ)=180°−136°=**44°**

예제 **7-2**　(각 ㄹㄷㅁ)=53°+29°=82°
(각 ㄹㄷㄴ)=180°−82°=98°
➡ (각 ㄱㄴㄷ)=360°−90°−53°−98°
　　　　　　=**119°**

응용 **8**

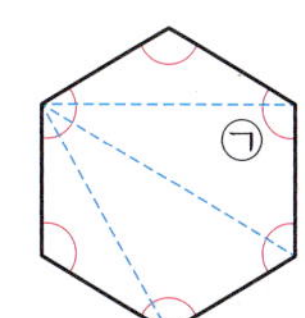

➡ 도형은 삼각형 4개로 나눌 수 있습니다.

(2) (도형 안에 있는 각 6개의 크기의 합)
　　=180°×(삼각형의 수)=180°×4=720°
(3) ㉠=720°÷6=**120°**

참고
(도형 안에 있는 모든 각의 크기의 합)
=180°×(도형을 가장 적은 수로 나눈 삼각형 수)

예제 **8-1**　생각 열기　도형을 가장 적은 수의 삼각형으로 나누어 도형 안에 있는 각 8개의 크기의 합을 구합니다.

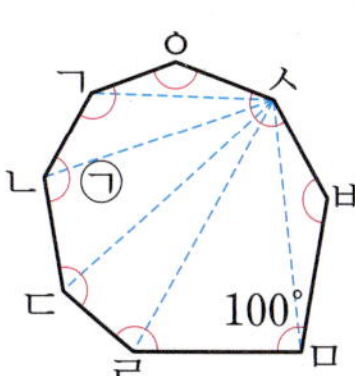

➡ 도형은 삼각형 6개로 나눌 수 있습니다.

(도형 안에 있는 각 8개의 크기의 합)
=180°×6=1080°
(각 ㄹㅁㅂ을 제외한 각 7개의 크기의 합)
=1080°−100°=980°
➡ ㉠=980°÷7=**140°**

예제 **8-2** 생각 열기 도형을 가장 적은 수의 삼각형으로 나누어 도형 안에 있는 각 6개의 크기의 합을 구합니다.

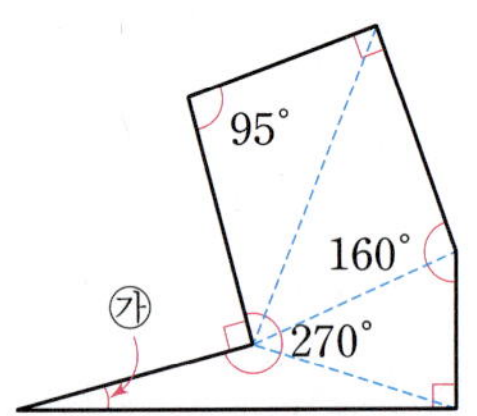

➡ 도형은 삼각형 4개로 나눌 수 있습니다.

(도형 안에 있는 각 6개의 크기의 합)
$=180°×4=720°$
㉮$=720°-95°-90°-160°-90°-270°$
$=15°$

③ STEP 응용 유형 뛰어넘기 46~51쪽

1 $25°$

2 ④

3 × ; 예 $180°×4=720°$에서 안쪽의 필요 없는 각의 합을 빼서 $720°-360°=360°$로 구해야 하기 때문입니다.

4 동원

5 $135°$

6 $86°$

7 10시

8 예 (각 ㅁㄹㄷ)$=180°-75°=105°$
따라서 삼각형 ㄹㅁㄷ에서
(각 ㄹㅁㄷ)$=180°-105°-23°=52°$입니다.
; $52°$

9 $270°$

10 예 둔각은 각도가 직각보다 크고 $180°$보다 작은 각이므로 각 ㄱㄴㄹ입니다.
(각 ㄱㄴㄷ)$=180°-50°-90°=40°$
(각 ㄱㄴㄹ)$=20°$
따라서 삼각형 ㄱㄴㄹ에서
(각 ㄱㄹㄴ)$=180°-50°-20°=110°$입니다.
; $110°$

11 60

12 $75°$, $70°$, $35°$

13 $60°$

14 $34°$

15 $280°$

16 $55°$

17 $88°$

18 $24°$

---

1 세 각 중에서 각 ㄱㄷㄴ의 크기가 가장 작습니다. 따라서 각도기의 중심과 점 ㄷ을 맞추고 각도기의 밑금과 변 ㄴㄷ을 맞추어 각도를 재어 보면 **25°**입니다.

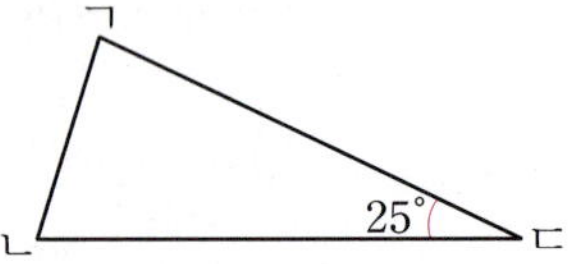

참고 각의 변이 적게 벌어질수록 각의 크기가 작습니다.

2 생각 열기 삼각형의 세 각의 크기의 합이 $180°$임을 이용하여 나머지 한 각의 크기를 구합니다.
나머지 한 각의 크기를 구하면
① $100°$, ② $95°$, ③ $110°$, ④ $70°$, ⑤ $105°$입니다.
➡ 각도가 $0°$보다 크고 직각보다 작은 각을 찾으면 ④ $70°$입니다.

3 서술형 가이드 답을 구하고 $720°$에서 $360°$를 빼서 사각형의 네 각의 크기의 합이 $360°$라는 이유를 써야 합니다.

채점기준		
답을 구하고 이유를 바르게 씀.	상
답은 구했지만 이유를 쓰지 못함.	중
답을 구하지 못하고 이유도 쓰지 못함.	하

4 모든 사각형의 네 각의 크기의 합은 $360°$로 같습니다.

5 피자를 크기가 같은 8개의 조각으로 나누었으므로
(가장 작은 각의 크기)$=360°÷8=45°$입니다.
➡ ㉠$=45°×3=$**135°**

6 해법 순서
① 사각형 ㄱㄴㄷㄹ에서 각 ㄹㄷㄴ의 크기를 구합니다.
② 사각형 ㅅㄷㅁㅂ에서 각 ㅅㄷㅁ의 크기를 구합니다.
③ 각 ㄹㄷㅅ의 크기를 구합니다.
(각 ㄹㄷㄴ)$=360°-90°-90°-120°=60°$
(각 ㅅㄷㅁ)$=360°-130°-114°-82°=34°$
➡ (각 ㄹㄷㅅ)$=180°-60°-34°=$**86°**

7 해법 순서
① 정각인 시각 중에서 긴바늘과 짧은바늘이 이루는 작은 쪽의 각이 예각인 경우를 찾습니다.
② 시각의 차가 4시간인 두 시각을 찾습니다.
③ 아버지의 시계가 가리키는 시각을 구합니다.
정각 중에서 예각인 시각은 10시, 11시, 1시, 2시입니다. 이 중 4시간 차이가 나는 시각은 10시와 2시이고 아버지의 시계가 가리키는 시각(몰디브의 시각)은 지후의 시계가 가리키는 시각(우리나라의 시각)보다 4시간 늦으므로 아버지의 시계는 **10시**를 가리킵니다.

참고 (우리나라의 시각)$=$(몰디브의 시각)$+4$시간

8 서술형 가이드 삼각형의 세 각의 크기의 합은 180°, 직선은 180°임을 이용하여 각 ㄹㅁㄷ의 크기를 구하는 풀이 과정이 들어 있어야 합니다.

채점 기준		
삼각형의 세 각의 크기의 합은 180°, 직선은 180°임을 이용하여 답을 구함.	상
삼각형의 세 각의 크기의 합은 180°, 직선은 180°임을 이용했지만 계산 과정에서 실수하여 답이 틀림.	중
삼각형의 세 각의 크기의 합은 180°, 직선은 180°임을 알지 못해 답을 구하지 못함.	하

9 시계가 3시를 가리킬 때 긴바늘과 짧은바늘이 이루는 작은 쪽의 각의 크기가 90°이므로 숫자 눈금 3칸의 각도는 90°입니다.

⇨ (숫자 눈금 한 칸의 각도)$=90°÷3=30°$

4시를 나타내는 시계의 각도는 $30°×4=120°$이고,

7시를 나타내는 시계의 각도는 $30°×5=150°$입니다.

⇨ $120°+150°=$**270°**

10 서술형 가이드 둔각을 찾고 삼각형의 세 각의 크기의 합을 이용하여 둔각의 크기를 구하는 풀이 과정이 들어 있어야 합니다.

채점 기준		
둔각을 찾고 둔각의 크기를 구함.	상
둔각은 찾았지만 둔각의 크기를 구하지 못함.	중
둔각을 찾지 못함.	하

참고 ・예각: 각도가 0°보다 크고 직각보다 작은 각
・둔각: 각도가 직각보다 크고 180°보다 작은 각

11

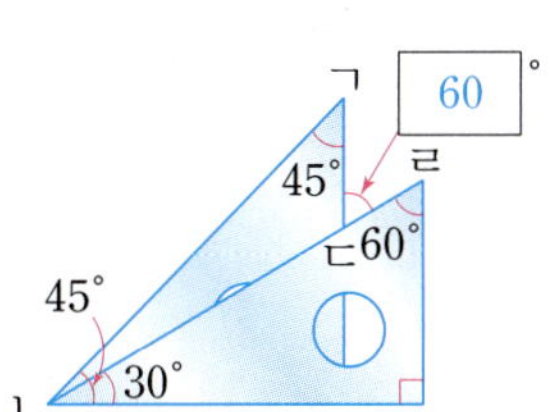

(각 ㄱㄴㄷ)$=45°-30°=15°$

삼각형 ㄱㄴㄷ에서

(각 ㄱㄷㄴ)$=180°-45°-15°=120°$입니다.

⇨ (각 ㄱㄷㄹ)$=180°-120°=$**60°**

참고 두 삼각자의 각의 크기는 다음과 같습니다.

30°, 60°, 90°	45°, 45°, 90°

12 ㈀$=$㈐$+40°$이고 ㈁$=$㈐$+35°$입니다.

삼각형의 세 각의 크기의 합은 180°이므로

㈀$+$㈁$+$㈐$=180°$입니다.

㈀$+$㈁$+$㈐$=$㈐$+40°+$㈐$+35°+$㈐$=180°$,

㈐$+$㈐$+$㈐$+75°=180°$, ㈐$×3=105°$,

㈐$=105°÷3=$**35°**

⇨ ㈀$=35°+40°=$**75°**, ㈁$=35°+35°=$**70°**

13 삼각형 ㄱㄴㄷ에서

(각 ㄴㄱㄷ)$=180°-30°-30°=120°$입니다.

(각 ㄴㄱㄷ)$=$(각 ㄹㄱㅁ)$×4=120°$이므로

(각 ㄹㄱㅁ)$=120°÷4=30°$입니다.

⇨ (각 ㄱㄹㅁ)$=180°-30°-90°=$**60°**

14

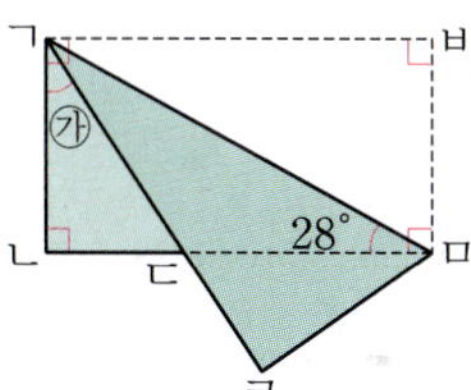

(각 ㄱㅁㅂ)$=90°-28°=62°$

삼각형 ㅁㄱㅂ에서

(각 ㅁㄱㅂ)$=180°-90°-62°=28°$입니다.

(각 ㄹㄱㅁ)$=$(각 ㅁㄱㅂ)$=28°$

⇨ ㉮$=90°-28°-28°=$**34°**

15

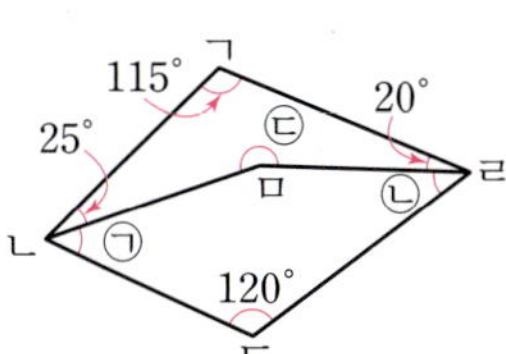

사각형 ㄱㄴㅁㄹ에서

㈐$=360°-115°-25°-20°=200°$입니다.

사각형 ㄱㄴㄷㄹ에서

㈀$+$㈁$=360°-115°-25°-120°-20°=80°$입니다.

⇨ ㈀$+$㈁$+$㈐$=80°+200°=$**280°**

16

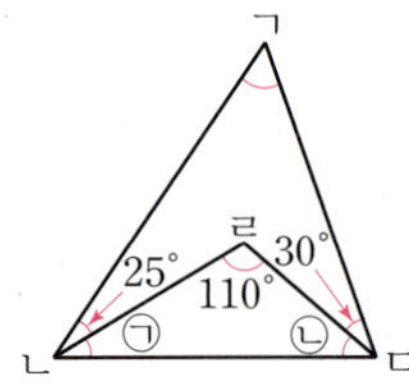

삼각형 ㄹㄴㄷ에서
㉠+㉡=$180°-110°=70°$입니다.
삼각형 ㄱㄴㄷ에서
(각 ㄴㄱㄷ)$+25°+$㉠$+30°+$㉡$=180°$,
(각 ㄴㄱㄷ)$+25°+30°+70°=180°$입니다.
➪ (각 ㄴㄱㄷ)$=180°-25°-30°-70°=$**55°**

17 생각 열기 삼각형 ㄱㄴㅁ에서 각 ㄱㄴㅁ과 각 ㄴㄱㅁ의 크기를 각각 구한 다음 $180°$에서 두 각의 크기를 빼면 각 ㄱㅁㄴ의 크기를 구할 수 있습니다.

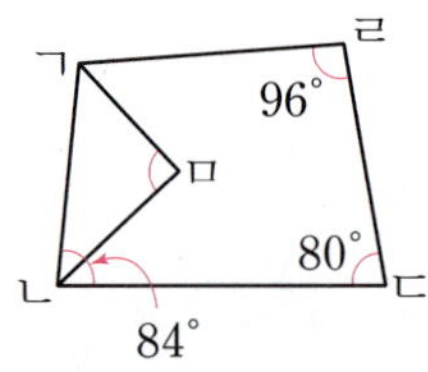

사각형 ㄱㄴㄷㄹ에서
(각 ㄹㄱㄴ)$=360°-96°-80°-84°=100°$입니다.
(각 ㄴㄱㅁ)$=$(각 ㄹㄱㅁ)$=100°÷2=50°$
(각 ㄱㄴㅁ)$=$(각 ㅁㄴㄷ)$=84°÷2=42°$
삼각형 ㄱㄴㅁ에서
(각 ㄱㅁㄴ)$=180°-42°-50°=$**88°**입니다.

18 해법 순서
① 각각의 도형에서 한 각의 크기를 구합니다.
② ㉮의 각도를 구합니다.

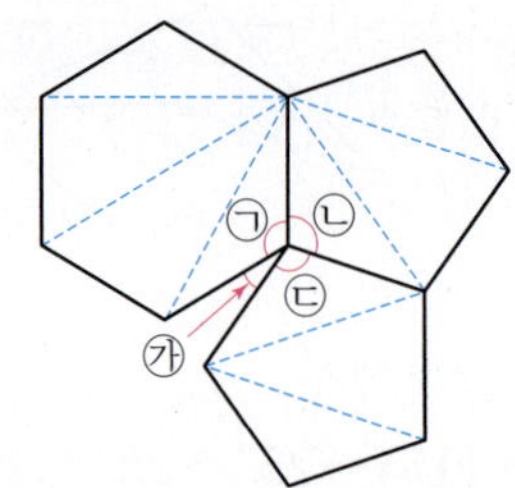

• $180°×4=720°$ ➪ ㉠$=720°÷6=120°$
• $180°×3=540°$ ➪ ㉡$=$㉢$=540°÷5=108°$
따라서 ㉮$+$㉠$+$㉡$+$㉢$=360°$이므로
㉮$=360°-120°-108°-108°=$**24°**입니다.

---

1 2, 1, 3　　　**2** 50
3 예 120 ; 120　　　**4** 둔각
5 ㉡, ㉩, ㉮
6 (1) 155° (2) 160° (3) 35° (4) 115°
7 예 삼각형의 세 각의 크기의 합은 $180°$입니다.
　　따라서 나머지 한 각의 크기는
　　$180°-63°-76°=41°$입니다. ; 41°
8 30°　　　**9** 45°
10 40　　　**11** 55
12 180°　　　**13** =
14 ㉠ ; 예 ㉠은 삼각형인데 세 각의 크기의 합이
　　$180°$가 아니기 때문입니다.
15 100°　　　**16** 15°
17 65°　　　**18** 2개
19 예 (각 ㄱㄴㄷ)$=180°-130°=50°$
　　삼각형 ㄹㄴㄷ에서
　　(각 ㄹㄷㄴ)$=180°-120°-35°=25°$입니다.
　　(각 ㄱㄷㄴ)$=20°+25°=45°$
　　삼각형 ㄱㄴㄷ에서
　　(각 ㄴㄱㄷ)$=180°-50°-45°=85°$입니다.
　　; 85°
20 50

---

1 각의 변이 많이 벌어질수록 각의 크기가 큽니다.

2 각의 한 변이 바깥쪽 눈금 0에 맞춰져 있으므로 바깥쪽 눈금 **50**을 읽습니다.

3 직각($=90°$)을 이용하여 각도를 어림해 봅니다.

4 각도가 직각보다 크고 $180°$보다 작은 각이므로 **둔각**입니다.

5 각도가 $0°$보다 크고 직각보다 작은 각을 찾으면 ㉡ 68°, ㉩ 44°, ㉮ 70°입니다.
참고 • ㉠ 156°, ㉢ 95° : 둔각
• ㉣ 90° : 직각

6 (1) $85+70=155$ ➪ $85°+70°=$**155°**
(2) $40+120=160$ ➪ $40°+120°=$**160°**
(3) $95-60=35$ ➪ $95°-60°=$**35°**
(4) $170-55=115$ ➪ $170°-55°=$**115°**

7 서술형 가이드 삼각형의 세 각의 크기의 합이 $180°$임을 이용하여 나머지 한 각의 크기를 구하는 풀이 과정이 들어 있어야 합니다.

채점 기준	$180°$에서 주어진 두 각의 크기를 빼서 답을 구함.	상
	$180°$에서 주어진 두 각의 크기를 빼는 것은 알았지만 계산 과정에서 실수하여 답이 틀림.	중
	삼각형의 세 각의 크기의 합이 $180°$임을 알지 못해 답을 구하지 못함.	하

8 각 ㄴㅂㄷ이 크기가 가장 작은 각이므로 각도기로 재어 보면 **30°**입니다.

9 삼각형의 세 각의 크기의 합은 $180°$이므로
㉠$=180°-105°-30°=$**45°**입니다.

10 삼각형의 세 각의 크기의 합은 $180°$이므로
□$=180°-80°-60°=$**40°**입니다.

11 사각형의 네 각의 크기의 합은 $360°$이므로
□$=360°-105°-110°-90°=$**55°**입니다.

12 $90°+90°+$㉠$+$㉡$=360°$, $180°+$㉠$+$㉡$=360°$,
㉠$+$㉡$=360°-180°=$**180°**

13 $45°+135°=180°$ ☰ $275°-95°=180°$

14 ㉠ $45°+90°+30°=\underline{165°}$ ← $180°$가 아닙니다.
㉡ $60°+120°+120°+60°=360°$

서술형 가이드 각도기를 이용하여 각각의 각도를 재어 알아보거나 삼각형의 세 각의 크기의 합과 사각형의 네 각의 크기의 합을 이용하여 알아볼 수 있습니다.

채점 기준	각도가 잘못된 도형을 찾고 이유를 바르게 씀.	상
	각도가 잘못된 도형은 찾았지만 이유를 쓰지 못함.	중
	각도가 잘못된 도형을 찾지 못하고 이유도 쓰지 못함.	하

15 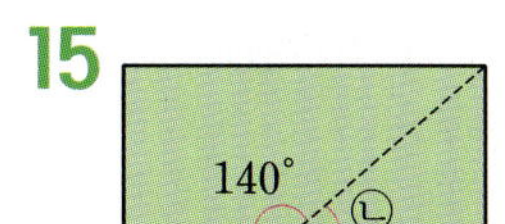 ⇨ 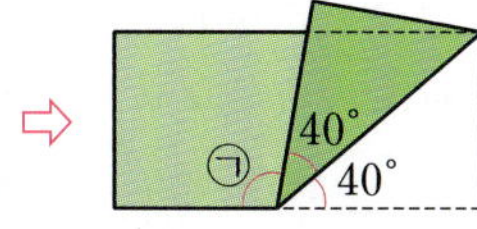
㉡$=180°-140°=40°$
㉠$=180°-40°-40°=$**100°**

16 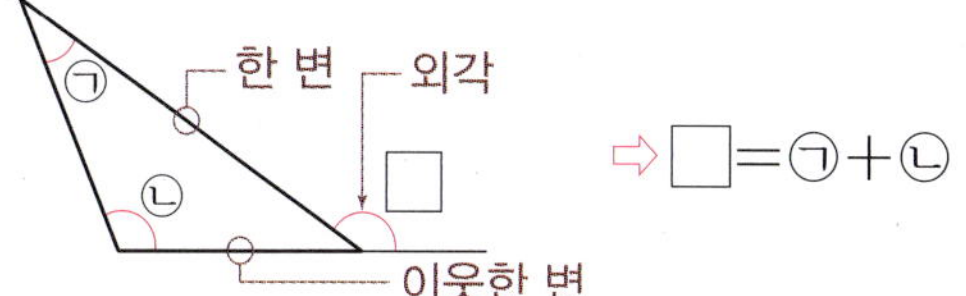
㉢$=180°-90°-45°=45°$
㉠$=180°-45°=135°$
㉣$=180°-30°-90°=60°$
㉡$=180°-60°=120°$
⇨ ㉠$-$㉡$=135°-120°=$**15°**

다른 풀이 ㉠$=90°+45°=135°$,
㉡$=30°+90°=120°$
⇨ ㉠$-$㉡$=135°-120°=15°$

참고 도형의 한 꼭짓점에서 한 변과 그 이웃한 변을 연장한 변이 이루는 각을 외각이라고 합니다.
삼각형에서 한 꼭짓점에서의 외각의 크기는 다른 두 꼭짓점의 각도의 합과 같습니다.

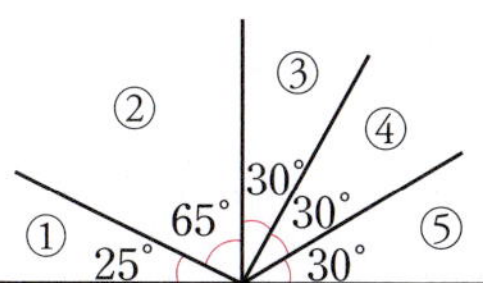

17 • ㉠$+$㉠$+$㉠$=150°$
⇨ ㉠$×3=150°$, ㉠$=150°÷3=50°$
• ㉡$+$㉡$=160°$
⇨ ㉡$×2=160°$, ㉡$=160°÷2=80°$
• ㉢$+$㉢$=$㉠$+$㉡$=50°+80°=130°$
⇨ ㉢$×2=130°$, ㉢$=130°÷2=65°$

18
• 각 1개로 이루어진 예각: ①, ②, ③, ④, ⑤ → 5개
각 2개로 이루어진 예각: ③$+$④, ④$+$⑤ → 2개
→ $5+2=7$(개)
• 각 2개로 이루어진 둔각: ②$+$③ → 1개
각 3개로 이루어진 둔각:
①$+$②$+$③, ②$+$③$+$④ → 2개
각 4개로 이루어진 둔각:
①$+$②$+$③$+$④, ②$+$③$+$④$+$⑤ → 2개
→ $1+2+2=5$(개)
⇨ $7-5=$**2(개)**

19 서술형 가이드 삼각형의 세 각의 크기의 합이 180°임을 이용하여 각 ㄴㄱㄷ의 크기를 구하는 풀이 과정이 들어 있어야 합니다.

채점 기준	삼각형의 세 각의 크기의 합이 180°임을 이용하여 답을 구함.	상
	삼각형의 세 각의 크기의 합이 180°임을 알았지만 답을 구하지 못함.	중
	삼각형의 세 각의 크기의 합이 180°임을 알지 못해 답을 구하지 못함.	하

20 생각 열기 도형을 가장 적은 수의 삼각형으로 나누어 도형 안에 있는 각 5개의 크기의 합을 구합니다.

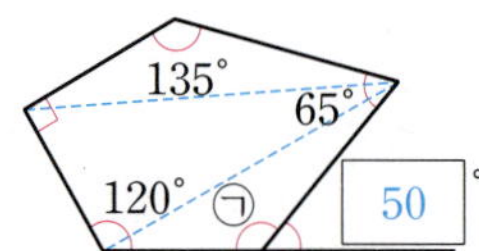

⇨ 도형은 삼각형 3개로 나눌 수 있습니다.

(도형 안에 있는 각 5개의 크기의 합)
$=180° \times 3 = 540°$
$\bigcirc = 540° - 135° - 90° - 120° - 65° = 130°$
$\square = 180° - 130° = \mathbf{50°}$

창의 사고력   **56쪽**

① 예
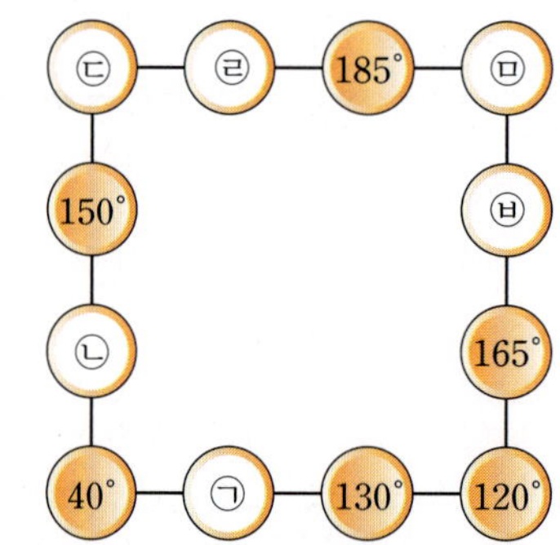

; 108°, 135°, 162°

②

90° — 40° — 185° — 45°
150°   30°
80°   165°
40° — 70° — 130° — 120°

---

① 생각 열기 27°인 각도를 몇 번 더하면 둔각이 되는지 알아봅니다.

$27° + 27° = 54°$,
$27° + 27° + 27° = 81°$,
$27° + 27° + 27° + 27° = \underline{\mathbf{108°}}$,
               둔각
$27° + 27° + 27° + 27° + 27° = \underline{\mathbf{135°}}$,
                   둔각
$27° + 27° + 27° + 27° + 27° + 27° = \underline{\mathbf{162°}}$,
                      둔각
$27° + 27° + 27° + 27° + 27° + 27° + 27° = 189°$

② 생각 열기 사각형의 네 각의 크기의 합은 360°입니다.

ㄷ — ㄹ — 185° — ㅁ
150°   ㅂ
ㄴ   165°
40° — ㄱ — 130° — 120°

$\bigcirc = 360° - 40° - 130° - 120° = \mathbf{70°}$
$\bigcirc + \bigcirc = 360° - 150° - 40° = 170°$
(ㄴ, ㄷ)은 (90°, 80°) 또는 (80°, 90°)입니다.
→ ㄴ=90°, ㄷ=80°이면
   ㄹ+ㅁ=360°−80°−185°=95°인데 합이 95° 인 두 각도가 •보기•에 없습니다.
   ㄴ=**80°**, ㄷ=**90°**이면
   ㄹ+ㅁ=360°−90°−185°=85°인데 합이 85° 인 두 각도를 •보기•에서 찾으면 40°, 45°입니다.
(ㄹ, ㅁ)은 (40°, 45°) 또는 (45°, 40°)입니다.
→ ㄹ=**40°**, ㅁ=**45°**이면
   ㅂ=360°−45°−165°−120°=**30°**인데
   •보기•에 30°가 있으므로 맞습니다.
   ㄹ=45°, ㅁ=40°이면
   ㅂ=360°−40°−165°−120°=35°인데
   •보기•에 35°가 없습니다.

3. 곱셈과 나눗셈

STEP 1 기본 유형 익히기 60∼63쪽

1-1 (1) 27280 (2) 24000
1-2 400×40에 ◯표   **1-3** >
1-4 혜지   **1-5** 2500원
1-6 예 • 50원짜리 동전의 금액:
　　　50×146=7300(원)
　　• 500원짜리 동전의 금액:
　　　500×20=10000(원)
　　⇨ 7300+10000=17300(원) ; 17300원

2-1 17010

2-2
$$\begin{array}{r} 6\ 1\ 9 \\ \times\ \ \ 7\ 4 \\ \hline 2\ 4\ 7\ 6 \\ 4\ 3\ 3\ 3\ \ \\ \hline 4\ 5\ 8\ 0\ 6 \end{array}$$

2-3 3645개   **2-4** ㉠
2-5 예 귤을 한 상자에 158개씩 45상자에 담았습니
　　다. 귤은 모두 몇 개입니까?
　　; 158×45=7110 ; 7110개
2-6 95040원   **2-7** 4380번
3-1 (1) 4…2 ; 13×4=52, 52+2=54
　　(2) 3…6 ; 27×3=81, 81+6=87
3-2 <   **3-3** 3쌈
4-1 (1) 5…6 ; 70×5=350, 350+6=356
　　(2) 4…7 ; 60×4=240, 240+7=247
4-2 [선잇기]   **4-3** 9 kg
5-1 14
5-2 (위에서부터) 18, 23 ; 33, 11
5-3 8묶음, 5권   **5-4** 2 cm
5-5 38
5-6 예 전체 색종이의 수를 □장이라 하면
　　□÷24=34…9입니다.
　　24×34=816, 816+9=825이므로
　　□=825입니다.
　　⇨ 색종이 825장을 42명이 똑같이 최대한 많
　　이 나누어 가지면 825÷42=19…27이
　　므로 27장이 남습니다. ; 27장

1-1

　　　　　　0이 1개　　　　　　　　0이 3개
(1) 682×40=**27280**　　(2) 300×80=**24000**
　　682×4=2728　　　　　3×8=24

1-2 생각 열기 (몇백)×(몇십)을 계산할 때는 (몇)×(몇)의 값
에 두 수의 0의 개수만큼 0을 붙입니다.
600×30=18000
90×200=18000
400×40=16000
⇨ 곱이 다른 하나는 **400×40**입니다.

1-3 700×70=49000
50×900=45000
⇨ 49000>45000

1-4 생각 열기 (세 자리 수)×(몇십)의 값은
(세 자리 수)×(몇)의 값의 10배입니다.
• 미희:　　• 경수:　　• 혜지:
$$\begin{array}{r} 4\ 1\ 7 \\ \times\ \ 7\ 0 \\ \hline 2\ 9\ 1\ 9\ 0 \end{array} \qquad \begin{array}{r} 3\ 8\ 2 \\ \times\ \ 9\ 0 \\ \hline 3\ 4\ 3\ 8\ 0 \end{array} \qquad \begin{array}{r} 6\ 5\ 9 \\ \times\ \ 8\ 0 \\ \hline 5\ 2\ 7\ 2\ 0 \end{array}$$
⇨ 잘못 계산한 사람은 **혜지**입니다.

1-5 (과자 50봉지의 값)=950×50=47500(원)
⇨ (거스름돈)=(낸 돈)−(과자 50봉지의 값)
　　　　　　=50000−47500=**2500(원)**

1-6 서술형 가이드 50원짜리 동전과 500원짜리 동전의 금
액을 각각 구한 다음 두 금액의 합을 구하는 풀이 과정
이 들어 있어야 합니다.

채점기준		
50원짜리 동전과 500원짜리 동전의 금액을 각각 구하고 합을 계산하여 답을 구함.	상
50원짜리 동전과 500원짜리 동전의 금액을 구하는 곱셈식을 세웠지만 답을 구하지 못함.	중
50원짜리 동전과 500원짜리 동전의 금액을 구하지 못해 답을 구하지 못함.	하

2-1
$$\begin{array}{r} 3\ 7\ 8 \\ \times\ \ 4\ 5 \quad\leftarrow 40+5 \\ \hline 1\ 8\ 9\ 0 \quad\leftarrow 378\times5 \\ 1\ 5\ 1\ 2\ \ \quad\leftarrow 378\times40 \\ \hline 1\ 7\ 0\ 1\ 0 \end{array}$$

참고 • (세 자리 수)×(두 자리 수)의 계산
① 세 자리 수와 두 자리 수의 일의 자리 수를 곱합
　　니다.
② 세 자리 수와 두 자리 수의 십의 자리 수를 곱합
　　니다.
③ 두 곱셈(①, ②)의 계산 결과를 더합니다.

2-2

$$
\begin{array}{r}
6\,1\,9 \\
\times\quad 7\,4 \\
\hline
2\,4\,7\,6 \\
4\,3\,3\,3 \\
\hline
6\,8\,0\,9
\end{array}
\qquad\Rightarrow\qquad
\begin{array}{r}
6\,1\,9 \\
\times\quad 7\,4 \\
\hline
2\,4\,7\,6 \\
4\,3\,3\,3 \\
\hline
4\,5\,8\,0\,6
\end{array}
$$

$\leftarrow 70+4$
$\leftarrow 619\times4$
$\leftarrow 619\times70$

곱하는 수인 74에서 7은 십의 자리 수이므로 세로 계산에서 619×7을 계산할 때는 619×70으로 생각하여 자리를 맞추어 써야 합니다.

2-3 (한 상자에 들어 있는 오이의 수)×(상자의 수)
$=135\times27=\textbf{3645(개)}$

2-4
㉠
$$
\begin{array}{r}
7\,2\,9 \\
\times\quad 6\,5 \\
\hline
3\,6\,4\,5 \\
4\,3\,7\,4 \\
\hline
4\,7\,3\,8\,5
\end{array}
$$
㉡
$$
\begin{array}{r}
8\,5\,4 \\
\times\quad 5\,3 \\
\hline
2\,5\,6\,2 \\
4\,2\,7\,0 \\
\hline
4\,5\,2\,6\,2
\end{array}
$$

$\Rightarrow$ $47385>45262$이므로 ㉠>㉡입니다.
$\underline{7>5}$

2-5 (한 상자에 담은 귤의 수)×(상자의 수)
$=158\times45=\textbf{7110(개)}$

> **서술형 가이드** 생활 속 소재를 이용하여 158×45를 계산하는 문제를 만들고 식을 세워 답을 구해야 합니다.

채점 기준		
알맞은 문제를 만들고 식과 답을 구함.	상
알맞은 문제는 만들었지만 식과 답을 구하지 못함.	중
알맞은 문제를 만들지 못함.	하

2-6 **해법 순서**
① 864가구가 한 등 끄기로 하루 동안 절약한 전기 요금을 구합니다.
② 864가구가 플러그 뽑기로 하루 동안 절약한 전기 요금을 구합니다.
③ ①과 ②에서 구한 요금의 합을 구합니다.
(864가구가 한 등 끄기로 하루 동안 절약한 전기 요금)
$=864\times45=38880(원)$
(864가구가 플러그 뽑기로 하루 동안 절약한 전기 요금)$=864\times65=56160(원)$
$\Rightarrow$ (864가구가 하루 동안 절약한 전기 요금)
$=38880+56160=\textbf{95040(원)}$

2-7 하루는 24시간이고 두 시간마다 종을 한 번씩 울리므로 하루 동안 종을 12번 울립니다.
$\Rightarrow$ (1년 동안 울리는 종의 수)
$=$(1년의 날수)×(하루 동안 울리는 종의 수)
$=365\times12=\textbf{4380(번)}$

3-1 (1)
$$
\begin{array}{r}
4 \\
13\,)\overline{5\,4} \\
5\,2 \\
\hline
2
\end{array}
$$
확인 $13\times4=52,$ $52+2=54$

(2)
$$
\begin{array}{r}
3 \\
27\,)\overline{8\,7} \\
8\,1 \\
\hline
6
\end{array}
$$
확인 $27\times3=81,$ $81+6=87$

3-2 $65\div20=3\cdots5,\ 97\div30=3\cdots7$
$\Rightarrow$ 나머지의 크기를 비교하면 $5<7$입니다.

3-3 $72\div24=\textbf{3(쌈)}$

4-1 (1)
$$
\begin{array}{r}
5 \\
70\,)\overline{3\,5\,6} \\
3\,5\,0 \\
\hline
6
\end{array}
$$
확인 $70\times5=350,$ $350+6=356$

(2)
$$
\begin{array}{r}
4 \\
60\,)\overline{2\,4\,7} \\
2\,4\,0 \\
\hline
7
\end{array}
$$
확인 $60\times4=240,$ $240+7=247$

4-2
• $276\div80=3\cdots36$ • $738\div90=8\cdots18$
• $318\div50=6\cdots18$ • $396\div40=9\cdots36$

4-3 **해법 순서**
① 전체 밀가루의 양을 구합니다.
② 한 봉지에 담는 밀가루의 양을 구합니다.
(전체 밀가루의 양)$=240+210=450\,(kg)$
$\Rightarrow$ (한 봉지에 담는 밀가루의 양)
$=450\div50=\textbf{9\,(kg)}$

5-1
$$
\begin{array}{r}
1\,4 \\
56\,)\overline{7\,8\,4} \\
5\,6 \\
\hline
2\,2\,4 \\
2\,2\,4 \\
\hline
0
\end{array}
$$
$\leftarrow 56\times10$
$\leftarrow 784-560$
$\leftarrow 56\times4$
$\leftarrow 224-224$

> **참고** ■▲●$\div$★◆
> • ■▲$<$★◆이면 몫이 한 자리 수
> • ■▲$>$★◆ 또는 ■▲$=$★◆이면 몫이 두 자리 수

5-2

$$
\begin{array}{r}
18 \\
25\,)\overline{473} \\
25 \\
\hline
223 \\
200 \\
\hline
23
\end{array}
\qquad
\begin{array}{r}
33 \\
14\,)\overline{473} \\
42 \\
\hline
53 \\
42 \\
\hline
11
\end{array}
$$

확인 $25 \times 18 = 450,$
$450 + 23 = 473$

확인 $14 \times 33 = 462,$
$462 + 11 = 473$

5-3 (전체 공책의 수)÷(한 묶음의 공책의 수)
＝(묶음의 수)…(남는 공책의 수)
⇨ $125 \div 15 = 8 \cdots 5$
　　묶음의 수 ⌐　　⌐ 남는 공책의 수

5-4 해법 순서
① 정사각형 1개를 만드는 데 사용한 철사의 길이를 구합니다.
② 정사각형의 한 변의 길이를 구합니다.
(정사각형 1개를 만드는 데 사용한 철사의 길이)
＝$256 \div 32 = 8$ (cm)
⇨ (정사각형의 한 변의 길이)＝$8 \div 4 = 2$ (cm)
참고 정사각형은 네 변의 길이가 모두 같습니다.

5-5 생각 열기 몫이 크려면 나누어지는 수는 크고 나누는 수는 작아야 합니다.
① 가장 큰 세 자리 수를 만들어 봅니다.
② 가장 작은 두 자리 수를 만들어 봅니다.
③ ①의 수를 ②의 수로 나누었을 때의 몫을 구합니다.
$8 > 7 > 4 > 3 > 2$
• 가장 큰 세 자리 수: 큰 수부터 차례로 쓰면 874입니다.
• 가장 작은 두 자리 수: 작은 수부터 차례로 쓰면 23입니다.
⇨ $874 \div 23 = 38$
참고 큰 수를 만들 때에는 높은 자리부터 큰 수를 차례로 놓고, 작은 수를 만들 때에는 높은 자리부터 작은 수를 차례로 놓습니다.

5-6 서술형 가이드 계산 결과 확인하는 방법을 이용하여 전체 색종이의 수를 구하고 나눗셈을 이용하여 남는 색종이의 수를 구하는 풀이 과정이 들어 있어야 합니다.

채점 기준		
전체 색종이의 수를 구하고 답을 구함.	상
전체 색종이의 수는 구했지만 답을 구하지 못함.	중
전체 색종이의 수를 구하지 못해 답을 구하지 못함.	하

응용 **1** 35000
예제 **1-1** 12000
예제 **1-2** 330
응용 **2** 지우개, 15개
예제 **2-1** 17417개
예제 **2-2** 1353권
응용 **3** 22698
예제 **3-1** 19700
예제 **3-2** 33075
응용 **4** 449
예제 **4-1** 239
예제 **4-2** 629
응용 **5** 6개
예제 **5-1** 15개
예제 **5-2** 7번
응용 **6** 3, 22
예제 **6-1** 2, 23
예제 **6-2** $\boxed{9}\,\boxed{7} \div \boxed{1}\,\boxed{2} = 8 \cdots 1$
응용 **7** 9, 1
예제 **7-1** 9, 7
예제 **7-2** 9대, 11명
응용 **8** 4
예제 **8-1** 2
예제 **8-2**

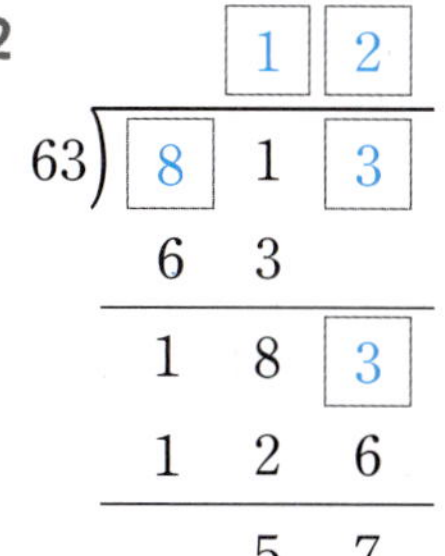

$$
\begin{array}{r}
\boxed{1}\ \boxed{2} \\
63\,)\overline{8\ \boxed{1}\ 3} \\
6\ 3 \\
\hline
1\ 8\ \boxed{3} \\
1\ 2\ 6 \\
\hline
5\ 7
\end{array}
$$

응용 **1**
(1) $200 \times \square = 14000 \Rightarrow 2 \times \square = 140,\ \square = 70$
(2) $500 \times 70 = \mathbf{35000}$

예제 **1-1**
$4 \times 2 = 8 \rightarrow 40 \times 200 = 8000$이므로
상자에 수를 넣으면 200이 곱해집니다.
따라서 이 상자에 60을 넣으면
$60 \times 200 = \mathbf{12000}$이 나옵니다.

예제 1-2 `생각 열기` ㉠과 ㉡을 각각 구한 후 합을 구합니다.

- $15 \times 3 = 45 \rightarrow 150 \times 30 = 4500$이므로
  $㉠ = 30$입니다.

- $3 \times 3 = 9 \rightarrow 30 \times 300 = 9000$이므로
  $㉡ = 300$입니다.

$\Rightarrow ㉠ + ㉡ = 30 + 300 = \mathbf{330}$

응용 2
(1) (지우개의 수) $= 537 \times 45 = 24165$(개)
(2) (테이프의 수) $= 322 \times 75 = 24150$(개)
(3) $24165 > 24150$이므로 **지우개가** 테이프보다
$24165 - 24150 = \mathbf{15}$(개) 더 많습니다.

예제 2-1 `생각 열기` 곱셈을 이용하여 전체 사과의 수와 전체 배의 수를 각각 구한 다음 더합니다.
$$(사과의 수) = 25 \times 465$$
$$= 465 \times 25 = 11625(개)$$
$$(배의 수) = 16 \times 362$$
$$= 362 \times 16 = 5792(개)$$
$\Rightarrow 11625 + 5792 = \mathbf{17417}$(개)

`참고` 두 수를 서로 바꾸어 곱해도 결과는 같습니다.

$$\blacksquare \times \blacktriangle = \blacktriangle \times \blacksquare$$

$25 \times 465 = 465 \times 25,\ 16 \times 362 = 362 \times 16$

예제 2-2 `해법 순서`
① 동화책, 위인전, 과학책의 수를 각각 구합니다.
② ①에서 구한 세 수의 크기를 비교합니다.
③ 가장 큰 수에서 가장 작은 수를 뺍니다.
(동화책의 수) $= 120 \times 17 = 2040$(권)
(위인전의 수) $= 153 \times 18 = 2754$(권)
(과학책의 수) $= 117 \times 29 = 3393$(권)
$\Rightarrow 3393 > 2754 > 2040$이므로 가장 많은 책은
가장 적은 책보다 $3393 - 2040 = \mathbf{1353}$(권)
더 많습니다.

응용 3
(1) $2 < 3 < 4 < 5 < 7 < 8 < 9$이므로 가장 작은 세 자리 수는 234입니다.
(2) 가장 큰 두 자리 수는 98, 두 번째로 큰 두 자리 수는 97입니다.
(3) $234 \times 97 = \mathbf{22698}$

예제 3-1 `해법 순서`
① 두 번째로 큰 세 자리 수를 만들어 봅니다.
② 가장 작은 두 자리 수를 만들어 봅니다.
③ ①과 ②에서 만든 두 수의 곱을 구합니다.
$9 > 8 > 6 > 5 > 3 > 2 > 0$이므로 가장 큰 세 자리 수는 986, 두 번째로 큰 세 자리 수는 985, 가장 작은 두 자리 수는 20입니다.
$\Rightarrow 985 \times 20 = \mathbf{19700}$

`주의` 가장 작은 두 자리 수를 만들 때 십의 자리에 0이 올 수 없습니다.

예제 3-2 `생각 열기` 수 카드로 만들 수 있는 세 자리 수 중 세 번째로 큰 수를 먼저 알아봅니다.
$9 > 5 > 4 > 2$이므로 가장 큰 세 자리 수는 954, 두 번째로 큰 세 자리 수는 952, 세 번째로 큰 세 자리 수는 945입니다. ($㉠ = 945$)
$\Rightarrow ㉠ \times 35 = 945 \times 35 = \mathbf{33075}$

응용 4
(2) 나누는 수가 50이므로 나머지가 49일 때 □가 가장 큽니다.
(3) $□ \div 50 = 8 \cdots 49$
$\Rightarrow 50 \times 8 = 400,\ 400 + 49 = 449$이므로
$□ = \mathbf{449}$입니다.

예제 4-1 `해법 순서`
① 나누어지는 수가 가장 클 때의 나머지를 구합니다.
② 계산 결과 확인하는 방법을 이용하여 답을 구합니다.
나누는 수가 40이므로 나머지가 39일 때 □가 가장 큽니다.
$□ \div 40 = 5 \cdots 39$
$\Rightarrow 40 \times 5 = 200,\ 200 + 39 = 239$이므로
$□ = \mathbf{239}$입니다.

예제 4-2 `생각 열기` 나눗셈에서 나누는 수가 작아야 나누어지는 수도 작아집니다.
나누는 수가 작아야 ㉠도 작아집니다.
나머지인 29보다 큰 수 중 가장 작은 수는 30이므로 나누는 수가 30일 때 ㉠이 가장 작습니다.
$㉠ \div 30 = 20 \cdots 29$
$\Rightarrow 30 \times 20 = 600,\ 600 + 29 = 629$이므로
$㉠ = \mathbf{629}$입니다.

응용 5 | 생각 열기 | 남은 사탕도 봉지에 담아야 합니다.
(1) 사탕은 모두 $49+28=77$(개)입니다.
(2) $77÷13=5\cdots12$이므로 봉지 5개에 담고 사탕이 12개 남습니다.
(3) 남은 사탕 12개도 봉지에 담아야 하므로 봉지는 적어도 $5+1=\textbf{6}$(개) 필요합니다.

예제 5-1 | 해법 순서 |
① 팔고 남은 귤의 수를 구합니다.
② 나눗셈을 하여 귤을 45개씩 담은 상자의 수와 담고 남은 귤의 수를 구합니다.
③ 상자는 적어도 몇 개 필요한지 구합니다.
(팔고 남은 귤의 수)$=907-260=647$(개)
$647÷45=14\cdots17$이므로 상자 14개에 담고 귤이 17개 남습니다.
➡ 남은 귤 17개도 상자에 담아야 하므로 상자는 적어도 $14+1=\textbf{15}$(개) 필요합니다.

예제 5-2 | 해법 순서 |
① 쌀 가마니의 수를 구합니다.
② 나눗셈을 하여 84가마니씩 실어 운반한 횟수와 남은 쌀 가마니의 수를 구합니다.
③ 적어도 몇 번 운반해야 하는지 구합니다.
쌀 가마니의 수를 □가마니라 하면 $□÷75=7\cdots18$입니다.
$75×7=525$, $525+18=543$이므로 □$=543$입니다.
$543÷84=6\cdots39$이므로 6번 운반하고 39가마니가 남습니다.
➡ 남은 쌀 39가마니도 운반해야 하므로 적어도 $6+1=\textbf{7}$(번) 운반해야 합니다.

응용 6
(1) $9>7>6>5>4>2$이므로 가장 큰 두 자리 수는 97입니다.
(2) $2<4<5<6<7<9$이므로 가장 작은 두 자리 수는 24, 두 번째로 작은 두 자리 수는 25입니다.
(3) $97÷25=\textbf{3}\cdots\textbf{22}$

예제 6-1 $9>8>6>5>3>0$이므로 가장 큰 두 자리 수는 98, 두 번째로 큰 두 자리 수는 96, 세 번째로 큰 두 자리 수는 95, 가장 작은 두 자리 수는 30, 두 번째로 작은 두 자리 수는 35, 세 번째로 작은 두 자리 수는 36입니다.
➡ $95÷36=\textbf{2}\cdots\textbf{23}$

예제 6-2 | 생각 열기 | 몫을 이용하여 두 수의 십의 자리 숫자부터 생각해 봅니다.
몫이 8이므로 $\boxed{9}\boxed{\ }÷\boxed{1}\boxed{\ }$의 나눗셈식을 세워야 합니다.
➡ $97÷12=8\cdots1$, $92÷17=5\cdots7$이므로 $\textbf{97÷12}=8\cdots1$입니다.

응용 7
(1) $□÷32=6\cdots16$
(2) $32×6=192$, $192+16=208$이므로 □$=208$입니다.
(3) $208÷23=\textbf{9}\cdots\textbf{1}$

예제 7-1 | 해법 순서 |
① 잘못 계산한 식을 이용하여 어떤 수를 구합니다.
② 바르게 계산했을 때의 몫과 나머지를 구합니다.
어떤 수를 □라 하고 잘못 계산한 나눗셈식을 세우면 $□÷21=5\cdots10$입니다.
$21×5=105$, $105+10=115$이므로 □$=115$입니다.
➡ 바르게 계산하면 $115÷12=9\cdots7$이므로 몫은 **9**, 나머지는 **7**입니다.

예제 7-2 | 해법 순서 |
① 경미네 학교 학생 수를 구합니다.
② ①에서 구한 수를 38로 나누었을 때의 몫과 나머지를 구합니다.
경미네 학교 학생 수를 □명이라 하면 $□÷42=8\cdots17$입니다.
$42×8=336$, $336+17=353$이므로 □$=353$입니다.
이 학생들이 버스 한 대에 38명씩 탄다면 $353÷38=9\cdots11$이므로 학생들이 탄 버스는 **9대**가 되고, 버스에 타지 못한 학생은 **11명**입니다.

응용 8
(1)
$$\begin{array}{r} 3\,▲\ \\ 17\overline{)5\,9\,□} \\ \underline{5\,1} \\ 8\,□ \end{array}$$
$59÷17=3\cdots8$이므로 몫의 십의 자리 숫자는 3입니다.

(2)
$$\begin{array}{r} 3\,▲\ \\ 17\overline{)5\,9\,□} \\ \underline{5\,1} \\ 8\,□ \end{array}$$
$8□$에는 17이 4번 또는 5번 들어갈 수 있습니다.
$17×4=68$, $17×5=85$이므로 나머지가 가장 클 때의 수는 ▲가 4이고 나머지가 16인 수입니다.
따라서 $17×34=578$, $578+16=594$에서 □$=4$입니다.

예제 8-1

$$27 \overline{)78\square}$$

78÷27=2…24이므로 몫의 십의 자리 숫자는 2입니다.

24□에는 27이 8번 또는 9번 들어갈 수 있습니다.

27×8=216, 27×9=243이므로 나머지가 가장 클 때의 수는 ●가 8이고 나머지가 26인 수입니다.

따라서 27×28=756, 756+26=782에서 □=**2**입니다.

> **주의** 나눗셈에서 나머지는 나누는 수보다 작아야 합니다.

예제 8-2

$$63 \overline{)\ㄷ\ 1\ ㄹ}$$

- 63×㉠=63, ㉠=**1**
- ㄷ1−63=18, ㄷ=**8**
- 63×㉡=126, ㉡=**2**
- 18㉤−126=57, ㉤=**3**
- ㄹ=㉤=**3**

③ STEP 응용 유형 뛰어넘기 72~77쪽

1 608, 18240

2 18줄

3 4950개

4 7개

5 예 97÷13=7…6에서 나머지가 없어야 하므로 딸기는 적어도 13−6=7(개) 더 있어야 합니다. ; 7개

6 74그루

7 <

8 74봉지

9 예 9>7>5>4>2이므로 가장 큰 세 자리 수는 975입니다.
  ⇨ 어떤 수를 □라 하면 975÷□=20…15,
   □×20+15=975, □×20=960,
   □=960÷20=48입니다. ; 48

10 20개

11 7, 4

12 20, 36

13 3분 10초

14 893

15 3416 km

16

$$37 \overline{)9\ 1\ 9}$$

몫 2 4, 7 4, 1 7 9, 1 4 8, 나머지 3 1

17 예 매일 320원씩 모았다고 하면 8월은 31일까지 있으므로 320×31=9920(원)입니다.
  실제로 모은 것보다 9920−9080=840(원) 더 많습니다.
  320−250=70(원) ⇨ 840÷70=12(일) 동안 250원씩 모은 것입니다.
  따라서 13일부터 320원씩 모았습니다. ; 13일

18 832, 29

1 76×8=**608**, 608×30=**18240**

2 (현주네 학교 학생 수)=45×12=540(명)
  ⇨ 540명이 한 줄에 30명씩 줄을 서면
   540÷30=**18**(줄)이 됩니다.

3 (38상자에 담은 귤의 수)=130×38=4940(개)
  ⇨ (과수원에서 딴 귤의 수)=4940+10=**4950**(개)

4 (상자에 넣은 공의 무게)=471−30=441 (g)
  ⇨ (상자에 넣은 공의 수)=441÷63=**7**(개)

5 서술형 가이드 딸기의 수를 사람의 수로 나누는 나눗셈식을 세우고 바르게 계산하여 답을 구하는 풀이 과정이 들어있어야 합니다.

채점기준		
나눗셈을 하여 답을 구함.		상
나눗셈은 하였지만 답을 구하지 못함.		중
나눗셈을 하지 못해 답을 구하지 못함.		하

6 해법 순서
① 산책길 한쪽의 간격의 수를 구합니다.
② 산책길 한쪽에 필요한 가로수의 수를 구합니다.
③ 산책길 양쪽에 필요한 가로수의 수를 구합니다.
간격의 수는 900÷25=36(군데)이므로 산책길 한쪽에 가로수는 36+1=37(그루) 필요합니다.
따라서 산책길 양쪽에 가로수는 모두 37×2=**74**(그루) 필요합니다.

> **참고** 산책길의 처음부터 끝까지 가로수를 심으면 (가로수의 수)=(간격의 수)+1이 됩니다.

7 □=1일 때 $81 \times 19 = 1539 < 104 \times 61 = 6344$,

□=2일 때 $82 \times 29 = 2378 < 204 \times 62 = 12648$,

$\vdots$

□=9일 때 $89 \times 99 = 8811 < 904 \times 69 = 62376$

입니다.

따라서 $8□ \times □9 < □04 \times 6□$입니다.

8 (㉠ 가게에서 만든 쿠키의 수)$=12 \times 50 = 600$(개)이
므로 ㉡ 가게에서 만든 쿠키의 수도 600개입니다.

(㉡ 가게에서 쿠키를 담은 봉지의 수)

$=600 \div 25 = 24$(봉지)

⇨ (두 가게에서 쿠키를 담은 봉지의 수)

$=50+24=$ **74**(봉지)

9 서술형 가이드 가장 큰 세 자리 수를 만든 후 세 자리 수
를 어떤 수로 나눈 몫과 나머지를 이용하여 어떤 수를 구
하는 풀이 과정이 들어 있어야 합니다.

채점 기준	가장 큰 세 자리 수를 만들고 계산 결과 확인하는 방법을 이용하여 답을 구함.	상
	가장 큰 세 자리 수를 만들었지만 답을 구하지 못함.	중
	가장 큰 세 자리 수를 만들지 못해 답을 구하지 못함.	하

10 첫 번째: $280 \div 15 = 18 \cdots 10$이므로 사람들에게 나누
어 준 공깃돌 수는 $280-10=270$(개)이고
남은 공깃돌은 10개입니다.

두 번째: $270 \div 20 = 13 \cdots 10$이므로 남은 공깃돌은
10개입니다.

⇨ (첫 번째와 두 번째에 나누어 주고 남은 공깃돌의 수)

$=10+10=$ **20**(개)

11 생각 열기 ㉠×㉠의 일의 자리 숫자가 6임을 이용하여 ㉠
을 예상해 봅니다.

$4 \times 4 = 16$, $6 \times 6 = 36$이므로 ㉠은 4 또는 6입니다.

• ㉠=**4**이면

$874 \times 4 = 3496$이므로

$64676 - 3496 = 61180$,

$874 \times ㉠ = 6118$에서

㉠=**7**입니다.

• ㉠=**6**이면

$876 \times 6 = 5256$이므로

$64676 - 5256 = 59420$,

$876 \times ㉠ = 5942$에서

㉠에 알맞은 수는 없습니다.

12 해법 순서

① 장호가 계산한 나눗셈식을 세웁니다.

② ①의 식을 이용하여 □를 구합니다.

③ 미희가 말한 것을 이용하여 바르게 계산했을 때의 몫과
나머지를 구합니다.

$636 \div □ = 14 \cdots 6$ ⇨ $□ \times 14 + 6 = 636$,

$□ \times 14 = 630$, $□ = 630 \div 14 = 45$입니다.

따라서 바르게 계산하면 $936 \div 45 = 20 \cdots 36$이므로

몫은 **20**이고, 나머지는 **36**입니다.

13 해법 순서

① 통나무를 몇 번 잘라야 하는지 구합니다.

② 자르는 시간과 준비하는 시간을 각각 계산합니다.

③ 걸린 시간을 구합니다.

통나무를 1번 자르면 2도막, 2번 자르면 3도막……이
됩니다.

162 cm인 통나무를 18 cm씩 자르면

$162 \div 18 = 9$(도막)이므로 8번 자르면 됩니다.

(자르는 시간)$=15 \times 8 = 120$(초)

(준비하는 시간)$=10 \times 7 = 70$(초)

⇨ $120+70=190$(초)이고 $1분=60초$이므로

$190 \div 60 = 3 \cdots 10$ → **3**분 **10**초가 걸립니다.

주의 통나무를 8번째 자르고 난 후에는 준비하는 시간이
없습니다.

14 백의 자리 숫자가 8인 세 자리 수 중 가장 큰 수는
899입니다.

$899 \div 13 = 69 \cdots 2$이므로 나머지가 9이면서 가장 큰
수가 되려면 13으로 나누었을 때 몫이 69보다 1만큼
더 작은 수인 68이 되어야 합니다.

⇨ (준성이가 말한 수)$\div 13 = 68 \cdots 9$

따라서 준성이가 말한 수는 $13 \times 68 = 884$,

$884+9=893$이므로 **893**입니다.

15 3월과 5월은 각각 31일까지 있고, 4월과 6월은 각각
30일까지 있으므로

(3월부터 6월까지의 날수)

$=31+30+31+30=122$(일)입니다.

(세 사람이 하루에 달린 거리)

$=12+7+9=28$ (km)

⇨ (세 사람이 4개월 동안 달린 거리)

$=28 \times 122 = 122 \times 28 =$ **3416 (km)**

16

$$37 \overline{)\,\fbox{㉢}\,1\,\fbox{㉣}\,}$$

㉠ ㉡
37)㉢ 1 ㉣
　7 4
　㉤ 7 ㉥
　　1 ㉦ ㉧
　　　㉨ 1

- $37 \times ㉠ = 74 \Rightarrow ㉠ = \mathbf{2}$
- ㉢1−74가 두 자리 수이므로 ㉢=**9**
- $91 - 74 = 17 \Rightarrow ㉤ = \mathbf{1}$
- $100 < 37 \times ㉡ < 17㉥$이고,
  $37 \times 3 = 111$이면 나머지가 나누는 수보다 커지므로
  $37 \times ㉡ = 37 \times 4 = 148 \Rightarrow ㉡ = \mathbf{4}, ㉦ = \mathbf{4}, ㉧ = \mathbf{8}$
- $㉥ - 8 = 1 \Rightarrow ㉥ = \mathbf{9}, ㉣ = ㉥ = \mathbf{9}$
- $179 - 148 = 31 \Rightarrow ㉨ = \mathbf{3}$

17 `서술형 가이드` 곱셈과 나눗셈을 적절히 활용하여 문제를 해결하는 과정이 들어 있어야 합니다.

채점기준		
곱셈식과 나눗셈식을 세워 답을 구함.	상
곱셈식과 나눗셈식을 세웠지만 계산에 실수가 있어 답이 틀림.	중
곱셈식과 나눗셈식을 세우지 못해 답을 구하지 못함.	하

18 `생각 열기` 큰 수는 작은 수와 어떤 관계인지 찾아 해결합니다.
(큰 수)÷(작은 수)=28…20
$\Rightarrow$ (큰 수)=(작은 수)×28+20
(큰 수)+(작은 수)
=(작은 수)×28+20+(작은 수)
=(작은 수)×29+20=861이므로
(작은 수)×29=841, (작은 수)=841÷29=**29**,
(큰 수)=861−29=**832**입니다.

`참고` (작은 수)×28+20+(작은 수)에서 (작은 수)×28
은 작은 수를 28번 더한 값과 같으므로
(작은 수)×28+20+(작은 수)=(작은 수)×29+20입
니다.

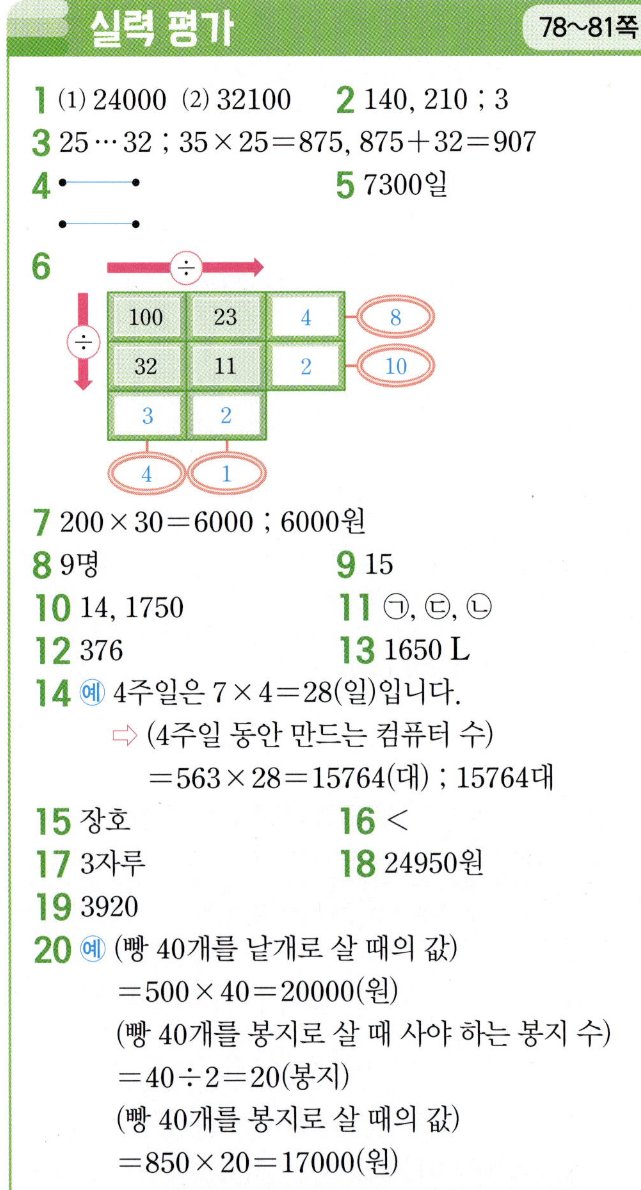

1

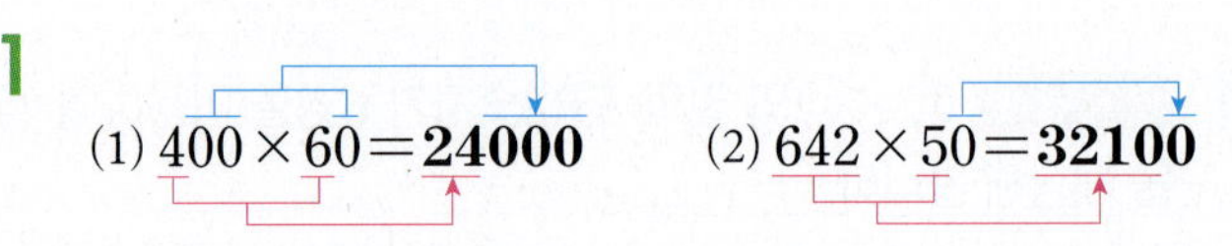

(1) $400 \times 60 = \mathbf{24000}$　(2) $642 \times 50 = \mathbf{32100}$

2 $70 \times 2 = \mathbf{140}$
$70 \times 3 = \mathbf{210} \Rightarrow 210 \div 70 = \mathbf{3}$

3

$$35 \overline{)\,907\,}$$

　　　2 5
35)9 0 7
　　7 0
　　2 0 7
　　1 7 5
　　　　3 2

`확인` $35 \times 25 = 875,$
　　　$875 + 32 = 907$

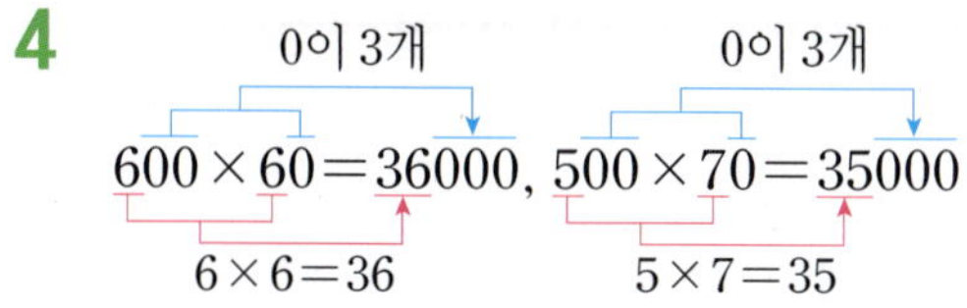

4 600×60=**36000**, 500×70=**35000**
0이 3개 / 6×6=36
0이 3개 / 5×7=35

5 365×20=**7300**(일)

6 · 100÷23=**4**···**8**   · 32÷11=**2**···**10**
· 100÷32=**3**···**4**   · 23÷11=**2**···**1**

7 서술형 가이드 문제에 알맞은 곱셈식을 쓰고 답을 구해야 합니다.

채점기준	식을 쓰고 답을 바르게 구함.	상
	식과 답 중 1가지만 바르게 씀.	중
	식과 답을 모두 쓰지 못함.	하

8 (전체 연줄의 길이)
÷(한 사람에게 나누어 주는 연줄의 길이)
=720÷80=**9**(명)

9 생각 열기 나눗셈의 나머지는 나누는 수보다 작아야 합니다.
나머지는 나누는 수보다 작아야 하므로 어떤 수를 17로 나눌 때 가장 큰 나머지는 16이고 두 번째로 큰 나머지는 **15**입니다.

10 생각 열기 앞에서부터 차례로 계산합니다.
560÷40=**14**, 14×125=125×14=**1750**

11 ㉠ 479÷50=**9**···29
㉡ 118÷30=**3**···28
㉢ 645÷80=**8**···5
⇨ 몫을 비교하면 9>8>3이므로 ㉠>㉢>㉡입니다.

12 320÷80=4이므로 320보다 큰 수 중에서 80으로 나누었을 때 나머지가 56이 되는 가장 작은 수는 몫이 4, 나머지가 56인 경우입니다.
⇨ □÷80=4···56에서 80×4=320,
320+56=376이므로 □=**376**입니다.
참고 나눗셈에서 나머지가 없을 때 '나누어떨어진다'고 합니다.

13 생각 열기 '1시간=60분'을 이용하여 2시간 30분을 분 단위로 나타냅니다.
2시간 30분=60분+60분+30분=150분
⇨ (150분 동안 받을 수 있는 물의 양)
=11×150=150×11=**1650**(L)

14 서술형 가이드 일주일은 7일임을 이용하여 4주일의 날수를 구하고, 이 수와 하루에 만드는 컴퓨터 수의 곱을 계산하는 풀이 과정이 들어 있어야 합니다.

채점기준	4주일의 날수를 구하고 이 수와 563의 곱을 구하여 답을 구함.	상
	4주일의 날수를 구했지만 이 수와 563의 곱을 잘못 계산하여 답이 틀림.	중
	4주일의 날수를 구하지 못해 답을 구하지 못함.	하

15 생각 열기 남는 과일의 수를 비교해야 하므로 나눗셈의 나머지를 비교합니다.
· 혜지: 68÷12=5···**8**
· 장호: 55÷13=4···**3**
· 민아: 75÷14=5···**5**
⇨ 나머지를 비교하면 8>5>3이므로 남는 과일의 수가 가장 적은 사람은 **장호**입니다.

16 37×6=222, 222+3=225이므로 ㉮=225입니다.
29×8=232, 232+4=236이므로 ㉯=236입니다.
⇨ 225<236이므로 ㉮<㉯입니다.

17 해법 순서
① 333을 28로 나눈 몫과 나머지를 구합니다.
② ①의 나눗셈에서 나머지가 없으려면 색연필은 적어도 몇 자루 더 있어야 하는지 구합니다.
333÷28=11···25이므로 한 사람에게 11자루씩 나누어 주면 25자루가 남습니다. 따라서 색연필은 적어도 28-25=**3**(자루) 더 있어야 합니다.

18 · (당근을 산 값)=950×11=10450(원)
· (오이를 산 값)=580×25=14500(원)
⇨ 10450+14500=**24950**(원)

19 해법 순서
① 어떤 수를 □라 하고 나눗셈식을 세웁니다.
② 계산 결과 확인하는 방법을 이용하여 어떤 수를 구합니다.
③ 어떤 수에 16을 곱한 값을 구합니다.
어떤 수를 □라 하면 □÷16=15···5입니다.
16×15=240, 240+5=245이므로 □=245입니다.
⇨ 245×16=**3920**

20 서술형 가이드 빵 40개를 낱개로 살 때와 봉지로 살 때의 값을 곱셈식을 세워 구하고 차를 구하는 풀이 과정이 들어 있어야 합니다.

채점기준	빵을 낱개와 봉지로 살 때의 값을 각각 구하고 답을 구함.	상
	빵을 낱개와 봉지로 살 때의 값은 각각 구했지만 답을 구하지 못함.	중
	빵을 낱개와 봉지로 살 때의 값을 구하지 못해 답을 구하지 못함.	하

창의 사고력 [82쪽]

❶ 4그루, 7그루, 9그루

❷ 38500 m

❶
- 380÷95＝4이므로 30년 된 나무는 **4**그루 필요합니다.
- 665÷95＝7이므로 30년 된 나무는 **7**그루 필요합니다.
- 855÷95＝9이므로 30년 된 나무는 **9**그루 필요합니다.

❷ 해법 순서
① 미술관에서 은신처까지 갈 때 뛰어간 시간을 구합니다.
② 집에서 미술관까지 뛰어간 거리를 구합니다.
③ 미술관에서 은신처까지 갈 때 자전거로 달린 거리를 구합니다.
④ 미술관에서 은신처까지 갈 때 뛰어간 거리를 구합니다.
⑤ ②, ③, ④의 거리의 합을 구합니다.
집을 출발하여 은신처에 도착할 때까지의 시간은 오전에 1시간, 오후에 40분이므로 1시간 40분입니다.
(미술관에서 은신처까지 갈 때 뛰어간 시간)
＝1시간 40분－18분－2분－1시간 10분＝10분
(집에서 미술관까지 뛰어간 거리)
＝300×18＝5400 (m)
(미술관에서 은신처까지 갈 때 자전거로 달린 거리)
＝430×70＝30100 (m)
(미술관에서 은신처까지 갈 때 뛰어간 거리)
＝300×10＝3000 (m)
➡ (도둑이 집에서 은신처까지 이동한 거리)
＝5400＋30100＋3000＝**38500 (m)**

참고 (이동한 거리)＝(빠르기)×(걸린 시간)

4. 평면도형의 이동

1 STEP 기본 유형 익히기 [86~89쪽]

1-1 ㉯

1-2 성호

1-3 예 점 ㉮를 왼쪽으로 7 cm, 위쪽으로 4 cm 이동합니다.

2-1 (○)(   )(   )

2-2
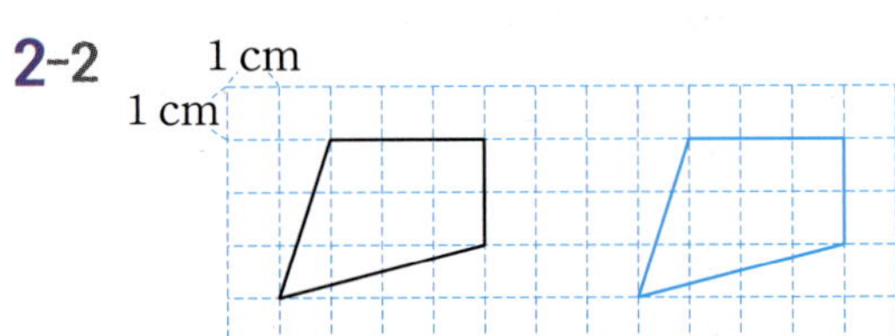

2-3
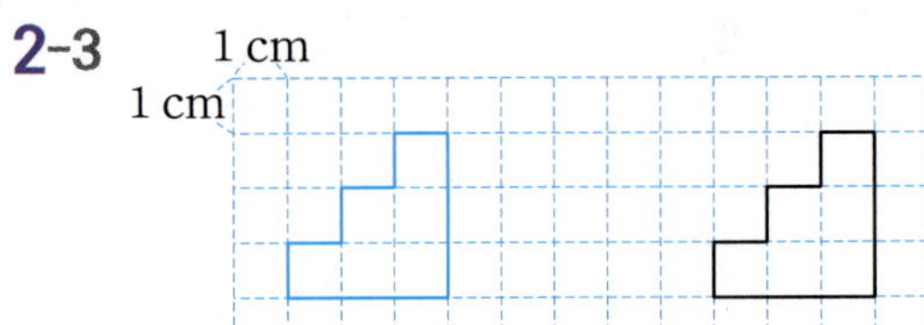

3-1
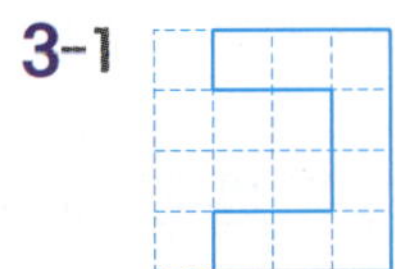

3-2
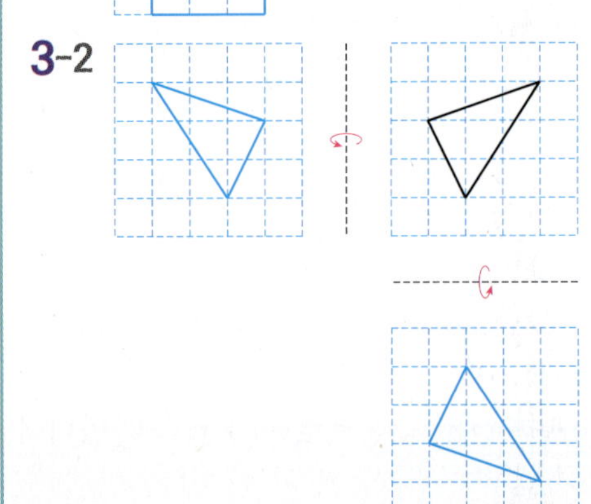

3-3 상우

3-4
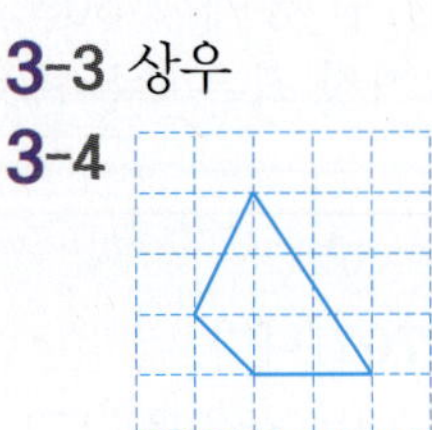

3-5 예 처음 도형을 위쪽으로 뒤집습니다.

4-1
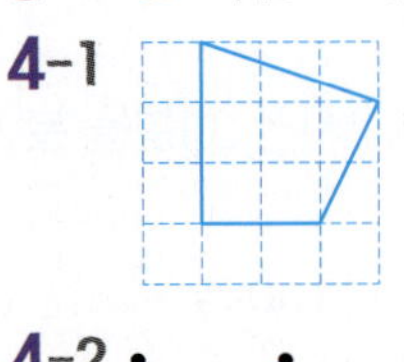

4-2

4-3 (　　)(○)(　　)

4-4

4-5 예 처음 모양을 시계 방향으로 90°만큼 돌립니다.

5-1 예

5-2 예

5-3

5-4 예 시계 방향으로 90°만큼 돌리는 것을 반복하여 모양을 만들고 그 모양을 밀면서 무늬를 만들었습니다.

1-1 점 ㉮가 왼쪽으로 3 cm, 아래쪽으로 2 cm 이동하면 점 ㉯에 도착합니다.

1-2 점 ㉯가 오른쪽으로 5 cm, 아래쪽으로 1 cm 이동하면 점 ㉰에 도착합니다.
　⇨ 잘못 설명한 사람은 **성호**입니다.

1-3 서술형 가이드 점 이동하기를 이해하고 이동 방법을 설명할 수 있어야 합니다.

채점기준		
점의 이동 방법을 바르게 설명함.	상
점의 이동 방법을 설명했으나 미흡함.	중
점의 이동 방법을 설명하지 못함.	하

2-1 생각 열기 직접 모양 조각을 밀어 보고 민 모양을 알아봅니다.
모양 조각을 아래쪽으로 밀어도 모양은 변하지 않습니다.
참고 도형을 어느 방향으로 밀어도 모양은 변하지 않고 위치만 바뀝니다.

2-2 생각 열기 도형을 밀 때 한 변을 기준으로 해서 밉니다.
한 변을 기준으로 하여 오른쪽으로 7 cm만큼 밉니다.
위치는 바뀌지만 모양은 변하지 않습니다.

2-3 처음 도형은 민 도형을 한 변을 기준으로 하여 왼쪽으로 8 cm만큼 밀었을 때의 도형과 같습니다.
위치는 바뀌지만 모양은 변하지 않습니다.

3-1 도형을 오른쪽으로 뒤집으면 오른쪽과 왼쪽이 서로 바뀝니다.
참고 도형을 왼쪽으로 뒤집은 도형과 오른쪽으로 뒤집은 도형은 같습니다.

3-2 도형을 왼쪽으로 뒤집으면 오른쪽과 왼쪽이 서로 바뀌고, 아래쪽으로 뒤집으면 위쪽과 아래쪽이 서로 바뀝니다.

3-3 도장을 찍으면 오른쪽이나 왼쪽으로 뒤집은 모양이 찍힙니다.

3-4 도형을 오른쪽으로 2번 뒤집으면 처음 도형과 같아집니다.
참고 도형을 같은 방향으로 짝수 번 뒤집으면 처음 도형과 같아집니다.

3-5 위쪽과 아래쪽이 서로 바뀌었으므로 위쪽이나 아래쪽으로 뒤집은 것입니다.
서술형 가이드 평면도형 뒤집기를 이해하고 이동 방법을 설명할 수 있어야 합니다.

채점기준		
도형의 이동 방법을 바르게 설명함.	상
도형의 이동 방법을 설명했으나 미흡함.	중
도형의 이동 방법을 설명하지 못함.	하

4-1 생각 열기 직접 도형을 돌려 보고 돌린 도형을 알아봅니다.
도형을 시계 방향으로 90°만큼 돌리면 위쪽 부분이 오른쪽으로 바뀝니다.

4-2 • 도형을 시계 반대 방향으로 180°만큼 돌리면 위쪽 부분이 아래쪽으로 바뀝니다.
• 도형을 시계 반대 방향으로 270°만큼 돌리면 위쪽 부분이 오른쪽으로 바뀝니다.

4-3 

⇨ 돌렸을 때 빈칸에 들어갈 수 있는 조각은 가운데 조각입니다.

4-4 처음 도형은 돌린 도형을 시계 반대 방향으로 $180°$ 만큼 돌렸을 때의 도형과 같습니다.

4-5 위쪽 부분이 오른쪽으로 바뀌었으므로 시계 방향으로 $90°$만큼 돌리거나 시계 반대 방향으로 $270°$만큼 돌린 것입니다.

서술형 가이드 평면도형 돌리기를 이해하고 이동 방법을 설명할 수 있어야 합니다.

채점기준		
모양의 이동 방법을 바르게 설명함.	상
모양의 이동 방법을 설명했으나 미흡함.	중
모양의 이동 방법을 설명하지 못함.	하

참고 • 같은 도형이 되는 돌리기

5-1 모양을 뒤집는 방향에 따라 다양한 무늬를 만들 수 있습니다.

5-2 모양을 돌리는 방향과 각도에 따라 다양한 무늬를 만들 수 있습니다.

5-3 모양을 오른쪽으로 뒤집는 것을 반복해서 모양을 만들고 그 모양을 아래쪽으로 뒤집으면서 무늬를 만들었습니다.

5-4 서술형 가이드 밀기, 뒤집기, 돌리기를 이용하여 규칙적인 무늬를 만들 수 있다는 것을 알고 만든 방법을 설명할 수 있어야 합니다.

채점기준		
만든 방법을 바르게 설명함.	상
만든 방법을 설명했으나 미흡함.	중
만든 방법을 설명하지 못함.	하

참고 규칙적인 무늬를 만든 방법은 여러 가지로 설명할 수 있습니다.

---

② STEP 응용 유형 익히기   90~97쪽

응용 **1**

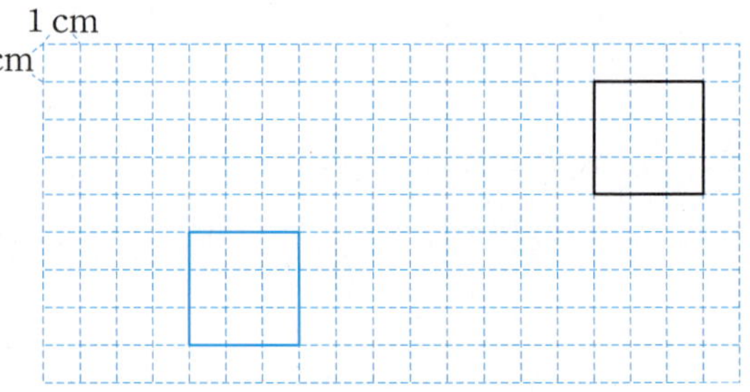

예제 **1-1**

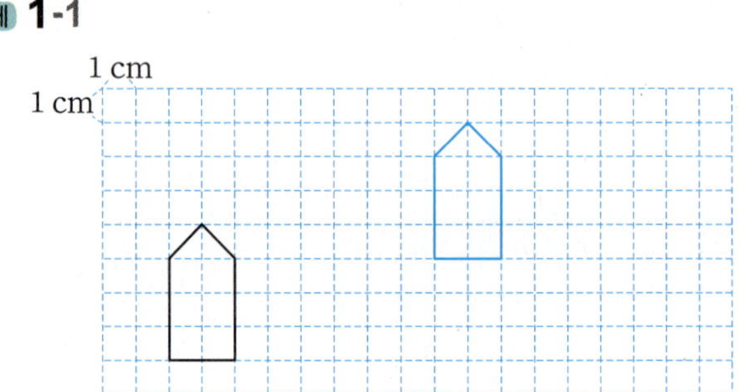

응용 **2**

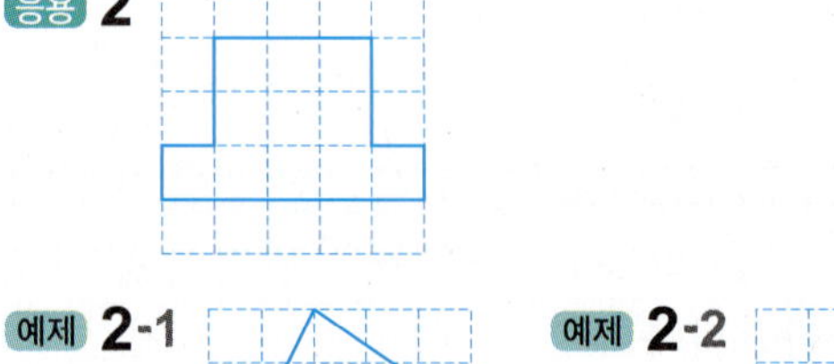

예제 **2-1**   예제 **2-2**

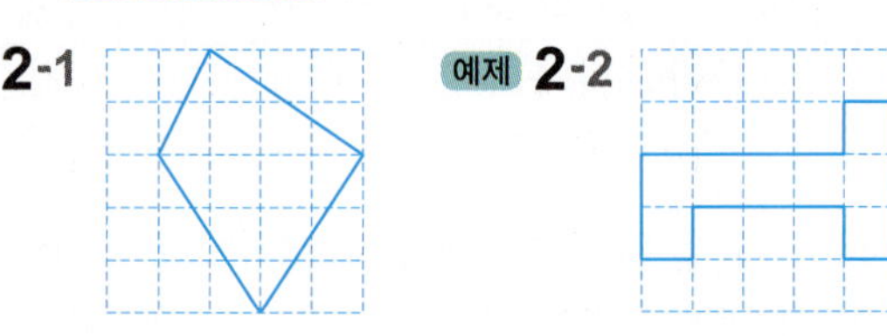

예제 **2-3** 묶

응용 **3**

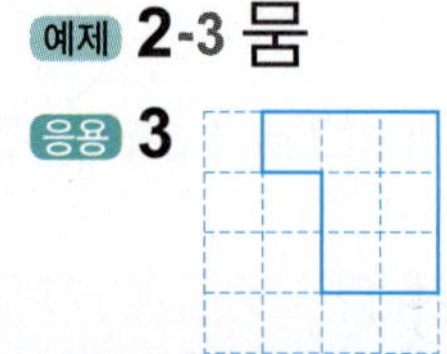

예제 **3-1**

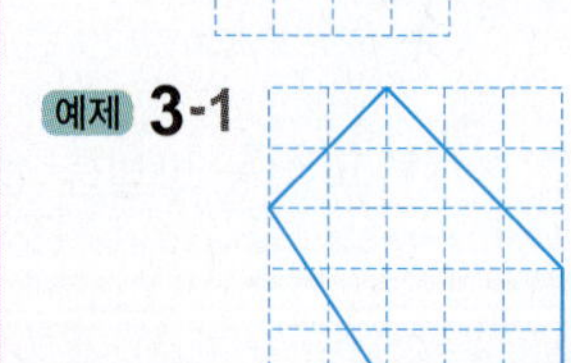

예제 **3-2** 6

응용 **4** 예 시계 반대 방향으로 $90°$만큼 돌립니다.

예제 **4-1** 예 오른쪽으로 뒤집습니다.

예제 **4-2** 예 처음 도형을 시계 방향으로 $90°$만큼 돌리고 위쪽으로 뒤집습니다.

응용 **5**

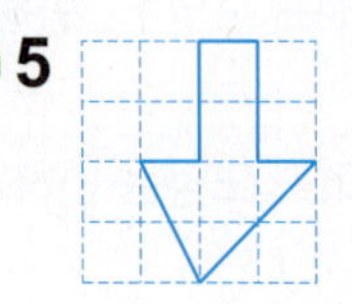

예제 5-1

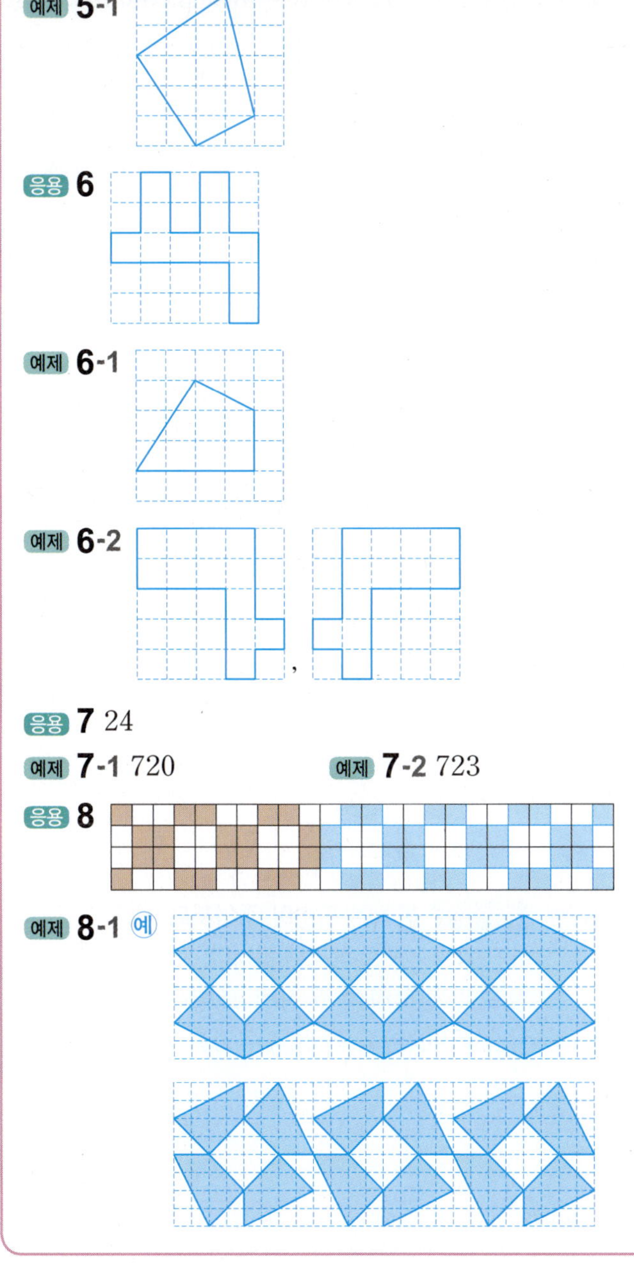

응용 6

예제 6-1

예제 6-2

응용 7 24

예제 7-1 720   **예제 7-2** 723

응용 8

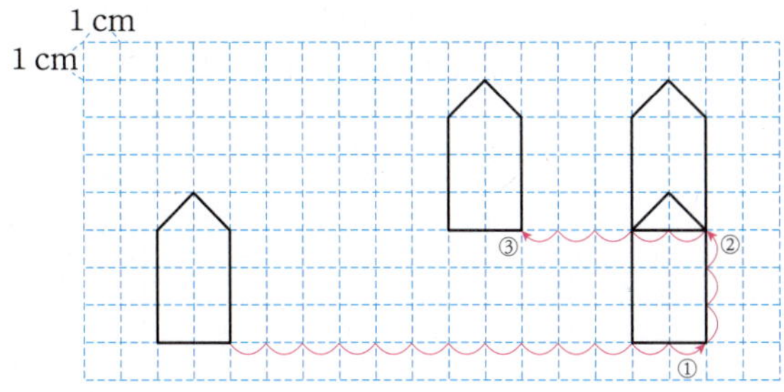

예제 8-1 예

응용 2

(1) 아래쪽으로 2번 뒤집었을 때의 도형은 처음 도형과 같습니다.

(2) 아래쪽으로 3번 뒤집었을 때의 도형은 아래쪽으로 1번 뒤집었을 때의 도형과 같습니다.

예제 2-1 같은 방향으로 짝수 번 뒤집었을 때의 도형은 처음 도형과 같으므로 처음 도형과 같게 그립니다.

예제 2-2 같은 방향으로 홀수 번 뒤집었을 때의 도형은 그 방향으로 1번 뒤집었을 때의 도형과 같으므로 왼쪽으로 1번 뒤집었을 때의 도형을 그립니다.

예제 2-3 같은 방향으로 짝수 번 뒤집었을 때의 모양은 처음 모양과 같고, 같은 방향으로 홀수 번 뒤집었을 때의 모양은 그 방향으로 1번 뒤집었을 때의 모양과 같습니다. 따라서 글자를 아래쪽으로 2번, 위쪽으로 5번 뒤집었을 때의 모양은 처음 글자를 위쪽으로 1번 뒤집었을 때의 모양과 같습니다.

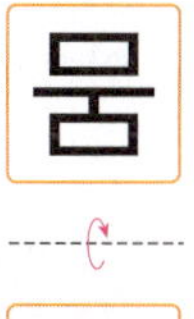

응용 3

(1) 시계 방향으로 90°만큼 돌리고 시계 반대 방향으로 90°만큼 돌리면 처음 도형과 같으므로 시계 반대 방향으로 90°만큼 돌렸을 때의 도형과 같습니다.

(2) 처음 도형을 시계 반대 방향으로 90°만큼 돌렸을 때의 도형을 그립니다.

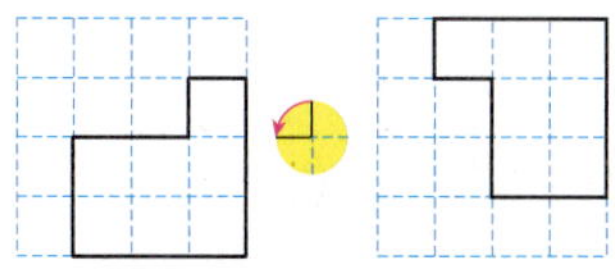

예제 3-1 생각 열기 두 차례에 걸친 돌리기를 한 번에 돌리는 방법으로 단순화하여 문제를 해결합니다.

시계 방향으로 270°만큼 돌리고 시계 방향으로 180°만큼 더 돌리면 시계 방향으로 90°만큼 돌렸을 때의 도형과 같습니다.

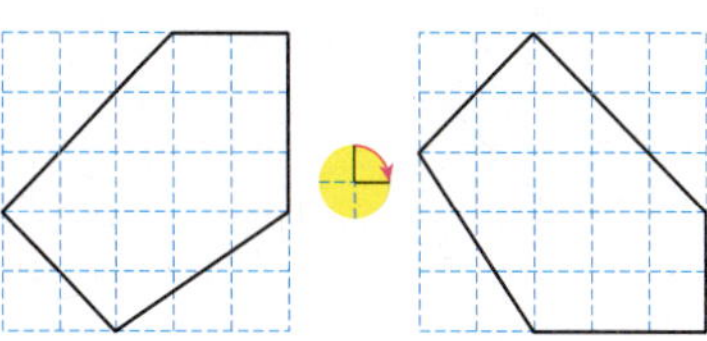

응용 1

(1) 모눈 한 칸이 1 cm이므로 주어진 도형을 아래쪽으로 모눈 4칸만큼 밉니다.

(2) (1)의 도형을 왼쪽으로 모눈 11칸만큼 밉니다.

예제 1-1 모눈 한 칸이 1 cm이므로 주어진 도형을 오른쪽으로 13칸만큼 밀고 위쪽으로 3칸만큼 밀고 왼쪽으로 5칸만큼 밉니다.

[예제] 3-2 시계 반대 방향으로 90°만큼 6번 돌리면 시계 반대 방향으로 180°만큼 돌렸을 때의 모양과 같습니다.

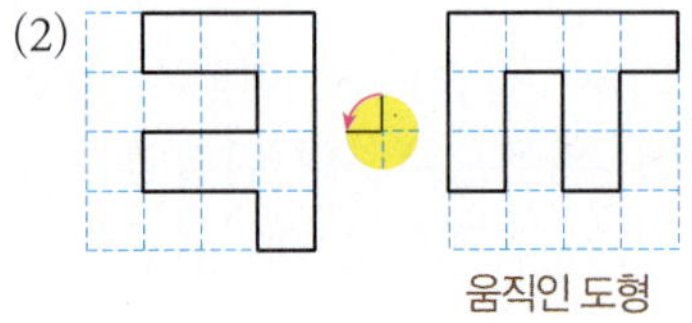

[참고] 도형을 시계 반대 방향으로 90°만큼 4번 돌리면 처음 도형과 같아집니다.

[응용] 4

(1)

처음 도형

(2)

움직인 도형

시계 방향으로 270°만큼 돌립니다라고 설명할 수도 있습니다.

[예제] 4-1

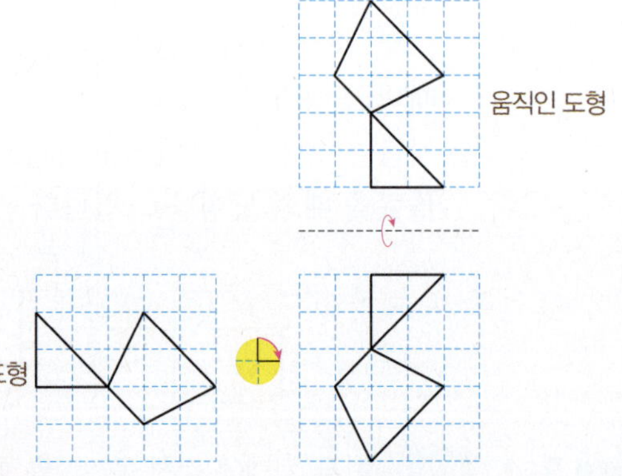

처음 모양   움직인 모양

왼쪽으로 뒤집습니다라고 설명할 수도 있습니다.

[예제] 4-2

움직인 도형

처음 도형

[참고] 다양한 방법으로 도형의 이동 방법을 설명할 수 있습니다.

[응용] 5

(1) •보기•에서 도형의 이동 방법은 시계 방향으로 180°만큼 돌린 것입니다.

(2)

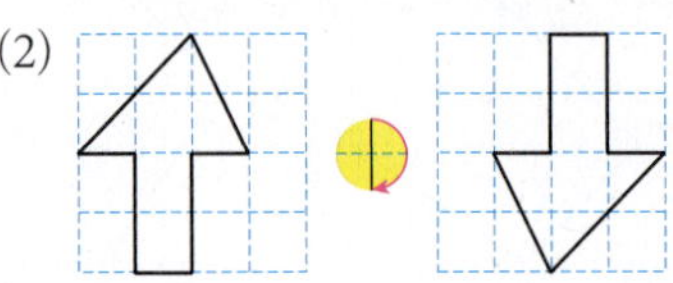

[예제] 5-1 •보기•에서 도형의 이동 방법은 오른쪽으로 뒤집고 시계 반대 방향으로 90°만큼 돌린 것입니다.

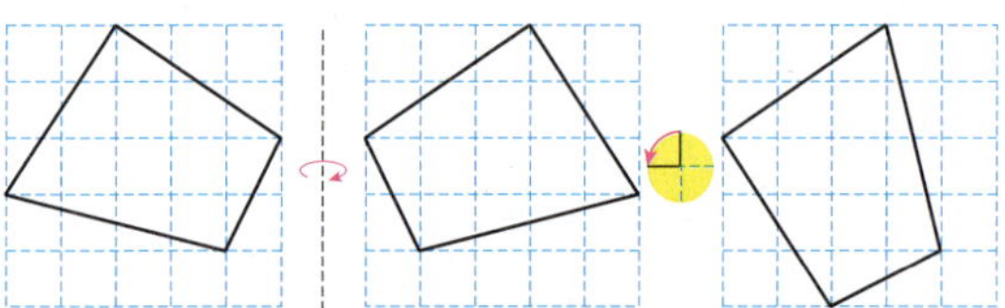

[응용] 6

(1) 처음 도형은 움직인 방법을 거꾸로 생각하여 구할 수 있습니다.
거꾸로 생각하여 움직인 도형을 시계 반대 방향으로 180°만큼 돌리고 오른쪽으로 뒤집습니다.

(2)

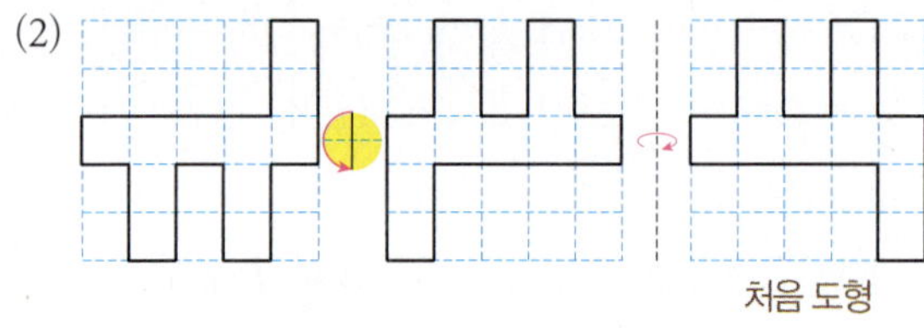

처음 도형

[예제] 6-1 **[생각 열기]** 움직인 도형이 주어지고 처음 도형을 구하기 위해 거꾸로 생각해 봅니다.
거꾸로 생각하여 움직인 도형을 시계 반대 방향으로 90°만큼 돌리고 위쪽으로 뒤집습니다.

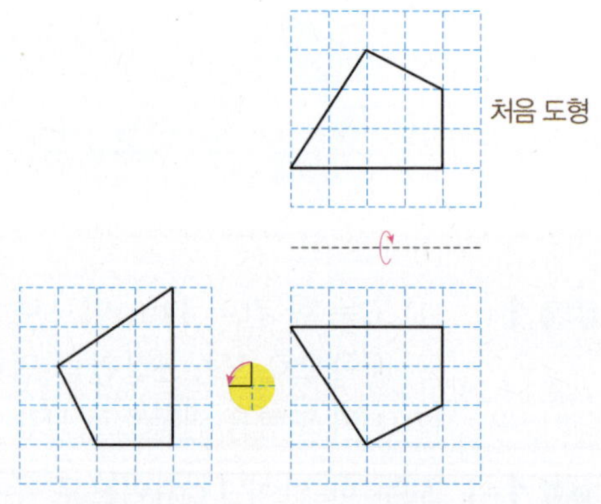

처음 도형

[예제] 6-2 •처음 도형: 거꾸로 생각하여 잘못 움직인 도형을 시계 방향으로 90°만큼 돌립니다.

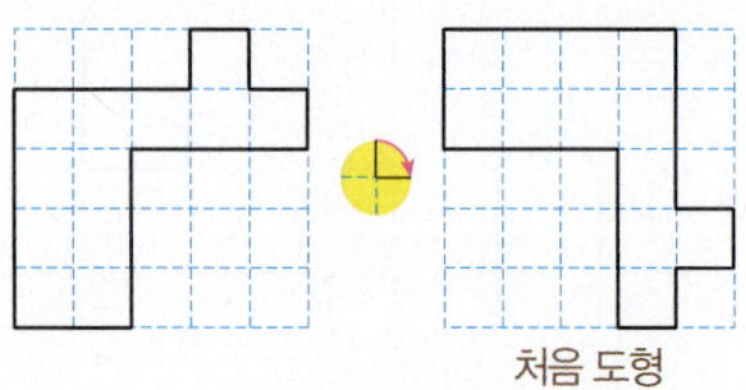

처음 도형

• 바르게 움직인 도형: 처음 도형을 오른쪽으로 뒤집습니다.

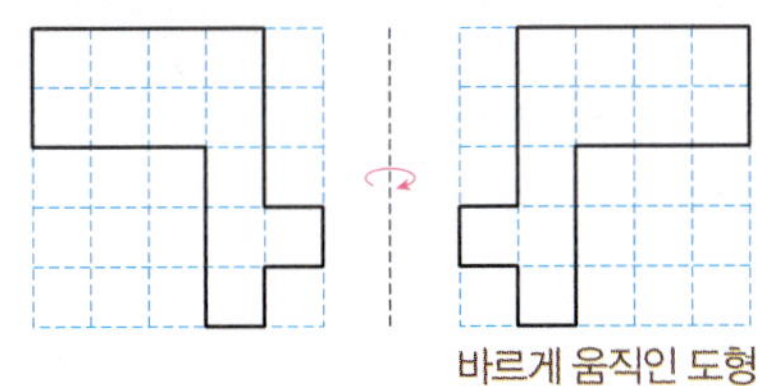

바르게 움직인 도형

응용 7
(1)

(2) $82-58=$ **24**

참고 도형을 오른쪽으로 뒤집으면 오른쪽과 왼쪽이 서로 바뀝니다.

예제 7-1 | **해법 순서**
① 세 자리 수가 적힌 카드를 아래쪽으로 뒤집었을 때 만들어지는 수를 구합니다.
② ①에서 구한 수와 처음 수의 합을 구합니다.

⇨ $210+510=$ **720**

참고 도형을 아래쪽으로 뒤집으면 위쪽과 아래쪽이 서로 바뀝니다.

예제 7-2
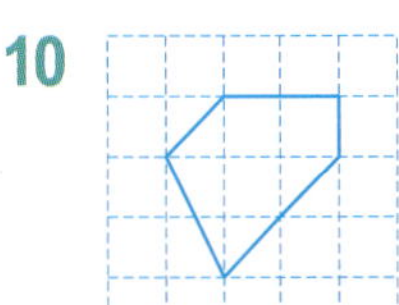

⇨ $218+505=$ **723**

응용 8
(1) 주어진 모양을 오른쪽으로 뒤집는 것을 반복해서 모양을 만들고 그 모양을 아래쪽으로 뒤집어서 무늬를 만들었습니다.

예제 8-1 35쪽 정답 그림에서 위의 무늬는 뒤집기를 이용하였고, 아래의 무늬는 돌리기, 밀기를 이용하였습니다.

참고 규칙적인 무늬를 만드는 방법은 여러 가지가 있습니다.

---

1 ㉡

2
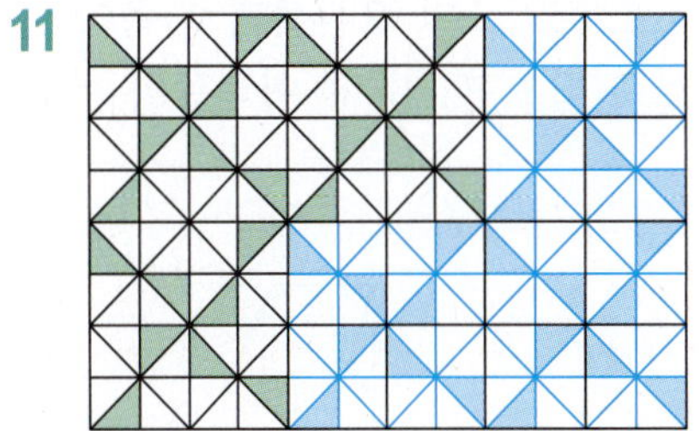

3

4 ㉠, ㉡, ㉣

5 **예** 가 조각은 오른쪽으로 4 cm, 나 조각은 아래쪽으로 3 cm, 다 조각은 왼쪽으로 4 cm 밀어야 합니다.

6 가, 나

7 나

8 다

9

10

11

12 이, 마

13

14 예 시계 반대 방향으로 90°만큼 돌리는 규칙입니다.

; 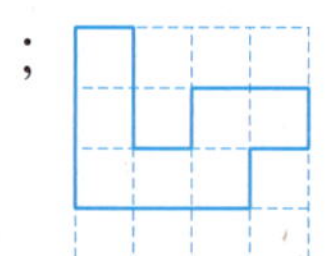

15 

16 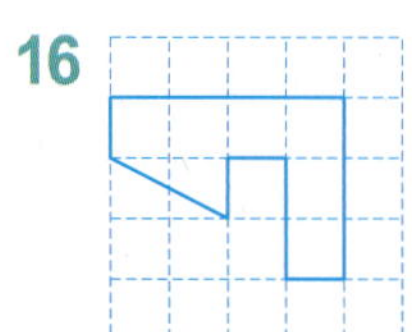

17 예 오른쪽으로 뒤집기

18 예 가장 작은 네 자리 수는 1068, 두 번째로 작은 네 자리 수는 1086입니다. 이 두 수를 시계 반대 방향으로 180°만큼 돌리면 8901, 9801이 므로 더 큰 수는 9801입니다. ; 9801

1 점 ㉰가 오른쪽으로 5칸, 위쪽으로 2칸 이동하면 점 ㉱에 도착합니다.
그 다음 왼쪽으로 9칸, 아래쪽으로 4칸 이동하면 점 ㉯에 도착합니다.

2 모눈 한 칸이 1 cm이므로 주어진 도형을 오른쪽으로 모눈 9칸만큼 밀고 아래쪽으로 모눈 3칸만큼 밉니다.
참고 도형의 한 변을 기준으로 해서 도형을 밀어야 합니다.

3 해법 순서
① 도형을 오른쪽으로 뒤집었을 때의 도형을 그립니다.
② ①에서 그린 도형을 위쪽으로 뒤집었을 때의 도형을 그립니다.
도형을 오른쪽으로 뒤집으면 오른쪽과 왼쪽이 서로 바뀌고, 위쪽으로 뒤집으면 위쪽과 아래쪽이 서로 바뀝니다.

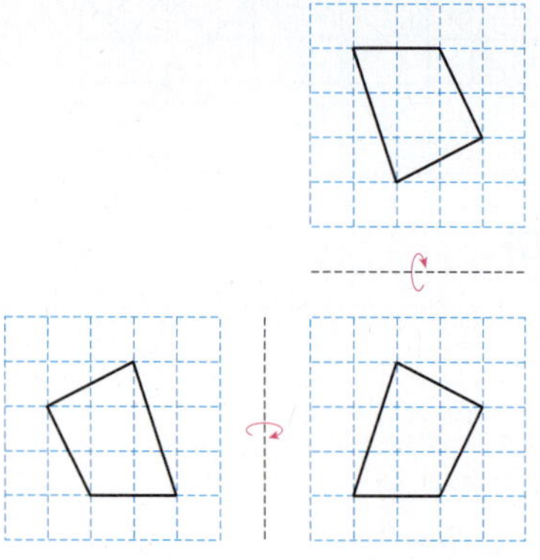

4

⇨ ㉢을 왼쪽으로 뒤집으면 처음과 다릅니다.

5 생각 열기 투명 종이에 가, 나, 다 조각을 그려 직접 밀어 볼 수 있습니다.
서술형 가이드 평면도형 밀기를 이해하고 직사각형 모양을 완성하려면 가, 나, 다 조각을 어떻게 밀어야 할지 설명할 수 있어야 합니다.

채점기준	조각의 이동 방법을 바르게 설명함.	상
	조각의 이동 방법을 설명했으나 미흡함.	중
	조각의 이동 방법을 설명하지 못함.	하

6 **가**: 주어진 모양을 뒤집기를 하여 무늬를 꾸몄습니다.
나: 주어진 모양을 돌리기를 하여 무늬를 꾸몄습니다.
다: 주어진 모양을 뒤집거나 돌려서 나올 수 없습니다.

7 **가**: 주어진 도형을 오른쪽이나 왼쪽으로 뒤집은 도형
나: 주어진 도형을 뒤집어서 나올 수 없고 시계 방향으로 90°만큼 돌린 도형
다: 주어진 도형을 위쪽이나 아래쪽으로 뒤집은 도형

8 **가**: 주어진 도형을 시계 방향으로 90°만큼 돌린 도형
나: 주어진 도형을 시계 방향으로 180°만큼 돌린 도형
다: 주어진 도형을 돌려서 나올 수 없고 오른쪽이나 왼쪽으로 뒤집은 도형

9 해법 순서
① 도형을 위쪽으로 뒤집었을 때의 도형을 그립니다.
② ①에서 그린 도형을 시계 반대 방향으로 180°만큼 돌렸을 때의 도형을 그립니다.
도형을 위쪽으로 뒤집으면 위쪽과 아래쪽이 서로 바뀌고, 시계 반대 방향으로 180°만큼 돌리면 위쪽 부분이 아래쪽으로 바뀝니다.

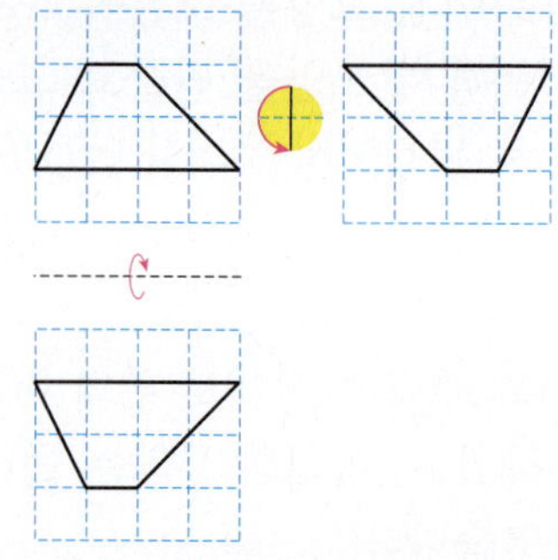

주의 도형을 움직인 방법의 순서에 따라 도형이 달라질 수 있으므로 주어진 순서대로 움직여야 합니다.

10 생각 열기 단순화하여 문제를 해결합니다.

도형을 오른쪽으로 5번 뒤집었을 때의 도형은 오른쪽으로 1번 뒤집었을 때의 도형과 같고 시계 반대 방향으로 90°만큼 5번 돌렸을 때의 도형은 시계 반대 방향으로 90°만큼 1번 돌렸을 때의 도형과 같습니다.

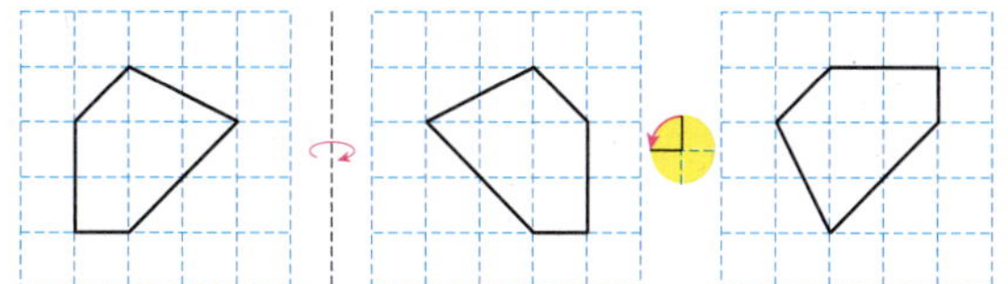

참고 • 도형을 같은 방향으로 2번, 4번…… 뒤집으면 처음 도형과 같아집니다.
 • 도형을 같은 방향으로 90°만큼 4번, 8번…… 돌리면 처음 도형과 같아집니다.

11 주어진 모양을 시계 방향으로 90°만큼 돌리는 것을 반복해서 모양을 만들고 그 모양을 밀면서 무늬를 만들었습니다. 규칙에 따라 빈 곳에 알맞은 모양을 그립니다.

12 성씨를 오른쪽으로 뒤집고 시계 방향으로 180°만큼 돌리면 다음과 같습니다.

김 ⟶……⟶ 몸, 이 ⟶……⟶ 이, 박 ⟶……⟶ 뉴,
우 ⟶……⟶ 능, 허 ⟶……⟶ 엳, 마 ⟶……⟶ 마

주의 도형을 움직인 방법의 순서에 따라 도형이 달라질 수 있으므로 주어진 순서대로 움직여야 합니다.

13 해법 순서

① 어떤 도형을 알아봅니다.
② 어떤 도형을 시계 방향으로 270°만큼 돌렸을 때의 도형을 그립니다.
 • 도형을 위쪽으로 3번 뒤집으면 위쪽으로 1번 뒤집은 도형과 같습니다. 따라서 왼쪽 도형을 아래쪽으로 1번 뒤집으면 어떤 도형이 됩니다.

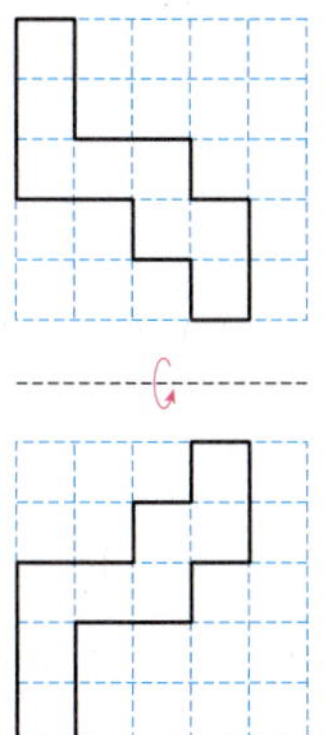

 • 어떤 도형을 시계 방향으로 270°만큼 돌리면 위쪽 부분이 왼쪽으로 바뀝니다.

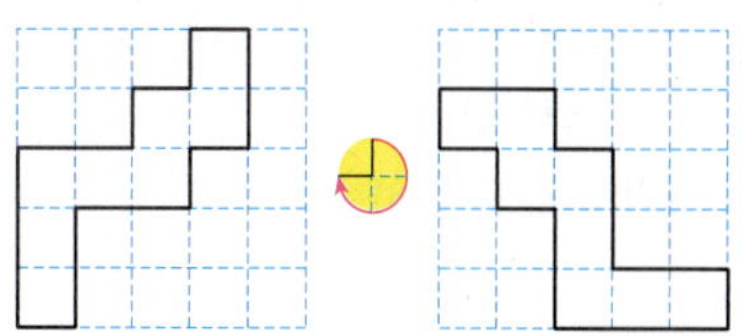

14 둘째는 첫째의 위쪽 부분이 왼쪽으로 바뀌었고, 셋째는 둘째의 위쪽 부분이 왼쪽으로 바뀌었으므로 시계 반대 방향으로 90°만큼 돌리는 규칙입니다.
따라서 넷째는 셋째의 위쪽 부분이 왼쪽으로 바뀌도록 그립니다.

서술형 가이드 도형의 배열을 보고 돌리기의 규칙을 설명하고 넷째 도형을 바르게 그려야 합니다.

채점 기준		
규칙을 바르게 설명하고 넷째 도형을 바르게 그림.	상
규칙은 바르게 설명했으나 넷째 도형을 그리지 못함.	중
규칙을 설명하지 못하고 넷째 도형도 그리지 못함.	하

15 도형을 시계 방향으로 90°만큼 4번, 8번 돌리면 처음 도형과 같으므로 11번 돌린 것은 시계 방향으로 90°만큼 3번 돌린 것과 같습니다. 거꾸로 생각하면 돌린 도형을 시계 반대 방향으로 90°만큼 3번 돌리면 됩니다. 즉 시계 반대 방향으로 270°만큼 돌립니다.

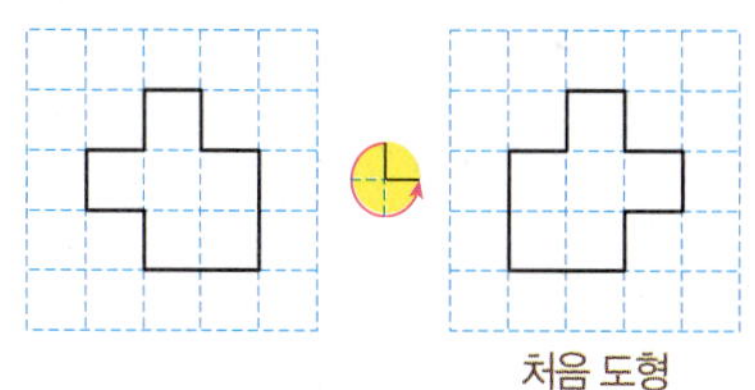

처음 도형

16 움직인 도형을 시계 방향으로 90°만큼 돌리고 오른쪽으로 뒤집습니다.

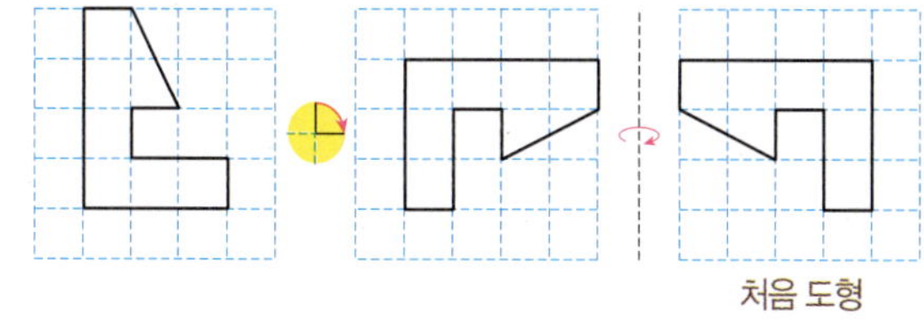

처음 도형

17 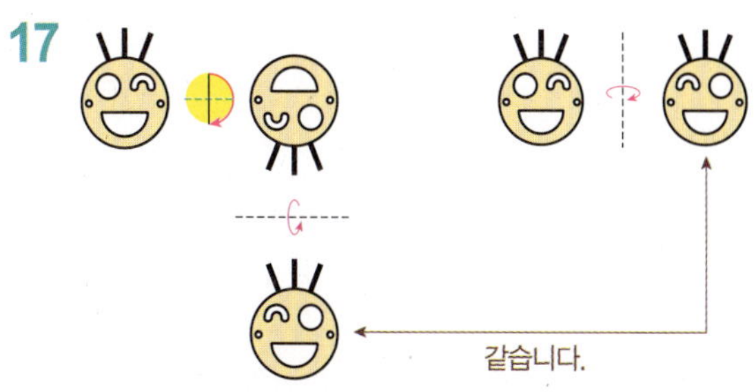

따라서 **오른쪽**이나 **왼쪽**으로 **뒤집어야** 합니다.

18 [해법 순서]

① 수 카드를 한 번씩 사용하여 가장 작은 네 자리 수와 두 번째로 작은 네 자리 수를 만듭니다.

② 만든 두 수를 각각 시계 반대 방향으로 180°만큼 돌렸을 때 생기는 수를 구합니다.

③ ②에서 생긴 수 중에서 더 큰 수를 구합니다.

[서술형 가이드] 네 자리 수를 시계 반대 방향으로 180°만큼 돌렸을 때의 모양을 알고 네 자리 수의 크기 비교를 할 수 있어야 합니다.

채점기준		
풀이 과정을 바르게 쓰고 답을 구함.	상
답은 맞았지만 풀이 과정이 미흡함.	중
풀이 과정과 답이 모두 틀림.	하

실력 평가

104~107쪽

1 9, 2 **2** ㉣

3 ㉡ **4**

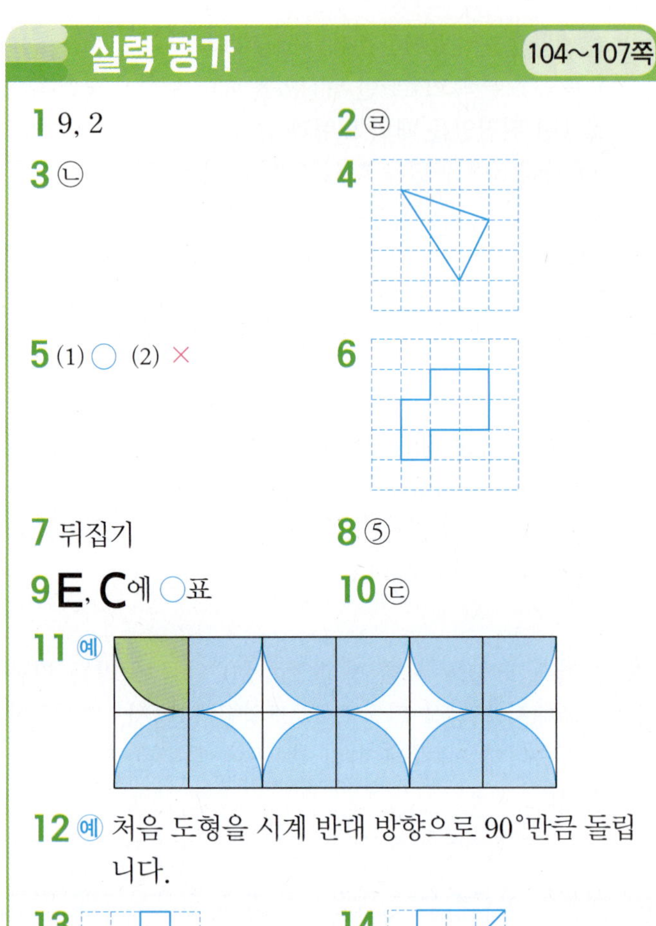

5 (1) ○ (2) ✕ **6**

7 뒤집기 **8** ⑤

9 E, C에 ○표 **10** ㉢

11 예

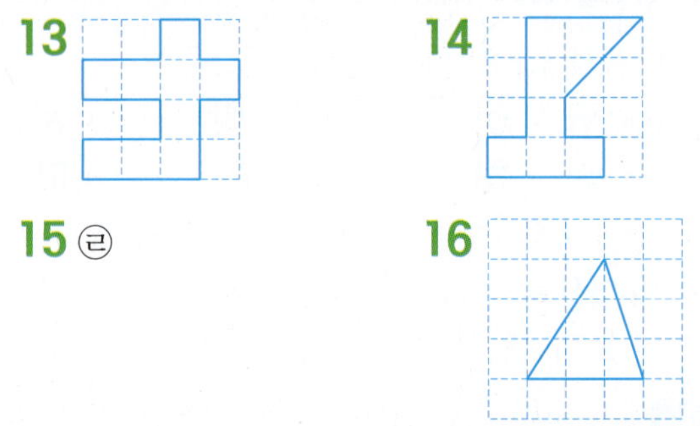

12 예 처음 도형을 시계 반대 방향으로 90°만큼 돌립니다.

13 **14**

15 ㉣ **16**

17 예 처음 도형을 위쪽으로 뒤집고 시계 방향으로 90°만큼 돌립니다.

18

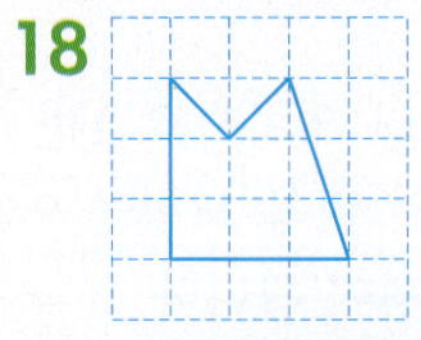

19 예

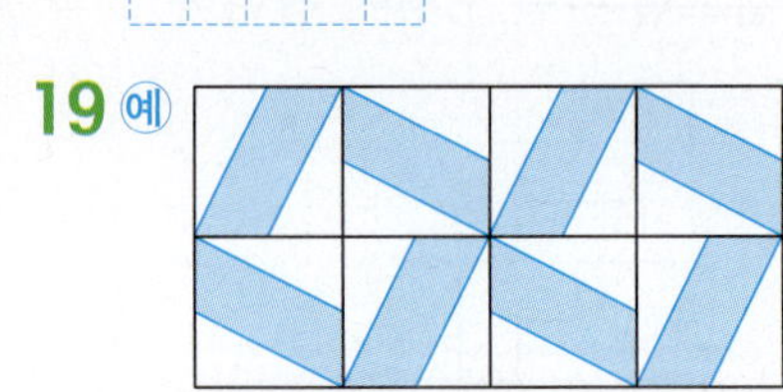

; 예 주어진 모양을 시계 방향으로 90°만큼 돌리는 것을 반복해서 모양을 만들고 그 모양을 오른쪽으로 밀어서 무늬를 만들었습니다.

20 349

1 점 ㉮가 오른쪽으로 **9 cm**, 아래쪽으로 **2 cm** 이동하면 점 ㉯에 도착합니다.

2 도형을 왼쪽으로 뒤집으면 오른쪽과 왼쪽이 서로 바뀝니다.

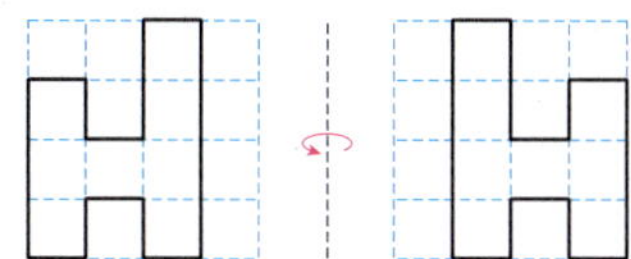

3 도형을 시계 방향으로 90°만큼 돌리면 위쪽 부분이 오른쪽으로 바뀝니다.

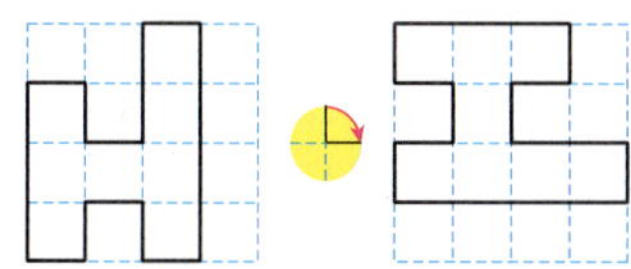

4 도형을 시계 반대 방향으로 180°만큼 돌리면 위쪽 부분이 아래쪽으로 바뀝니다.

5 ⑵ 도형을 시계 방향으로 360°만큼 돌렸을 때의 도형은 처음 도형과 같습니다.

6 도형을 아래쪽으로 2번 뒤집으면 처음 도형과 같아집니다.
> 참고 도형을 같은 방향으로 짝수 번 뒤집으면 처음 도형과 같아집니다.

7 호수에 비친 모습은 원래 모습을 아래쪽으로 **뒤집은** 것과 같습니다.
> 참고 도장 찍기, 거울에 비추기 등에서 찾을 수 있는 이동 방법은 뒤집기입니다.

8 왼쪽 그림에서 가장 위에 있던 수민이는 시계 방향으로 180°만큼 돌면 가장 아래로 내려갑니다.

9 위쪽으로 뒤집었을 때의 모양이 처음과 같은 알파벳은 **E**와 **C**입니다.

10 화살표 끝이 있는 위치가 같으면 돌렸을 때의 도형이 같습니다.

© 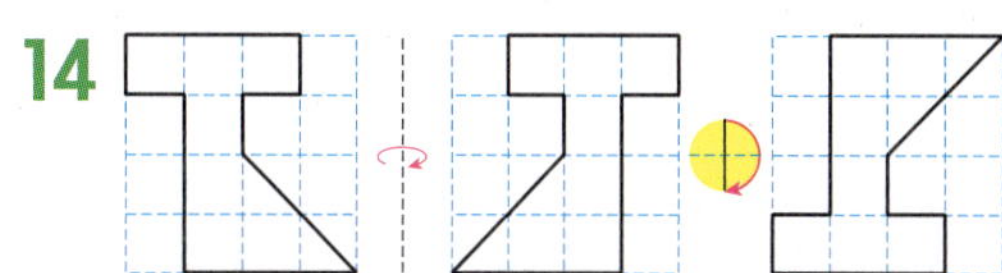

11 ▨ 모양을 뒤집는 방향에 따라 다양한 무늬를 만들 수 있습니다.

12 위쪽 부분이 왼쪽으로 바뀌었으므로 시계 반대 방향으로 90°만큼 돌리거나 시계 방향으로 270°만큼 돌린 것입니다.

> 서술형 가이드 평면도형 돌리기를 이해하고 이동 방법을 설명할 수 있어야 합니다.

채점기준		
도형의 이동 방법을 바르게 설명함.	상
도형의 이동 방법을 설명했으나 미흡함.	중
도형의 이동 방법을 설명하지 못함.	하

> 참고 • 같은 도형이 되는 돌리기

13 처음 도형은 거꾸로 아래쪽으로 뒤집었을 때의 도형과 같습니다.

14 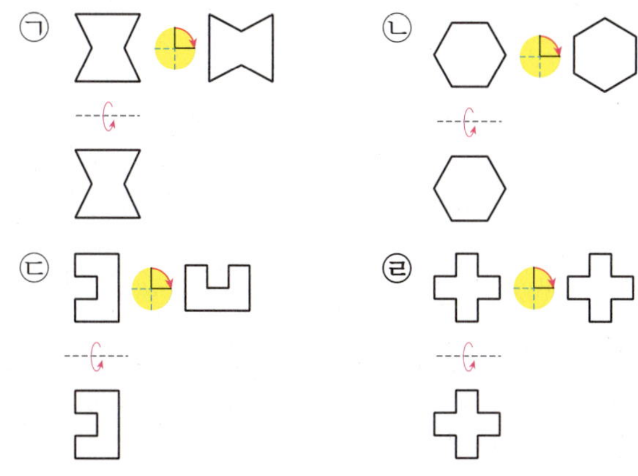

15 생각 열기 도형을 각각 아래쪽으로 뒤집었을 때의 도형과 시계 방향으로 90°만큼 돌렸을 때의 도형을 비교합니다.

16 아래쪽으로 3번 뒤집었을 때의 도형은 아래쪽으로
1번 뒤집었을 때의 도형과 같습니다.

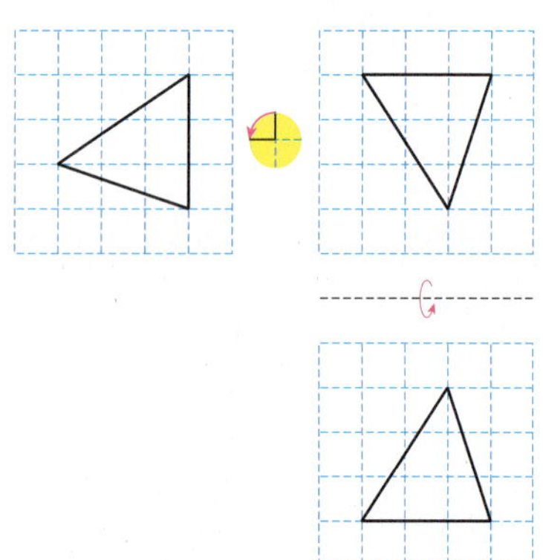

17

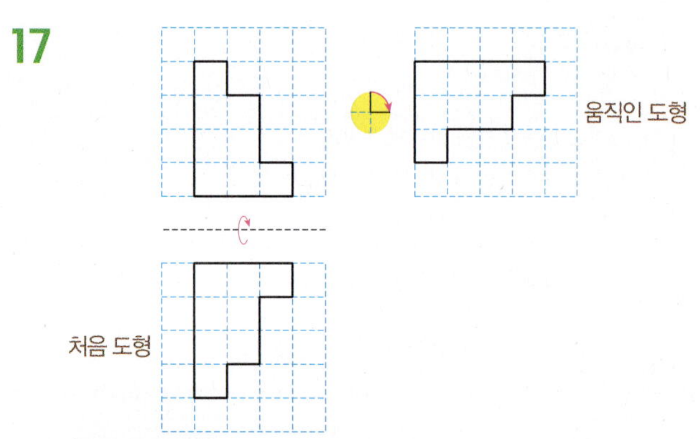

서술형 가이드 평면도형 밀기, 뒤집기, 돌리기를 이해하
고 도형의 이동 방법을 설명할 수 있어야 합니다.

채점기준		
도형의 이동 방법을 바르게 설명함.	상
도형의 이동 방법을 설명했으나 미흡함.	중
도형의 이동 방법을 설명하지 못함.	하

18 거꾸로 생각하여 움직인 도형을 오른쪽으로 뒤집고 시
계 방향으로 270°만큼 돌립니다.

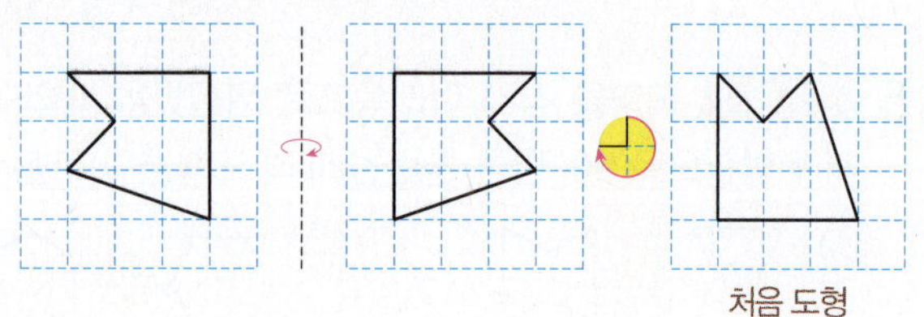

19 여러 가지 방법으로 규칙적인 무늬를 만들어 봅니다.

서술형 가이드 밀기, 뒤집기, 돌리기를 이용하여 규칙적인
무늬를 만들고 만든 방법을 설명할 수 있어야 합니다.

채점기준		
규칙적인 무늬를 만들고 만든 방법을 바르게 설명함.	상
규칙적인 무늬를 만들고 만든 방법을 설명했으나 미흡함.	중
규칙적인 무늬를 만들지 못함.	하

20 해법 순서

① 수 카드를 한 번씩 사용하여 가장 큰 세 자리 수와 가장
  작은 세 자리 수를 만듭니다.
② 만든 두 수를 각각 오른쪽으로 뒤집은 수를 구합니다.
③ ②에서 구한 두 수의 차를 구합니다.

가장 큰 수: **521**, 가장 작은 수: **102**
오른쪽으로 뒤집은 수: **152**, **501**
⇨ 차: $501 - 152 = $ **349**

창의 사고력 108쪽

❶ 3시

❷ 예

; 예 • ⑧번 조각을 놓고 ⑪번 조각을 ⑧번 조각
   의 오른쪽에 밀어 '너'를 만듭니다.
  • ③번 조각을 시계 방향으로 180°만큼 돌
   린 다음 ③번 조각의 밑으로 ⑥번 조각을
   밀어 '구'를 만듭니다.
  • ⑫번 조각을 놓고 ②번 조각을 ⑫번 조각
   의 오른쪽에 밀어 '리'를 만듭니다.

❶ 물구나무를 서면 숫자가 시계 방향으로 180°만큼 또
는 시계 반대 방향으로 180°만큼 돌아가게 보이므로
실제 시각은 거꾸로 시계 반대 방향으로 180°만큼 또
는 시계 방향으로 180°만큼 돌려서 알아봅니다.

지금은 2시 51분이므로 9분 후는 **3시**입니다.

❷ 펜토미노 조각을 밀기, 뒤집기, 돌리기를 이용하여
글자 '너구리'를 여러 가지 방법으로 만듭니다.

5. 막대그래프

STEP 1 기본 유형 익히기 112~115쪽

1-1 나라, 학생 수

1-2 1명

1-3 학생

1-4 표

1-5 막대그래프

2-1 8칸

2-2
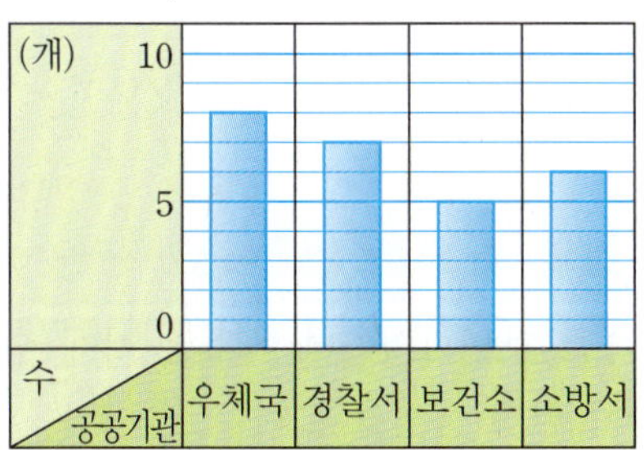

2-3

3-1  에 ◯표

3-2 우루과이

3-3 1번

3-4 새우

3-5 8명

3-6 (예) • 세 번째로 많은 학생들이 좋아하는 해산물은 새우입니다.
• 조개를 좋아하는 학생 수는 새우를 좋아하는 학생 수보다 2명 더 많습니다.

3-7 78세

3-8 (예) 1980년 기대 수명: 63세,
1990년 기대 수명: 71세
⇨ $71-63=8$(세) ; 8세

3-9 (예) 더 늘어날 것 같습니다.

4-1 8, 2, 15

4-2
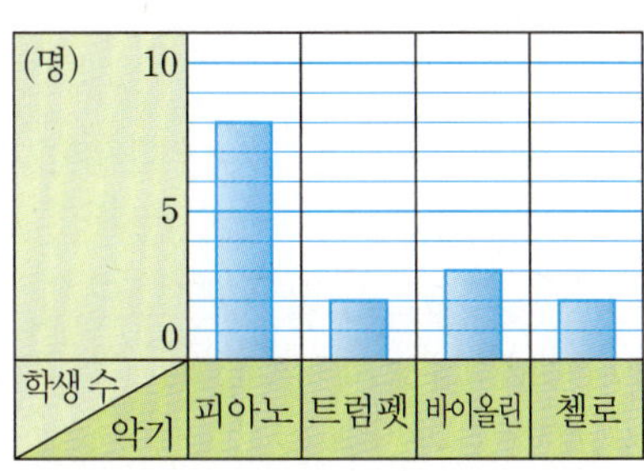

4-3 트럼펫, 첼로

4-4 바이올린

4-5 피아노 ; (예) 피아노를 배우고 싶어 하는 학생이 가장 많기 때문입니다.

1-1 생각 열기 막대그래프의 가로와 세로에 무엇이 써 있는지 알아봅니다.
막대그래프의 가로는 **나라**, 세로는 **학생 수**를 나타냅니다.

1-2 세로 눈금 5칸이 5명을 나타내므로 한 칸은 **1명**을 나타냅니다.

1-3 막대의 길이는 가 보고 싶어 하는 나라별 **학생** 수를 나타냅니다.

1-4 합계는 가 보고 싶어 하는 나라별 학생 수를 더한 값이므로 은하네 반 전체 학생 수를 알아보기에 더 편리한 것은 **표**입니다.
참고 • 표로 나타내었을 때 좋은 점
자료별 수와 자료의 합계를 쉽게 알 수 있습니다.

1-5 막대의 길이는 가 보고 싶어 하는 나라별 학생 수를 나타내므로 학생 수의 크기를 한눈에 비교하기에 더 편리한 것은 **막대그래프**입니다.
참고 • 막대그래프로 나타내었을 때 좋은 점
자료의 크기를 한눈에 쉽게 비교할 수 있습니다.

2-1 세로 눈금 한 칸이 공공기관 1개를 나타낸다면 우체국은 8개이므로 **8칸**으로 나타내어야 합니다.

2-2 세로 눈금 한 칸이 1개를 나타내므로 우체국은 8칸, 경찰서는 7칸, 보건소는 5칸, 소방서는 6칸이 되도록 막대를 그립니다.
주의 막대그래프를 그릴 때 막대가 끊어지거나 막대를 위에서부터 그리지 않도록 합니다.

2-3 가로 눈금 한 칸이 1개를 나타내므로 우체국은 8칸, 경찰서는 7칸, 보건소는 5칸, 소방서는 6칸이 되도록 막대를 그립니다.
참고 가로로 된 막대그래프로 나타낼 때 가로 눈금 한 칸이 1개를 나타낸다면 ▲개는 ▲칸으로 나타내어야 합니다.

3-1 생각 열기 막대그래프에서 막대의 길이를 비교해 봅니다.
막대의 길이가 가장 긴 것을 찾으면 브라질이므로 부길이가 가지고 있는 공은 브라질의 공입니다.

3-2 막대의 길이가 독일보다 짧은 것을 찾습니다.
➡ 우승 횟수가 독일보다 적은 나라는 **우루과이**입니다.

3-3 생각 열기 먼저 세로 눈금 한 칸이 몇 번을 나타내는지 알아봅니다.
세로 눈금 한 칸이 1번을 나타내므로 브라질은 5번, 독일은 4번 우승했습니다. 따라서 브라질은 독일보다 $5-4=1$(**번**) 더 우승했습니다.

3-4 해법 순서
① 게를 좋아하는 학생 수를 구합니다.
② 게를 좋아하는 학생 수의 3배를 구합니다.
③ 좋아하는 학생 수가 게의 3배인 해산물을 구합니다.
게를 좋아하는 학생 수: 3명
➡ 3명의 3배: $3 \times 3 = 9$(명)
9명의 학생이 좋아하는 것은 **새우**입니다.

3-5 해법 순서
① 가장 많은 학생들이 좋아하는 해산물은 몇 명이 좋아하는지 구합니다.
② 가장 적은 학생들이 좋아하는 해산물은 몇 명이 좋아하는지 구합니다.
③ ①과 ②에서 구한 학생 수의 차를 구합니다.
가장 많은 학생들이 좋아하는 해산물은 조개로 11명, 가장 적은 학생들이 좋아하는 해산물은 게로 3명입니다.
➡ $11-3=8$(**명**)

3-6 막대그래프를 보고 알 수 있는 내용은 여러 가지가 있습니다.
서술형 가이드 막대그래프의 특징을 알고 막대그래프에서 알 수 있는 내용 2가지를 써야 합니다.

채점 기준		
막대그래프를 보고 알 수 있는 내용 2가지를 바르게 씀.	상
막대그래프를 보고 알 수 있는 내용 1가지를 바르게 씀.	중
막대그래프를 보고 알 수 있는 내용을 1가지도 쓰지 못함.	하

3-7 생각 열기 먼저 세로 눈금 한 칸이 몇 세를 나타내는지 알아봅니다.
세로 눈금 한 칸이 1세를 나타내므로 2000년의 기대 수명은 **78세**입니다.

3-8 서술형 가이드 1980년과 1990년의 기대 수명을 각각 구한 후 차를 구하는 과정이 들어가야 합니다.

채점 기준		
풀이 과정을 바르게 쓰고 답을 구함.	상
답은 맞았지만 풀이 과정이 미흡함.	중
풀이 과정과 답이 모두 틀림.	하

3-9 막대그래프를 보면 1980년 이후로 기대 수명이 점점 늘어나고 있다는 것을 알 수 있습니다.

4-1 피아노를 배우고 싶어 하는 학생은 8명, 첼로를 배우고 싶어 하는 학생은 **2명**입니다.
(합계)$=8+2+3+2=15$(명)
참고 조사한 것의 수를 세어 표로 나타낼 때 각 항목별 수의 합이 합계와 같아야 합니다.

4-2 세로 눈금 한 칸이 1명을 나타내므로 피아노는 8칸, 트럼펫은 2칸, 바이올린은 3칸, 첼로는 2칸이 되도록 막대를 그립니다.

4-3 생각 열기 수량이 같으면 막대의 길이가 같습니다.
막대의 길이가 같은 것을 찾으면 **트럼펫**과 **첼로**입니다.

4-4 막대의 길이가 첼로와 피아노 사이에 있는 것을 찾으면 **바이올린**입니다.

4-5 서술형 가이드 피아노를 배우고 싶어 학생이 가장 많다는 내용이 들어가야 합니다.

채점 기준		
답을 바르게 하고 이유를 바르게 씀.	상
답을 바르게 하고 이유를 썼으나 미흡함.	중
답을 바르게 하지 못하고 이유도 쓰지 못함.	하

STEP 2 응용 유형 익히기   116~121쪽

응용 **1** 90명

예제 **1-1** 80마리

예제 **1-2** 320마리

응용 **2** 예
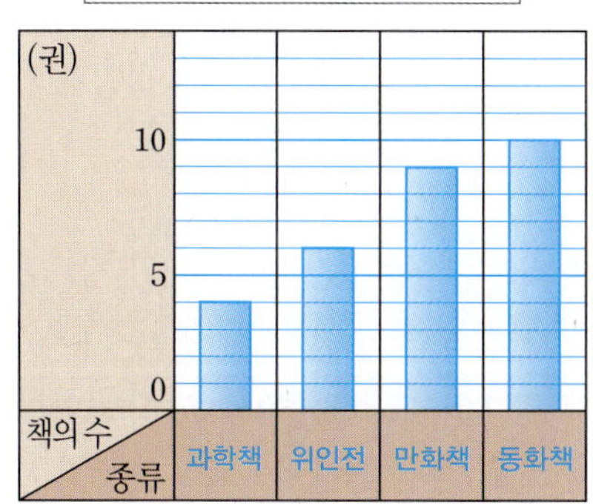

예제 **2-1** 예
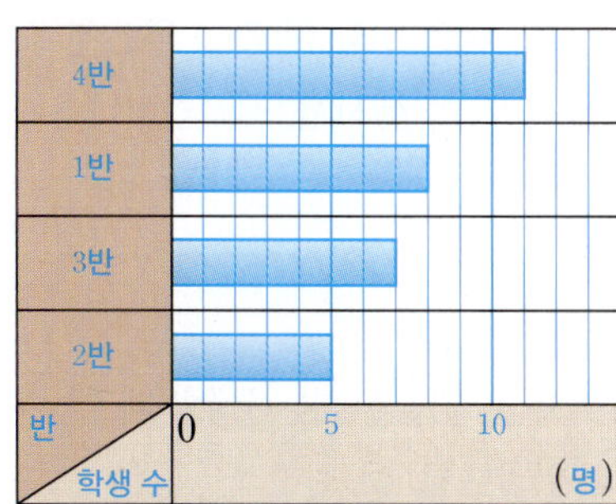

응용 **3** 14,
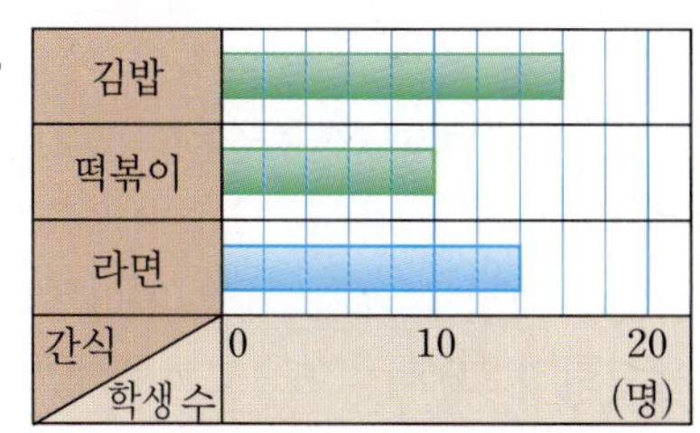

예제 **3-1** 40,
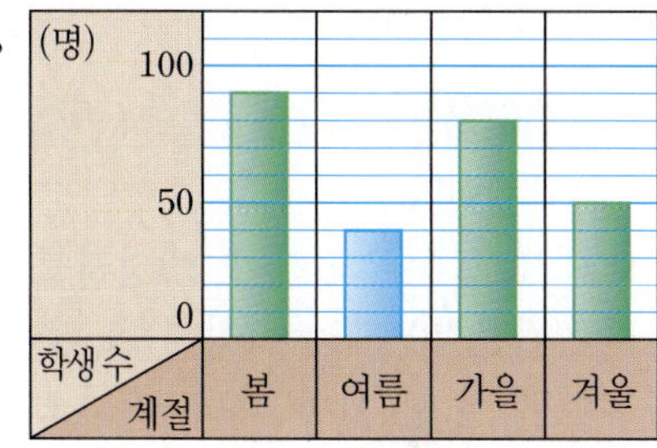

응용 **4** 1반

예제 **4-1** 과학, 20점

응용 **5** 4개

예제 **5-1** 9개

응용 **6**
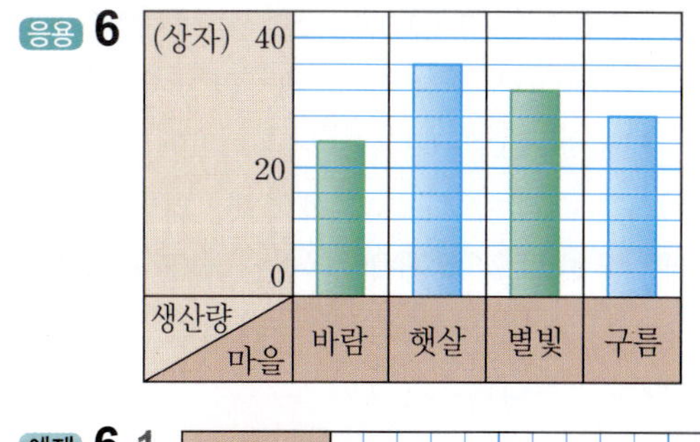

예제 **6-1**
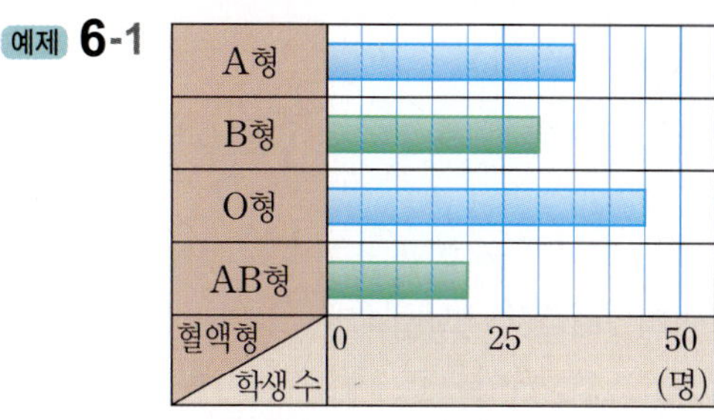

예제 **6-2**
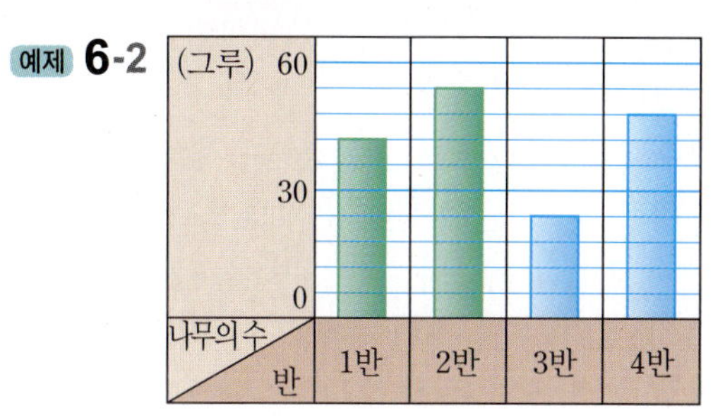

응용 **1** (1) 막대의 길이가 가장 긴 것은 귤입니다.
(2) 세로 눈금 5칸이 50명을 나타내므로
한 칸은 $50 \div 5 = 10$(**명**)을 나타냅니다.
(3) 세로 눈금 한 칸이 10명을 나타내고, 귤의
막대는 9칸이므로 $10 \times 9 = $ **90(명)**입니다.
참고 막대의 길이가 길수록 학생 수가 많습니다.

예제 **1-1** 막대의 길이가 가장 짧은 것은 소입니다.
가로 눈금 5칸이 100마리를 나타내므로 한 칸
은 $100 \div 5 = 20$(마리)를 나타냅니다.
⇨ 소의 막대는 4칸이므로 $20 \times 4 = $ **80(마리)**
입니다.

예제 **1-2** 해법 순서
① 막대그래프를 보고 가장 많이 기르는 동물과 두
번째로 적게 기르는 동물을 찾습니다.
② ①에서 찾은 동물의 수를 각각 구합니다.
③ ②에서 구한 동물의 수의 합을 구합니다.
막대의 길이가 가장 긴 것은 닭이고, 두 번째로
짧은 것은 오리입니다.
닭: $20 \times 9 = 180$(마리),
오리: $20 \times 7 = 140$(마리)
⇨ $180 + 140 = $ **320(마리)**

응용 2

(1) $4<6<9<10$이므로 책의 수가 적은 책부터 차례대로 쓰면 과학책, 위인전, 만화책, 동화책입니다.

(2) 막대그래프의 가로에 과학책, 위인전, 만화책, 동화책을 차례대로 쓰고 4칸, 6칸, 9칸, 10칸이 되도록 막대를 그립니다. 마지막에 제목을 씁니다.

예제 2-1

해법 순서

① 매일 일기를 쓴 학생 수가 많은 반부터 차례대로 씁니다.

② 매일 일기를 쓴 학생 수가 많은 반부터 차례대로 막대그래프로 나타냅니다.

$11>8>7>5$이므로 매일 일기를 쓴 학생 수가 많은 반부터 차례대로 쓰면 4반, 1반, 3반, 2반입니다.

막대그래프의 가로는 학생 수, 세로는 반을 나타내고 가로 눈금 한 칸은 1명으로 합니다. 이때 세로에 4반, 1반, 3반, 2반을 차례대로 쓰고 11칸, 8칸, 7칸, 5칸이 되도록 막대를 그립니다. 마지막에 제목을 씁니다.

참고 표에서 가장 많은 학생 수가 11명이므로 가로 눈금은 적어도 11명까지 나타낼 수 있어야 합니다.

응용 3

(1) (라면)$=40-16-10=\mathbf{14}$(명)

(2) 가로 눈금 5칸이 10명을 나타내므로 한 칸은 $10\div5=2$(명)을 나타냅니다.

(3) 가로 눈금 한 칸이 2명을 나타내므로 라면은 $14\div2=7$(칸)이 되도록 막대를 그립니다.

예제 3-1

생각 열기 먼저 합계에서 봄, 가을, 겨울을 좋아하는 학생 수를 빼서 여름을 좋아하는 학생 수를 구합니다.

(여름)$=260-90-80-50=\mathbf{40}$(명)

세로 눈금 5칸이 50명을 나타내므로 한 칸은 $50\div5=10$(명)을 나타냅니다.

여름은 $40\div10=4$(칸)이 되도록 막대를 그립니다.

응용 4

생각 열기 각 반의 남학생 수와 여학생 수를 더하면 각 반의 학생 수입니다.

(1) 1반: $9+10=19$(명),
2반: $10+7=17$(명),
3반: $6+10=16$(명),
4반: $9+9=18$(명)

(2) 학생 수가 가장 많은 반은 학생 수가 19명인 **1반**입니다.

예제 4-1

다은이와 정민이의 막대의 길이가 가장 많이 차이 나는 과목을 찾아보면 **과학**입니다.

가로 눈금 10칸이 50점을 나타내므로 한 칸은 $50\div10=5$(점)을 나타냅니다.

과학은 다은이와 정민이의 막대 길이가 가로 눈금 4칸만큼 차이 나므로 $5\times4=\mathbf{20}$(점) 차이가 납니다.

참고 다은이와 정민이의 점수가 가장 많이 차이 나는 과목은 두 사람의 막대의 길이가 가장 많이 차이 나는 과목입니다.

응용 5

(1) 세로 눈금 5칸이 10줄을 나타내므로 한 칸은 $10\div5=2$(줄)을 나타냅니다. 나 상자는 세로 눈금 3칸이므로 나 상자 한 개에 포장할 수 있는 김밥은 $2\times3=6$(줄)입니다.

(2) $24\div6=\mathbf{4}$(개)

주의 세로 눈금 한 칸을 무조건 김밥 한 줄로 생각하여 문제를 풀지 않도록 합니다.

예제 5-1

해법 순서

① 회전 컵을 한 번 운행할 때 탈 수 있는 사람 수를 구합니다.

② 회전 그네의 수를 구합니다.

회전 컵 한 개에 3명이 탈 수 있으므로 회전 컵을 한 번 운행할 때 $3\times12=36$(명)이 탈 수 있습니다.

따라서 회전 그네는 한 개에 4명씩 탈 수 있으므로 회전 그네는 $36\div4=\mathbf{9}$(개) 있습니다.

응용 6

생각 열기 먼저 세로 눈금 한 칸은 몇 상자를 나타내는지 알아봅니다.

(1) 세로 눈금 5칸이 20상자를 나타내므로 한 칸은 $20\div5=4$(상자)를 나타냅니다.

(햇살 마을)$=$(바람 마을)$+12$
$=24+12=36$(상자)

(2) (구름 마을)$=120-24-36-32$
$=28$(상자)

(3) 세로 눈금 한 칸이 4상자를 나타내므로 햇살 마을은 $36\div4=9$(칸), 구름 마을은 $28\div4=7$(칸)이 되도록 막대를 그립니다.

예제 6-1 가로 눈금 5칸이 25명을 나타내므로 한 칸은
25÷5=5(명)을 나타냅니다.
(O형)=(B형)+15=30+15=45(명),
(A형)=130-30-45-20=35(명)
가로 눈금 한 칸이 5명을 나타내므로
A형은 35÷5=7(칸), O형은 45÷5=9(칸)
이 되도록 막대를 그립니다.

> **참고** A형, B형, O형, AB형인 학생 수의 합이 조사한 전체 학생 수입니다.

예제 6-2 세로 눈금 5칸이 30그루를 나타내므로 한 칸은
30÷5=6(그루)를 나타냅니다.
(3반과 4반이 심은 나무의 수의 합)
=168-42-54=72(그루)
3반이 심은 나무의 수를 □그루라 하면
□+□×2=72, □×3=72, □=24입니다.
⇨ 3반은 24그루 심었고,
　4반은 24×2=48(그루)를 심었습니다.
세로 눈금 한 칸이 6그루를 나타내므로 3반은
24÷6=4(칸), 4반은 48÷6=8(칸)이 되도록
막대를 그립니다.

③ STEP 응용 유형 뛰어넘기　122~127쪽

1 4, 8, 2, 10, 24

2 예

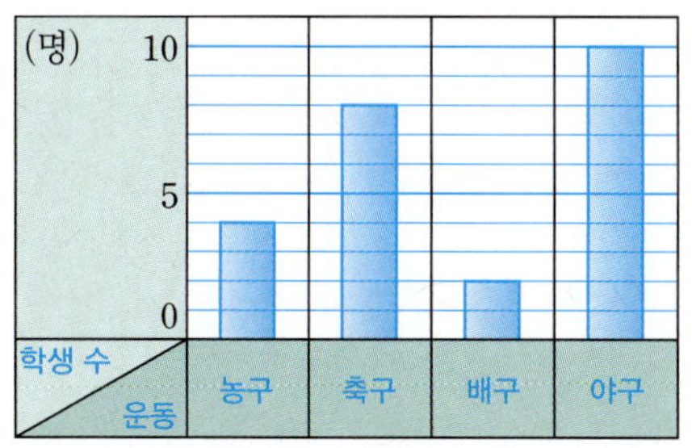

3 예 세로 눈금 한 칸이 2명을 나타내는 막대그래프
로 나타내면 축구를 좋아하는 학생은 8명이므
로 막대는 8÷2=4(칸)으로 그려야 합니다.
; 4칸

4 ㉢

5 10개

6 아니요 ; 예 막대그래프는 마을별 학교 수를 나타
낸 것이므로 마을의 넓이를 알 수 없기 때문입니다.

7 6명

8 35점

9 예 각 반에서 그리기 대회에 참가한 학생 수를 구
하면 다음과 같습니다.
1반: 6+7=13(명), 2반: 7+8=15(명),
3반: 8+3=11(명), 4반: 6+6=12(명),
5반: 5+5=10(명)
⇨ 15>13>12>11>10이므로 2반, 1반, 4반,
3반, 5반입니다.
; 2반, 1반, 4반, 3반, 5반

10 3명　　　　　　**11** 420개

12 12개　　　　　　**13** 민범, 60분

14 56명　　　　　　**15** 볼펜, 400원

1 운동별로 / 또는 ○ 표시를 하면서 세어 봅니다.

> **주의** 두 번 세거나 빠뜨리고 세지 않도록 주의합니다.

2 막대그래프의 가로는 운동, 세로는 학생 수를 나타냅
니다. 세로 눈금 한 칸이 1명을 나타내므로 농구는 4칸,
축구는 8칸, 배구는 2칸, 야구는 10칸이 되도록 막대
를 그립니다. 마지막에 제목을 씁니다.

> **참고** ・막대그래프로 나타내는 방법
> ① 가로와 세로 중 어느 쪽에 조사한 수를 나타낼 것인지 정
> 합니다.
> ② 눈금 한 칸의 크기를 정하고, 조사한 수 중 가장 큰 수를
> 나타낼 수 있도록 눈금의 수를 정합니다.
> ③ 조사한 수에 맞도록 막대를 그립니다.
> ④ 막대그래프에 알맞은 제목을 씁니다.

3 서술형 가이드 축구를 좋아하는 학생 수를 세로 눈금 한
칸의 크기 2명으로 나누는 과정이 들어가야 합니다.

채점기준	풀이 과정을 바르게 쓰고 답을 구함.	상
	답은 맞았지만 풀이 과정이 미흡함.	중
	풀이 과정과 답이 모두 틀림.	하

4 ㉠ 막대의 길이가 가장 긴 꽃은 장미입니다.
㉡ 막대의 길이가 가장 짧은 꽃은 국화입니다.
㉢ 국화를 좋아하는 학생 수가 2명이므로 좋아하는
학생 수가 2×2=4(명)인 꽃을 찾으면 백합입니다.

5 가로 눈금 5칸이 학교 10개를 나타내므로 한 칸은
10÷5=2(개)를 나타냅니다.
초록 마을: 6개, 깨끗 마을: 16개, 신선 마을: 8개
⇨ 상큼 마을: 40-6-16-8=**10(개)**

6 서술형 가이드 주어진 막대그래프를 통해 알 수 있는 것을 이해하고 지수네 고장에서 깨끗 마을이 가장 넓다고 할 수 없는 이유를 써야 합니다.

채점기준		
답을 바르게 하고 이유를 바르게 씀.	상
답을 바르게 하고 이유를 썼으나 미흡함.	중
답을 바르게 하지 못하고 이유도 쓰지 못함.	하

7 여름에 태어난 학생 수가 8명이므로 겨울에 태어난 학생 수는 $8+2=10$(명)입니다.
$10>8>6>4$이므로 태어난 학생 수가 가장 많은 계절과 가장 적은 계절의 학생 수의 차는 $10-4=\boldsymbol{6}$(명)입니다.

8 생각 열기 (걸린 고리의 수)
　　　　　$=$(던진 고리의 수)$-$(걸리지 않은 고리의 수)
점수가 가장 높은 사람은 걸린 고리가 가장 많은 사람입니다.
막대그래프는 학생별 걸리지 않은 고리 수를 나타내므로 걸린 고리가
예성이는 $10-6=4$(개), 은정이는 $10-4=6$(개), 정훈이는 $10-3=7$(개), 소영이는 $10-5=5$(개)입니다.
⇨ $7>6>5>4$이므로 정훈이의 점수가 가장 높고
　(정훈이의 점수)$=5\times7=\boldsymbol{35}$(점)입니다.

주의 주어진 막대그래프에서 제목을 주의 깊게 보지 않아 걸린 고리의 수로 생각하여 계산하지 않도록 합니다.

9 서술형 가이드 남학생 수와 여학생 수를 더해서 각 반에서 그리기 대회에 참가한 학생 수를 구하고 학생 수의 크기를 비교하는 과정이 들어가야 합니다.

채점기준		
풀이 과정을 바르게 쓰고 답을 구함.	상
답은 맞았지만 풀이 과정이 미흡함.	중
풀이 과정과 답이 모두 틀림.	하

10 해법 순서
① 그리기 대회에 참가한 남학생 수를 구합니다.
② 그리기 대회에 참가한 여학생 수를 구합니다.
③ ①과 ②의 차를 구합니다.
그리기 대회에 참가한 남학생 수:
$6+7+8+6+5=32$(명)
그리기 대회에 참가한 여학생 수:
$7+8+3+6+5=29$(명)
⇨ $32-29=\boldsymbol{3}$(명)

다른 풀이 4반과 5반은 남학생 수와 여학생 수가 같으므로 생각하지 않고 구합니다.
(그리기 대회에 참가한 1, 2, 3반 남학생 수의 합)
$=6+7+8=21$(명)
(그리기 대회에 참가한 1, 2, 3반 여학생 수의 합)
$=7+8+3=18$(명)
⇨ $21-18=3$(명)

11 해법 순서
① 하루에 남은 과일의 양을 각각 구합니다.
② 하루에 남은 과일의 전체 양을 구합니다.
③ 일주일 동안 수확하여 판매하고 남은 과일의 양을 구합니다.
하루에 남은 양을 각각 구해 보면
(사과)$=60-30=30$(개),
(배)$=50-40=10$(개),
(감)$=40-20=20$(개)이므로 하루에 남은 과일의 전체 양은 $30+10+20=60$(개)입니다.
⇨ 일주일은 7일이므로 일주일 동안 수확하여 판매하고 남은 과일은 $60\times7=\boldsymbol{420}$(개)입니다.

12 생각 열기 먼저 가로 눈금 한 칸의 크기를 구하여 막대가 나타내는 빵의 수를 알아봅니다.
남학생이 먹은 빵의 수: $22+18+18=58$(개)
1반 여학생이 먹은 빵의 수를 $\square$개라 하면
$58=\square+24+16+6$, $58=\square+46$, $\square=\boldsymbol{12}$입니다.

13 어제와 오늘 운동한 시간의 차를 각각 구해 보면
민범: $90-30=60$(분), 승민: $100-50=50$(분), 진호: $80-40=40$(분)입니다.
따라서 운동한 시간이 가장 많이 늘어난 사람은 **민범**이고 **60분** 늘어났습니다.

14 해법 순서
① 막대의 전체 칸 수를 구합니다.
② 가로 눈금 한 칸이 몇 명을 나타내는지 구합니다.
③ 가장 많은 학생들이 체험해 보고 싶어 하는 명절의 학생 수를 구합니다.
막대의 전체 칸 수가 39칸이고 가로 눈금 한 칸이 나타내는 학생 수를 $\square$명이라 하면
(전체 학생 수)$=\square\times39$입니다.
$\square\times39=156$, $\square=4$
막대의 길이가 가장 긴 것을 찾으면 추수 감사절입니다.
⇨ $\square\times14=4\times14=\boldsymbol{56}$(명)

15 연필을 사는 데 쓴 용돈을 □원이라 하면
□+□+400=3600, □+□=3200, □=1600입
니다.
연필 4자루가 1600원이므로 한 자루는 400원입니다.
볼펜 3자루가 2400원이므로 한 자루는 800원입니다.
따라서 **볼펜**이 연필보다 800−400=**400(원)** 더 비
쌉니다.

실력 평가 128~131쪽

1 채소, 학생 수

2 4명

3 3 L

4
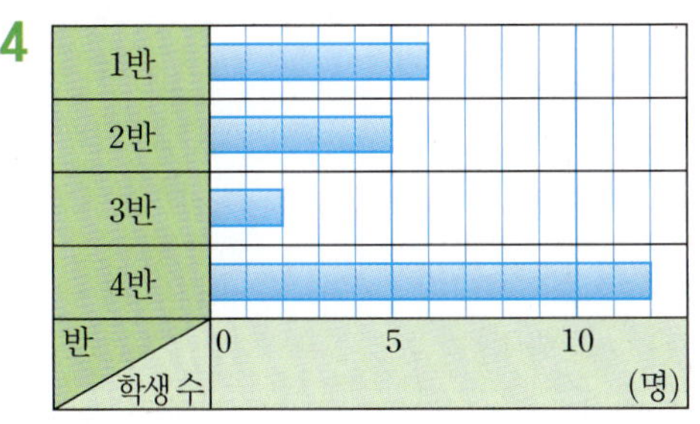

5 고양이, 햄스터, 강아지

6
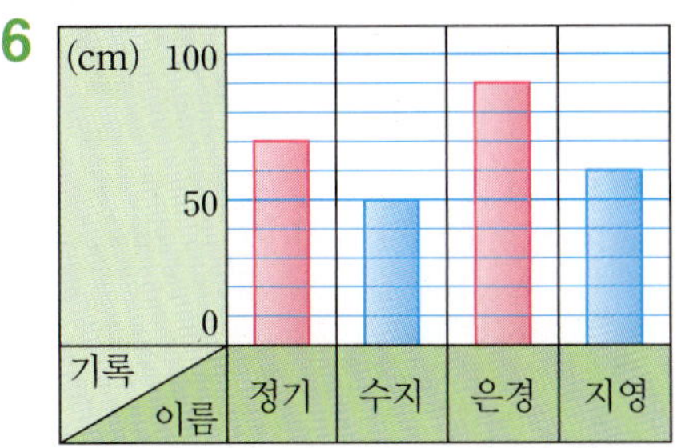

7 70, 90

8 예 • 뛴 거리가 가장 긴 사람: 은경(90 cm)
 • 뛴 거리가 가장 짧은 사람: 수지(50 cm)
 ⇨ 90−50=40(cm)
 ; 40 cm

9 8

10
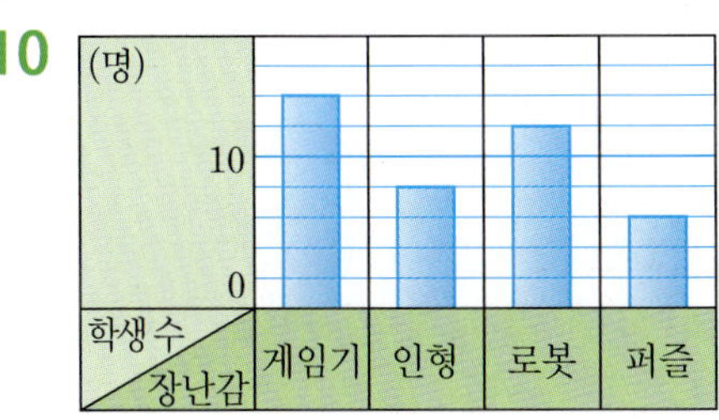

11 예 • 가장 많은 학생들이 좋아하는 장난감은 게
임기입니다.
 • 인형을 좋아하는 학생 수는 퍼즐을 좋아하
는 학생 수보다 2명 더 많습니다.

12
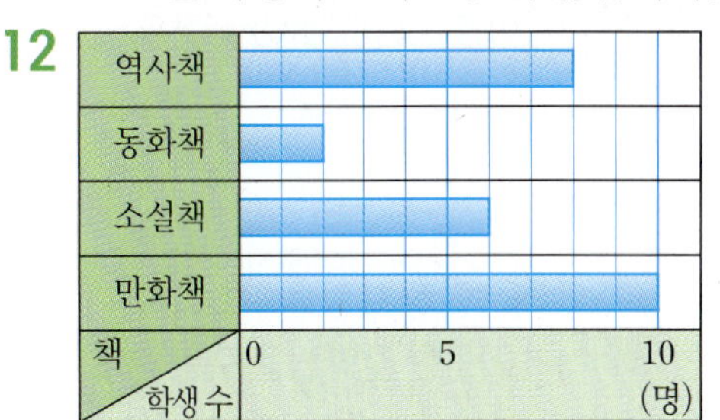

13
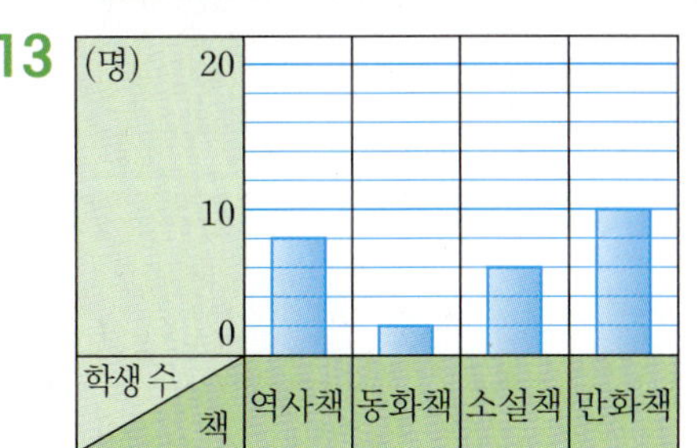

14 O형

15 A형

16
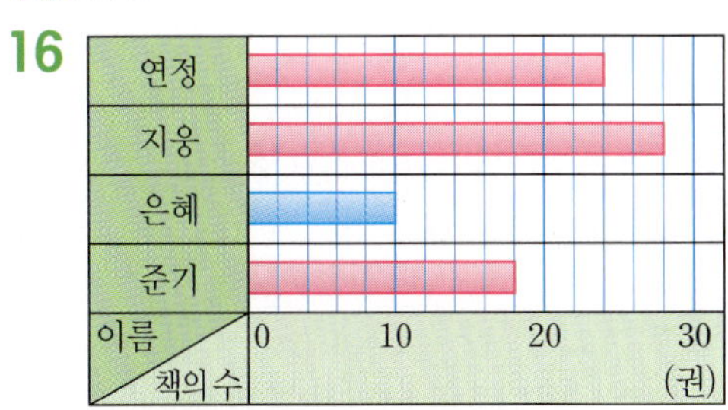

17
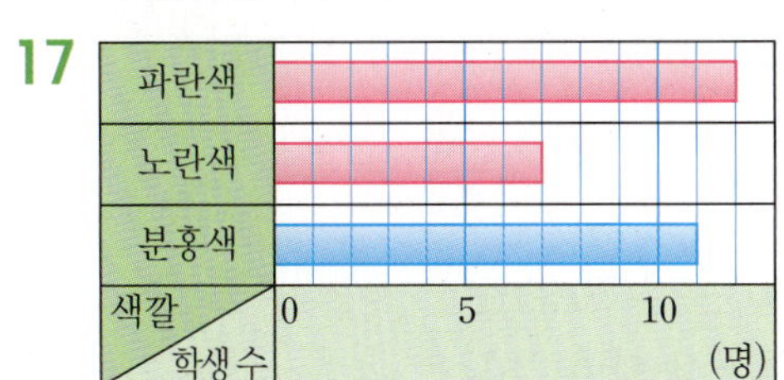

18 예 과일의 막대의 길이는 7칸이므로 세로 눈금
한 칸이 70÷7=10(명)을 나타냅니다.
따라서 라면의 막대의 길이는 4칸이므로
10×4=40(명)입니다. ; 40명

19 1명

20
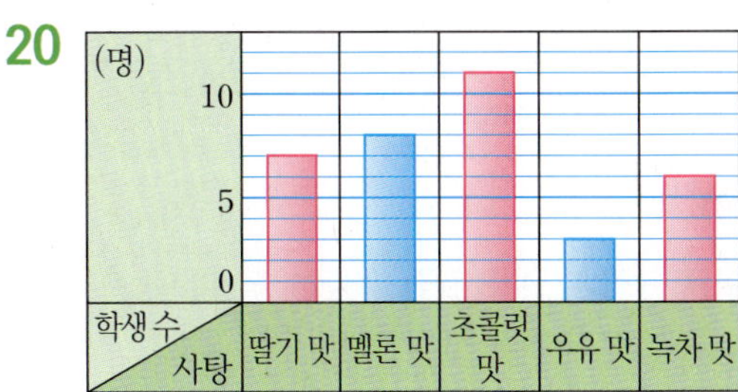

1 막대그래프의 가로는 **채소**, 세로는 **학생 수**를 나타냅니다.

2 세로 눈금 한 칸이 1명을 나타내고 오이는 4칸이므로 **4명**입니다.

3 해법 순서
① 하루 동안 연주가 사용한 물의 양을 구합니다.
② 하루 동안 희완이가 사용한 물의 양을 구합니다.
③ 연주는 희완이보다 물을 몇 L 더 사용했는지 구합니다.
연주가 사용한 물의 양은 6 L이고, 희완이가 사용한 물의 양은 3 L입니다.
➡ $6-3=$ **3**(L)

4 가로 눈금 한 칸이 1명을 나타내므로 1반은 6칸, 2반은 5칸, 3반은 2칸, 4반은 12칸이 되도록 막대를 그립니다.
참고 막대그래프를 그릴 때에는 막대의 너비, 막대와 막대 사이의 간격을 일정하게 그립니다.

5 막대의 길이가 긴 것부터 차례대로 씁니다.
➡ **고양이, 햄스터, 강아지**

6 세로 눈금 5칸이 50 cm를 나타내므로 한 칸은 $50\div5=10$(cm)를 나타냅니다. 수지는 5칸, 지영이는 6칸이 되도록 막대를 그립니다.

7 (정기)$=10\times7=$ **70**(cm)
(은경)$=10\times9=$ **90**(cm)

8 서술형 가이드 뛴 거리가 가장 긴 사람과 가장 짧은 사람의 기록을 각각 구한 후 차를 구하는 과정이 들어가야 합니다.

채점기준		
풀이 과정을 바르게 쓰고 답을 구함.	상
답은 맞았지만 풀이 과정이 미흡함.	중
풀이 과정과 답이 모두 틀림.	하

9 (인형을 좋아하는 학생 수)
$=40-14-12-6=8$(명)
참고 각 항목별 수의 합은 합계와 같습니다.

10 세로 눈금 5칸이 10명을 나타내므로 한 칸은 $10\div5=2$(명)을 나타냅니다.
따라서 게임기는 7칸, 인형은 4칸, 로봇은 6칸, 퍼즐은 3칸이 되도록 막대를 그립니다.
주의 세로 눈금 한 칸이 1명을 나타낸다고 생각하고 막대를 그리지 않도록 주의합니다.

11 로봇을 좋아하는 학생 수는 퍼즐을 좋아하는 학생 수의 2배입니다. 등도 답이 될 수 있습니다.
서술형 가이드 막대그래프의 특징을 알고 막대그래프에서 알 수 있는 내용 2가지를 써야 합니다.

채점기준		
막대그래프를 보고 알 수 있는 내용 2가지를 바르게 씀.	상
막대그래프를 보고 알 수 있는 내용 1가지를 바르게 씀.	중
막대그래프를 보고 알 수 있는 내용을 1가지도 쓰지 못함.	하

12 가로 눈금 한 칸이 1명을 나타내므로 조사한 수에 맞도록 막대를 가로로 그립니다.

13 역사책: $8\div2=4$(칸), 동화책: $2\div2=1$(칸),
소설책: $6\div2=3$(칸), 만화책: $10\div2=5$(칸)

14 AB형의 학생 수: 3명
➡ 3명의 2배: $3\times2=6$(명)
학생 수가 6명인 혈액형은 **O형**입니다.

15 막대의 길이가 O형과 B형 사이에 있는 것을 찾으면 **A형**입니다.

16 생각 열기 가로 눈금 한 칸이 몇 권을 나타내는지 먼저 알아봅니다.
가로 눈금 5칸이 10권을 나타내므로 한 칸은 $10\div5=2$(권)을 나타냅니다.
연정이는 12칸인 막대이므로 24권을 읽었습니다.
(은혜)$=$(연정)$-14=24-14=10$(권)
➡ 은혜는 $10\div2=5$(칸)이 되도록 막대를 그립니다.

17 파란색: 12명, 노란색: 7명
➡ (분홍색)$=30-12-7=11$(명)
가로 눈금 한 칸이 1명을 나타내므로 11칸이 되도록 막대를 그립니다.

18 서술형 가이드 세로 눈금 한 칸이 몇 명을 나타내는지 구
한 후 라면을 좋아하는 학생 수를 구하는 과정이 들어가
야 합니다.

채점기준		
	풀이 과정을 바르게 쓰고 답을 구함.	상
	답은 맞았지만 풀이 과정이 미흡함.	중
	풀이 과정과 답이 모두 틀림.	하

19 생각 열기 각 반의 남학생 수와 여학생 수를 더해 각 반의
학생 수를 먼저 구합니다.

(1반)$=12+13=25$(명),
(2반)$=13+9=22$(명),
(3반)$=9+14=23$(명),
(4반)$=11+11=22$(명),
(5반)$=10+12=22$(명)

⇨ $25>23>22$이므로 학생 수가 가장 많은 반은
1반이고 남학생과 여학생이 $13-12=$**1(명)** 차이
납니다.

20 우유 맛 사탕을 좋아하는 학생 수는 녹차 맛 사탕을
좋아하는 학생 수의 반이므로
(우유 맛)$=$(녹차 맛)$\div2=6\div2=3$(명),
(멜론 맛)
$=35-$(딸기 맛)$-$(초콜릿 맛)$-$(우유 맛)$-$(녹차 맛)
$=35-7-11-3-6=8$(명)

⇨ 멜론 맛은 8칸, 우유 맛은 3칸이 되도록 막대를 그
립니다.

창의 사고력 132쪽

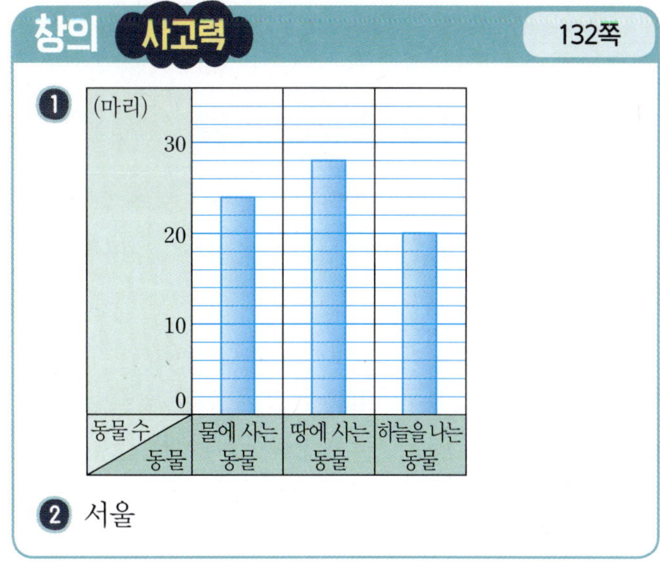

❷ 서울

❶ 생각 열기 표에서 물에 사는 동물, 땅에 사는 동물, 하늘을
나는 동물을 각각 찾아 수를 더합니다.
(물에 사는 동물의 수)$=14+10=24$(마리),
(땅에 사는 동물의 수)$=15+13=28$(마리),
(하늘을 나는 동물의 수)$=9+11=20$(마리)
세로 눈금 한 칸이 2마리를 나타내므로
물에 사는 동물은 $24\div2=12$(칸),
땅에 사는 동물은 $28\div2=14$(칸),
하늘을 나는 동물은 $20\div2=10$(칸)이 되도록 막대
를 그립니다.

❷ 생각 열기 찢어진 부분인 대전의 최고기온과 대구의 최고
기온을 먼저 구합니다.
대전의 최고기온은 $14-2=12(℃)$이고,
대구의 최고기온은 $11+5=16(℃)$입니다.
도시별 최고기온과 최저기온의 차를 각각 구해 보면 다
음과 같습니다.
(서울)$=14-5=9(℃)$,
(대전)$=12-4=8(℃)$,
(대구)$=16-9=7(℃)$,
(부산)$=11-6=5(℃)$

⇨ $9>8>7>5$이므로 최고기온과 최저기온의 차가
가장 큰 도시는 **서울**입니다.

6. 규칙 찾기

1 STEP 기본 유형 익히기 136~139쪽

1-1 100씩

1-2 예 1009부터 시작하여 ↘ 방향으로 1100씩 커집니다.

1-3

1004	1015	1026	1037	⃝1048
2004	2015	2026	⃝2037	2048
3004	3015	⃝3026	3037	3048
4004	⃝4015	4026	4037	4048
⃝5004	5015	5026	5037	5048

1-4 655 ; 예 661부터 시작하여 ← 방향으로 2씩 작아지는 규칙입니다.
따라서 ㉠에 들어갈 수는 657−2=655입니다.

2-1 5, 7, 9 ; 2

2-2 11개

2-3 ㉡

2-4

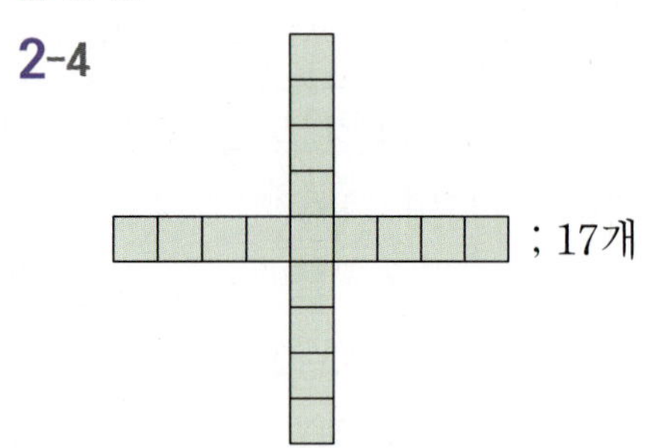
; 17개

3-1 (위에서부터) 9, 12 ; 3, 4

3-2 (위에서부터) 2, 2, 2, 9 ; 9, 18

4-1 예 10씩 커지는 수에 1씩 커지는 수를 더하면 계산 결과는 11씩 커집니다.

4-2 138, 989

4-3 690−400=290

4-4 1+2+3+4+5+6+5+4+3+2+1=36

5-1 ×

5-2 8×100009=800072

5-3 123454321

6-1 4, 1

6-2 ( )
( )
(◯)

6-3 8 ; 39−8=46−15

6-4 24+12와 59−23에 색칠 ; 24+12=59−23

1-1 1009, 1109, 1209, 1309, 1409이므로 → 방향으로 **100씩** 커집니다.

1-2 4309부터 시작하여 ↖ 방향으로 1100씩 작아진다고 할 수도 있습니다.

서술형 가이드 색칠한 수들의 규칙을 다양한 방법으로 설명할 수 있어야 합니다.

채점 기준	규칙을 바르게 설명함.	상
	규칙을 설명했으나 미흡함.	중
	규칙을 설명하지 못함.	하

1-3 5004부터 시작하여 ↗ 방향으로 989씩 작아집니다.

1-4 서술형 가이드 규칙을 찾아 ㉠에 들어갈 수를 바르게 구하고 이유를 설명해야 합니다.

채점 기준	㉠에 들어갈 수를 구하고 이유를 바르게 설명함.	상
	㉠에 들어갈 수를 구하고 이유를 설명했으나 미흡함.	중
	㉠에 들어갈 수를 구하지 못하고 이유도 설명하지 못함.	하

2-1 원의 수가 3개, **5개**, **7개**, **9개**로 **2개씩** 늘어납니다.

2-2 넷째의 원의 수보다 2개 더 많은 9+2=**11(개)**입니다.

2-3 사각형의 수가 1개, 5개, 9개, 13개로 4개씩 늘어납니다.

2-4 넷째 모양에 사각형이 왼쪽, 오른쪽, 위쪽, 아래쪽으로 각각 1개씩 늘어난 모양을 그립니다.
넷째의 사각형의 수보다 4개 더 많은
13+4=**17(개)**입니다.

3-1 구슬의 수가 한 줄(3개)씩 늘어나는 규칙입니다.

3-2 흰 돌: 2개씩 늘어나므로 다섯째 모양을 만드는 데 필요한 수를 식으로 나타내면
1+2+**2**+2+2=**9**입니다.
검은 돌: 2×1, 2×3, 2×5, 2×7이므로 다섯째 모양을 만드는 데 필요한 수를 식으로 나타내면 2×**9**=**18**입니다.

4-1
$$811+134=945$$
$$821+135=956$$
$$831+136=967$$
$$841+137=978$$
10씩   1씩   11씩
커짐.   커짐.   커짐.

[서술형 가이드] 덧셈식의 규칙을 찾아 바르게 설명해야 합니다.

채점기준		
규칙을 바르게 설명함.	상
규칙을 설명했으나 미흡함.	중
규칙을 설명하지 못함.	하

4-2 841보다 10만큼 더 큰 수에 137보다 1만큼 더 큰 수를 더하면 계산 결과는 978보다 11만큼 더 큰 수인 989가 됩니다.
따라서 다섯째에 알맞은 덧셈식은
$851+138=989$입니다.

4-3 990, 890, 790……과 100씩 작아지는 수에서 100, 200, 300……과 같이 100씩 커지는 수를 빼면 계산 결과는 200씩 작아집니다.
따라서 빈칸에 알맞은 뺄셈식은
$690-400=290$입니다.

4-4 [해법 순서]
① 덧셈식의 규칙을 찾습니다.
② ①에서 찾은 규칙에 맞게 계산한 값이 36이 나오는 덧셈식을 구합니다.
계산한 값은 덧셈식의 가운데 수를 두 번 곱한 것과 같습니다.
36은 6×6이므로 6이 가운데 오는 덧셈식을 찾으면 다섯째 덧셈식은
$1+2+3+4+5+6+5+4+3+2+1=36$입니다.

5-1 [생각 열기] 먼저 규칙을 찾아야 합니다.
55000, 44000, 33000……과 같이 11000씩 작아지는 수를 55, 44, 33……과 같이 11씩 작아지는 수로 나누면 계산 결과는 1000으로 일정합니다.
다음에 올 나눗셈식은 $11000\div11=1000$입니다.
따라서 희나의 말은 틀립니다.

5-2 8에 109, 1009, 10009……와 같이 0의 개수가 1개씩 늘어나는 수를 곱하면 계산 결과도 872, 8072, 80072……와 같이 0의 개수가 1개씩 늘어납니다.
따라서 빈칸에 알맞은 곱셈식은
$8\times100009=800072$입니다.

5-3 [해법 순서]
① 곱셈식의 규칙을 찾습니다.
② ①에서 찾은 규칙에 맞게 11111×11111의 값을 구합니다.
계산 결과는 단계가 올라갈수록 자릿수가 2개씩 늘어나고 있습니다. 가운데 오는 숫자는 그 단계의 숫자가 오게 됩니다.
규칙대로 하면 다섯째에 오는 곱셈식이므로
$11111\times11111=123454321$입니다.

6-1 저울의 왼쪽 접시에 4 g을 올리고, 오른쪽 접시에서 1 g을 내렸더니 양쪽 무게가 같아졌으므로
$5+4=10-1$입니다.

6-2
· $16+5=21$, $24-5=19$
⇨ 양쪽의 값이 다르므로 등호를 사용하여 나타낼 수 없습니다.
· $33-8=25$, $19+7=26$
⇨ 양쪽의 값이 다르므로 등호를 사용하여 나타낼 수 없습니다.
· $47+6=53$, $62-9=53$
⇨ 양쪽의 값이 같으므로 등호를 사용하여 나타낼 수 있습니다.

6-3 검은 돌이 왼쪽 접시가 오른쪽 접시보다
$46-39=7$(개) 더 적으므로 오른쪽 접시보다 7개 더 적게 덜어 내야 합니다.
⇨ $15-7=8$이므로 $39-8=46-15$입니다.

6-4 $24+12=36$, $88-45=43$, $16+31=47$, $59-23=36$이므로 등호를 사용하여 식으로 나타내면 $24+12=59-23$입니다.

2 STEP 응용 유형 익히기 140~145쪽

응용 1

4869	4870	4871	4872	4873
5869	5870	5871	5872	5873
6869	6870	6871	6872	6873
7869	7870	7871	7872	7873
8869	8870	8871	8872	8873

예제 1-1 9052

응용 2 2243, 2443, 2743, 3143, 3643

예제 2-1 (1) 10780, 10980, 11180, 11380

(2) 6050

응용 3 49개

예제 3-1 36개

예제 3-2 7개

응용 4 1300+1300−1450=1150

예제 4-1 (1)

순서	계산식
첫째	$1 \times 9 = \boxed{10} - 1$
둘째	$12 \times 9 = \boxed{110} - 2$
셋째	$123 \times 9 = \boxed{1110} - 3$
넷째	$1234 \times 9 = \boxed{11110} - 4$
다섯째	$12345 \times 9 = \boxed{111110} - 5$

(2) $12345678 \times 9 = 111111110 - 8$

응용 5 43번

예제 5-1 460번

응용 6

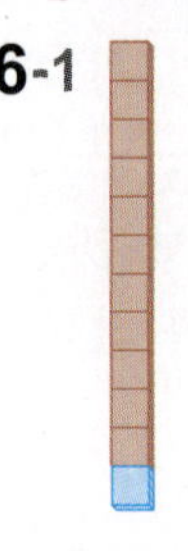

예제 6-1

응용 1 (1) 8873부터 시작하여 1001씩 작아지는 수는 ↖ 방향입니다.

(2) 8873, 7872, 6871, 5870, 4869가 있는 각 칸을 색칠합니다.

예제 1-1 4552부터 시작하여 900씩 커지는 수는 ↗ 방향이므로 4552, 5452, 6352, 7252, 8152, 9052입니다. 따라서 각 칸을 색칠했을 때 가장 큰 수는 **9052**입니다.

4052	4152	4252	4352	4452	4552
5052	5152	5252	5352	5452	5552
6052	6152	6252	6352	6452	6552
7052	7152	7252	7352	7452	7552
8052	8152	8252	8352	8452	8552
9052	9152	9252	9352	9452	9552

└ 가장 큰 수

응용 2 (1) 빨간색 점선 위의 수들은 19부터 시작하여 ↓ 방향으로 100, 200, 300, 400, 500씩 커집니다.

(2) $2143 + 100 = \mathbf{2243}$, $2243 + 200 = \mathbf{2443}$, $2443 + 300 = \mathbf{2743}$, $2743 + 400 = \mathbf{3143}$, $3143 + 500 = \mathbf{3643}$

예제 2-1 (1) 두 수의 곱셈의 결과를 쓰는 규칙입니다.
$100 \times 4 = 400$, $150 \times 4 = 600$이므로 파란색 점선 위의 수들은 200, 400, 600, 800, 1000입니다.

파란색 점선 위의 수들인 200, 400, 600, 800, 1000은 200부터 시작하여 ↓ 방향으로 200씩 커집니다.

파란색 점선 위의 수들과 같은 규칙으로 수 배열을 쓰면 10580−**10780**−**10980**−**11180**−**11380**입니다.

(2) 빨간색 점선 위의 수들은 150, 300, 450, 600, 750으로 150부터 시작하여 → 방향으로 150씩 커집니다.

빨간색 점선 위의 수들과 같은 규칙으로 수 배열을 쓰면
5450−5600−5750−5900−6050으로 ★에 알맞은 수는 **6050**입니다.

응용 3 (1) 삼각형의 수가 1개에서 시작하여 3개, 5개, 7개……씩 늘어납니다.

(2) 일곱째: $1+3+5+7+9+11+13 = \mathbf{49}$(개)

예제 3-1 생각 열기 도형의 배열에서 사각형의 수가 몇 개씩 늘어나는지 규칙을 찾습니다.

사각형의 수가 1개에서 시작하여 2개, 3개, 4개 ……씩 늘어납니다.

여덟째: $1+2+3+4+5+6+7+8=36$(개)

예제 3-2 해법 순서

① 도형의 배열에서 규칙을 찾아 다섯째에 알맞은 도형에서 파란색 사각형과 빨간색 사각형의 수를 각각 구합니다.

② 파란색 사각형과 빨간색 사각형의 수의 차를 구합니다.

파란색 사각형: 사각형의 수가 1개에서 시작하여 2개씩 늘어납니다.

⇨ 다섯째에 알맞은 도형에서 파란색 사각형은 $1+2+2+2+2=9$(개)입니다.

빨간색 사각형: 사각형의 수가 0개, 1개, 4개, 9개……로 1개, 3개, 5개……씩 늘어납니다.

⇨ 다섯째에 알맞은 도형에서 빨간색 사각형은 $0+1+3+5+7=16$(개)입니다.

따라서 차는 $16-9=7$(개)입니다.

응용 4

(1) 100, 300, 500……과 같이 200씩 커지는 수에 각각 700, 800, 900……과 같이 100씩 커지는 수를 더하고, 250, 450, 650……과 같이 200씩 커지는 수를 빼면 결과는 100씩 커집니다.

(2) 여섯째: $1100+1200-1250=1050$,
일곱째: $\mathbf{1300+1300-1450=1150}$

예제 4-1 먼저 계산기를 사용하여 규칙적인 계산식을 완성합니다.

1, 12, 123……과 같이 자릿수가 하나씩 늘어난 수에 각각 9를 곱하면 **10, 110, 1110**……과 같이 1이 하나씩 늘어나는 수에서 1, 2, 3……과 같이 1씩 커지는 수를 뺀 값이 나옵니다.

여섯째: $123456×9=1111110-6$,
일곱째: $1234567×9=11111110-7$,
여덟째: $\mathbf{12345678×9=111111110-8}$

응용 5

(1) 한 열씩 뒤로 갈 때마다 좌석 번호는 9씩 커집니다.

(2) E열 왼쪽에서 일곱 번째 자리는 $7+9+9+9+9=\mathbf{43}$(번)입니다.

예제 5-1 아래쪽으로 80씩 커지므로 위에서 네 번째 줄 첫 번째 사물함 번호는 $270+80=350$(번), 다섯 번째 줄 첫 번째 사물함 번호는 $350+80=430$(번)입니다.

오른쪽으로 10씩 커지므로 영주의 사물함 번호는 $430+10+10+10=\mathbf{460}$(번)입니다.

응용 6

(1) 개수가 2개에서 시작하여 2개씩 늘어나고, 위와 아래로 빨간색과 파란색이 번갈아가며 색칠됩니다.

(2) 다섯째에 알맞은 도형은 개수가 넷째보다 2개 더 많은 10개이고 위와 아래로 빨간색과 파란색이 번갈아가며 색칠됩니다.

예제 6-1 • 개수가 2개에서 시작하여 1개, 2개, 3개…… 씩 늘어납니다.

• 하늘색 도형을 중심으로 시계 방향으로 돌리기 한 것입니다.

주의 2가지 규칙이 있는 도형의 배열에서 한 가지 규칙만 찾지 않도록 주의합니다.

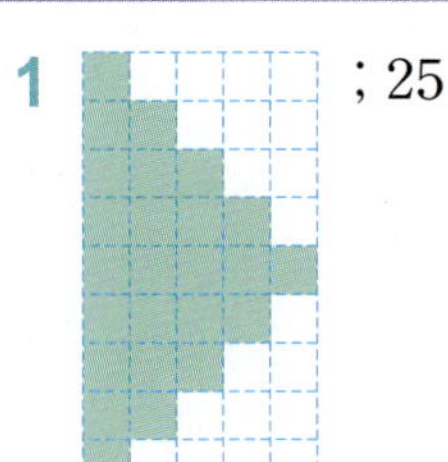

3 STEP 응용 유형 뛰어넘기　146~151쪽

1 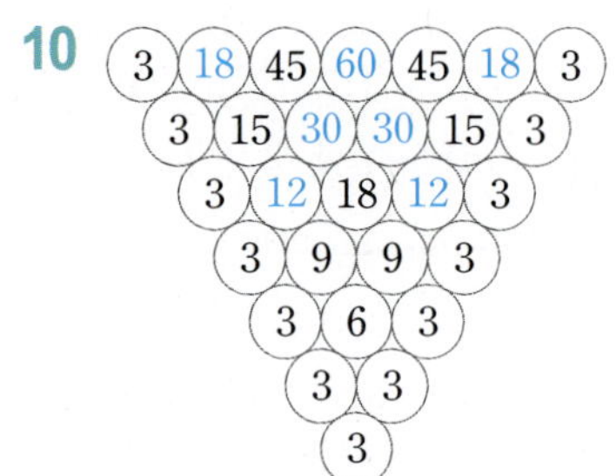 ; 25

2 예 13, 8, 3 ; 13＋8＋3＝8×3

3 3400 ; 예 앞의 두 수를 더하면 다음 수가 되는 규칙입니다.

4 36256 ; 예 86251부터 시작하여 ↗ 방향으로 9999씩 작아지는 규칙입니다. 따라서 ■에 들어갈 수는 46255보다 9999만큼 더 작은 수인 36256입니다.

5 48

6 11111111112×9＝100000000008

7 28개

8 20400÷20＝1020

9 6개

10
```
        3  18  45  60  45  18  3
          3  15  30  30  15  3
            3  12  18  12  3
              3  9   9   3
                3  6   3
                  3  3
                    3
```

11 20, 400

12 8, 24, 96, 480, 2880

13

순서	계산식
첫째	98－21＋12＝ 89
둘째	987－321＋123＝ 789
셋째	9876－4321＋1234＝ 6789
넷째	98765－54321＋12345＝ 56789

; 9876543－7654321＋1234567＝3456789

14 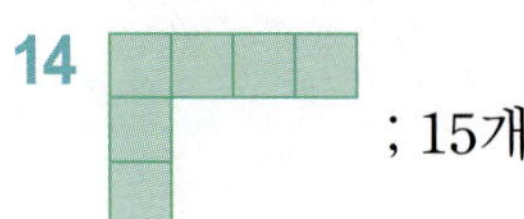 ; 15개

15 4484, 초록색

16 66개

17 예 연두색 모양은 1개, 2×2＝4(개), 3×3＝9(개), 4×4＝16(개)……이므로 여덟째에 8×8＝64(개)입니다. 한 변에 놓인 분홍색 모양은 연두색 모양보다 2개씩 많고 연두색 모양은 한 변에 8개씩 놓이므로 분홍색 모양은 한 변에 10개씩 놓입니다.
⇨ 10×4－4＝36(개)
└─ 겹치는 개수
; 36개

18 3가지

---

1 생각 열기 먼저 개수가 몇 개씩 늘어나는지 찾아 규칙을 알아봅니다.
개수가 1개에서 시작하여 3개, 5개, 7개, 9개……씩 늘어납니다.
따라서 개수는 각각 1개, 4개, 9개, 16개, **25개**입니다.

2 승강기 버튼의 수에서 여러 가지 규칙적인 계산식을 찾을 수 있습니다.
참고 ·승강기 버튼의 수에서 찾을 수 있는 규칙적인 계산식
예 1＋8＋15＝8×3
14＋9＋4＝9×3
10＋11＋12＝11×3

3 200＋300＝500, 300＋500＝800,
500＋800＝1300, 800＋1300＝2100,
1300＋2100＝**3400**
서술형 가이드 수 배열의 규칙을 알고 빈칸에 알맞은 수를 구한 다음 규칙을 바르게 설명해야 합니다.

채점 기준		
빈칸에 알맞은 수를 구하고 규칙을 바르게 설명함.	상
빈칸에 알맞은 수를 구하고 규칙을 설명했으나 미흡함.	중
빈칸에 알맞은 수를 구하지 못하고 규칙도 설명하지 못함.	하

4 서술형 가이드 수 배열표에서 규칙을 찾아 ■에 들어갈 수를 구하고 이유를 바르게 설명해야 합니다.

채점 기준		
■에 들어갈 수를 구하고 이유를 바르게 설명함.	상
■에 들어갈 수를 구하고 이유를 설명했으나 미흡함.	중
■에 들어갈 수를 구하지 못하고 이유도 설명하지 못함.	하

5 1×3＝3, 2×4＝8, 4×5＝20
⇨ 원 안에서 위쪽에 있는 수는 왼쪽과 오른쪽에 있는 수의 곱입니다.
따라서 □ 안에 알맞은 수는 8×6＝**48**입니다.

6 해법 순서

① 곱셈식의 규칙을 찾습니다.
② 열째에 알맞은 곱셈식을 구합니다.
12, 112, 1112……와 같이 1이 하나씩 늘어난 수에 9를 곱하면 결과의 0의 개수는 그 단계의 수와 같습니다.
따라서 열째 곱셈식은
$11111111112 \times 9 = 100000000008$입니다.

7 구슬의 수가 1개, 3개, 6개, 10개로 2개, 3개, 4개……씩 늘어납니다.
따라서 일곱째에는 구슬의 수가
$10 + 5 + 6 + 7 = 28$(개)입니다.

8 91800, 81600, 71400……과 같이 10200씩 작아지는 수를 90부터 10씩 작아지는 수로 나누면 계산 결과는 1020으로 같습니다.
다섯째: $51000 \div 50 = 1020$,
여섯째: $40800 \div 40 = 1020$,
일곱째: $30600 \div 30 = 1020$,
여덟째: $20400 \div 20 = 1020$

9 검은 돌의 수가 1개, 3개, 5개, 7개로 2개씩 늘어납니다.
여섯째에는 검은 돌의 수가 $7 + 2 + 2 = 11$(개)입니다.
흰 돌의 수가 0개, 1개, 2개, 3개로 1개씩 늘어납니다.
여섯째에는 흰 돌의 수가 $3 + 1 + 1 = 5$(개)입니다.
⇨ $11 - 5 = 6$(개)

10 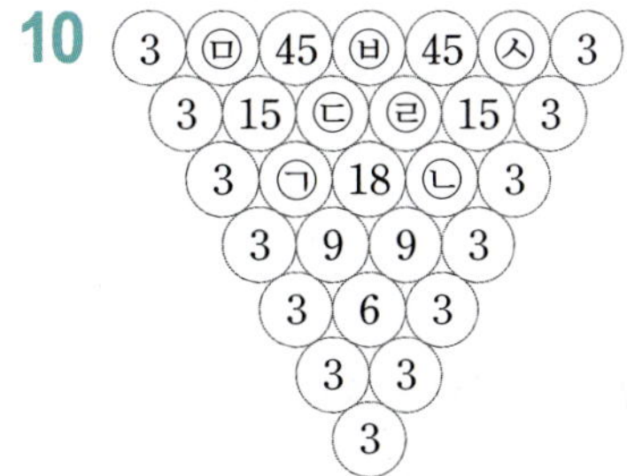

왼쪽과 오른쪽의 바깥쪽에는 3을 쓰고 안쪽에는 아래의 두 수의 합을 위에 씁니다.
$3 + 9 = ㉠ ⇨ ㉠ = 12$, $9 + 3 = ㉡ ⇨ ㉡ = 12$,
$12 + 18 = ㉢ ⇨ ㉢ = 30$, $18 + 12 = ㉣ ⇨ ㉣ = 30$,
$3 + 15 = ㉤ ⇨ ㉤ = 18$, $30 + 30 = ㉥ ⇨ ㉥ = 60$,
$15 + 3 = ㉦ ⇨ ㉦ = 18$

11

순서	식1	식2
첫째	1	1×1
둘째	$1 + 3$	2×2
셋째	$1 + 3 + 5$	3×3
넷째	$1 + 3 + 5 + 7$	4×4
⋮	⋮	⋮
20째	$1 + 3 + 5 + \cdots + 35 + 37 + 39$	20×20

연속하는 홀수의 합은 (홀수의 개수)×(홀수의 개수)입니다.
⇨ $1 + 3 + 5 + \cdots + 35 + 37 + 39 = 20 \times 20 = 400$
홀수가 20개

12 3, 6, 18, 72, 360, 2160의 규칙은 3부터 시작하여 2, 3, 4, 5, 6씩 곱한 수가 오른쪽에 있는 것입니다.
같은 규칙으로 수 배열을 쓰면
$4, 4 \times 2 = 8, 8 \times 3 = 24, 24 \times 4 = 96,$
$96 \times 5 = 480, 480 \times 6 = 2880$입니다.

13 먼저 계산기를 사용하여 규칙적인 계산식을 완성합니다. 98, 987, 9876……과 같이 자릿수가 하나씩 늘어난 수에서 21, 321, 4321……과 같이 자릿수가 하나씩 늘어난 수를 빼고 12, 123, 1234……와 같이 자릿수가 하나씩 늘어난 수를 더하면 결과는 **89, 789, 6789**……와 같이 자릿수가 하나씩 늘어납니다.
따라서 결과가 3456789가 나오는 계산식은
$9876543 - 7654321 + 1234567 = 3456789$입니다.

14 1개에서 시작하여 오른쪽으로 1개, 아래쪽으로 1개씩 번갈아가며 늘어납니다.

다섯째　　　　여섯째

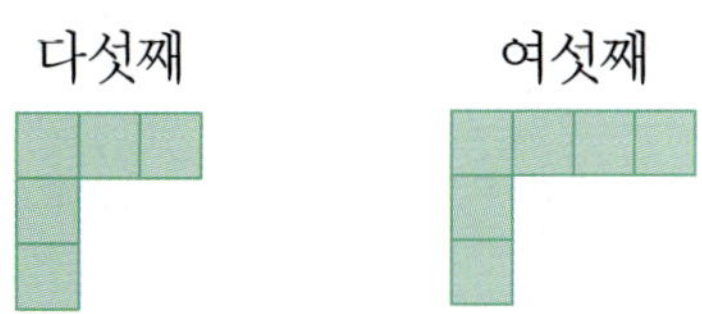

여섯째에 알맞은 도형에서 작은 사각형 1개짜리는 6개, 작은 사각형 2개짜리는 5개, 작은 사각형 3개짜리는 3개, 작은 사각형 4개짜리는 1개이므로 크고 작은 사각형은 모두 $6 + 5 + 3 + 1 = 15$(개)입니다.
주의 찾을 수 있는 크고 작은 사각형의 개수를 구할 때 빠뜨리고 세지 않도록 주의합니다.

15 생각 열기 수 배열의 규칙과 색깔의 규칙을 찾아봅니다.

2234부터 시작하여 50, 100, 150, 200……씩 커지는 수가 오른쪽에 있습니다.

$2734+250=2984$, $2984+300=3284$,
$3284+350=3634$, $3634+400=4034$,
$4034+450=4484$이므로 ㉠은 **4484**입니다.

초록색, 파란색, 파란색이 반복되므로 ㉠은 **초록색**입니다.

16 해법 순서

① 점이 1개씩 많아질 때마다 그을 수 있는 선분이 몇 개씩 늘어나는지 규칙을 찾습니다.

② 점 12개를 찍었을 때 그을 수 있는 선분의 개수를 구합니다.

점의 개수(개)	2	3	4	5	……
선분의 개수(개)	1	3	6	10	……

점이 1개씩 많아질 때마다 그을 수 있는 선분이 2개, 3개, 4개……씩 늘어나는 규칙입니다.

따라서 선민이가 점 12개를 찍었을 때 그을 수 있는 선분은 모두

$1+2+3+4+5+6+7+8+9+10+11=\mathbf{66}(개)$
입니다.

17 서술형 가이드 연두색 모양이 64개 놓인 도형에서 분홍색 모양은 한 변에 몇 개씩 놓이는지 구한 다음 분홍색 모양이 몇 개 놓이겠는지 구해야 합니다.

채점 기준	풀이 과정을 바르게 쓰고 답을 구함.	상
	답은 맞았지만 풀이 과정이 미흡함.	중
	풀이 과정과 답이 모두 틀림.	하

18 먼저 뺄셈의 계산 결과를 알아보면
$70-60=10$, $70-30=40$, $70-20=50$,
$70-10=60$, $60-30=30$, $60-20=40$,
$60-10=50$, $30-20=10$, $30-10=20$,
$20-10=10$입니다.

이 중에서 덧셈의 계산 결과로 나올 수 있는 것은 30, 40, 50입니다.

따라서 만족하는 식은 $60-30=10+20$,
$60-20=10+30$, $60-10=20+30$으로
모두 **3가지**입니다.

주의 $70-30=10+30$은 30을 두 번 사용하게 되고 $70-20=20+30$은 20을 두 번 사용하게 되므로 조건에 맞지 않습니다.

---

1 (위에서부터) 244, 322, 411, 533

2 경수

3 (1) 6024 (2) 324

4 (1) 예 개수가 1개에서 시작하여 2개, 3개……씩 늘어납니다.

(2)
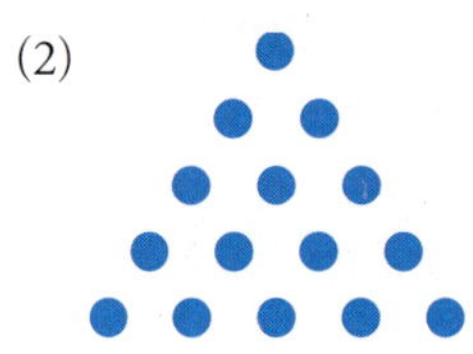

5 $800+600=1400$

6 ㉡

7 ( )
(○)
( )

8 26개

9 25 ; $48-17=56-25$

10 예 $343÷7÷7÷7=1$

11 ㉯

12 $576-542=34$

13 $1200÷10=120$

14 $20+\boxed{1}=12+\boxed{9}$

15 21, 21

16 16

17 예 → 방향으로 1씩 커집니다.

18

순서	계산식
첫째	$33×33=\boxed{1089}$
둘째	$333×333=\boxed{110889}$
셋째	$3333×3333=\boxed{11108889}$
넷째	$33333×33333=\boxed{1111088889}$

; $33333333×33333333=1111111088888889$

19 9100, 9500, 10100, 10900

; 예 돌다리에 쓰여 있는 수들은 200, 400, 600, 800씩 커집니다. 따라서 같은 규칙으로 수 배열을 쓰면 8900, 9100, 9500, 10100, 10900입니다.

20 12개

1 → 방향으로 11씩 커지고, ↓ 방향으로 100씩 커집니다.
규칙에 따라 빈칸에 수를 써넣습니다.

2 희정: 초록색 점선 위의 수들은 511부터 시작하여 → 방향으로 11씩 커집니다.

3 (1) 5024부터 시작하여 → 방향으로 100, 200, 300 ……씩 커집니다.
따라서 빈칸에 5624＋400＝**6024**를 써넣습니다.
(2) 4부터 시작하여 3씩 곱한 수가 오른쪽에 있습니다.
따라서 빈칸에 108×3＝**324**를 써넣습니다.

참고 수가 커지면 덧셈이나 곱셈을 이용한 규칙입니다.

4 (1) 서술형 가이드 도형의 배열을 보고 규칙을 찾아 바르게 설명해야 합니다.

채점기준		
도형의 배열 규칙을 바르게 설명함.	상
도형의 배열 규칙을 설명했으나 미흡함.	중
도형의 배열 규칙을 설명하지 못함.	하

(2) 넷째   다섯째

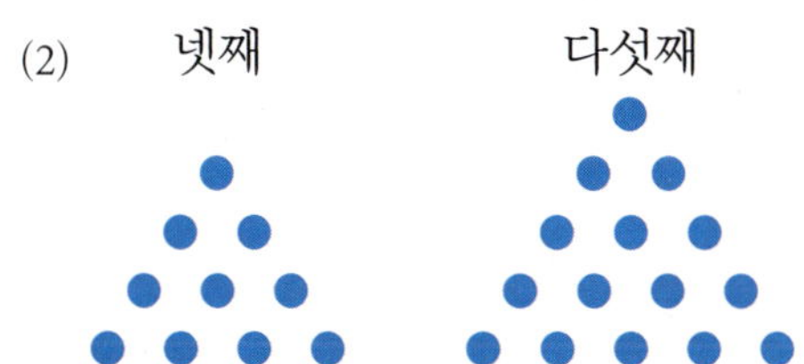

5 같은 수에 200, 300, 400, 500……과 같이 100씩 커지는 수를 더하면 계산 결과도 100씩 커집니다.
따라서 빈칸에 알맞은 덧셈식은 **800＋600＝1400**입니다.

6 해법 순서
① ㉠, ㉡, ㉢의 수 배열의 규칙을 찾습니다.
② 수 배열의 규칙이 다른 하나를 찾습니다.
㉠ → 방향으로 100씩 작아집니다.
㉡ → 방향으로 10씩 작아집니다.
㉢ → 방향으로 100씩 작아집니다.
⇨ 수 배열의 규칙이 다른 하나는 ㉡입니다.

7 • 27＋8＝35, 42－6＝36
⇨ 양쪽의 값이 다르므로 등호를 사용하여 나타낼 수 없습니다.
• 55－7＝48, 39＋9＝48
⇨ 양쪽의 값이 같으므로 등호를 사용하여 나타낼 수 있습니다.
• 68＋5＝73, 84－7＝77
⇨ 양쪽의 값이 다르므로 등호를 사용하여 나타낼 수 없습니다.

8 성냥개비의 수가 6개, 11개, 16개로 5개씩 늘어납니다.
넷째: 16＋5＝21(개), 다섯째: 21＋5＝**26**(개)

9 검은 돌이 오른쪽 접시가 왼쪽 접시보다 56－48＝8(개) 더 많으므로 왼쪽 접시보다 8개 더 많이 덜어 내야 합니다.
⇨ 17＋8＝**25**이므로 **48－17＝56－25**입니다.

10
$3 \div 3 = 1$ $\rightarrow 3 \times 1$
$9 \div 3 \div 3 = 1$ $\rightarrow 3 \times 3$
$27 \div 3 \div 3 \div 3 = 1$ $\rightarrow 3 \times 3 \times 3$

$7 \div 7 = 1$ $\rightarrow 7 \times 1$
$49 \div 7 \div 7 = 1$ $\rightarrow 7 \times 7$
$\mathbf{343} \div 7 \div 7 \div 7 = 1$ $\rightarrow 7 \times 7 \times 7$

11 ㉡: 586, 686, 786……과 같이 백의 자리 수가 1씩 커지는 수에서 285, 385, 485……와 같이 백의 자리 수가 1씩 커지는 수를 빼면 차는 301로 일정합니다.

12 ㉮: 976, 876, 776……과 같이 100씩 작아지는 수에서 142, 242, 342……와 같이 100씩 커지는 수를 빼면 계산 결과는 200씩 작아집니다.
㉮에서 다음에 올 계산식을 알아보면 676보다 100 작은 576에서 442보다 100 큰 542를 빼면 계산 결과는 234보다 200 작은 34입니다.
⇨ **576－542＝34**

13 ㉯: 6000, 4800, 3600……과 같이 1200씩 작아지는 수를 50, 40, 30……과 같이 10씩 작아지는 수로 나누면 계산 결과는 120으로 일정합니다.
㉯에서 다음에 올 계산식을 알아보면 2400보다 1200 작은 1200을 20보다 10 작은 10으로 나누면 계산 결과는 120입니다.
⇨ **1200÷10＝120**

14 20－12＝8이므로 오른쪽 □ 안의 수는 왼쪽 □ 안의 수보다 8만큼 더 커야 합니다.
1＋8＝9, 2＋8＝10, 3＋8＝11……이므로 오른쪽 □ 안에 들어갈 수 있는 수는 9뿐입니다.
⇨ **20＋1＝12＋9**

15 〔생각 열기〕 달력의 규칙을 생각해 봅니다.
아래의 수에서 7을 빼면 위의 수가 됩니다.
따라서 위의 세 수의 합은 아래의 세 수의 합에서
$7+7+7=21$을 뺀 수와 같습니다.

16 $9+15+16+17+23=80 \Rightarrow 80 \div 5 = \mathbf{16}$

17 ↓ 방향으로 8씩 커진다고 할 수도 있습니다.
〔서술형 가이드〕 좌석 번호에 나타난 수의 배열에서 찾을 수 있는 규칙을 바르게 설명해야 합니다.

채점 기준		
좌석 번호에 나타난 수의 배열에서 찾을 수 있는 규칙을 바르게 설명함.	상
좌석 번호에 나타난 수의 배열에서 찾을 수 있는 규칙을 설명했으나 미흡함.	중
좌석 번호에 나타난 수의 배열에서 찾을 수 있는 규칙을 설명하지 못함.	하

18 계산기를 사용하여 규칙적인 곱셈식을 완성하면 계산한 값은
첫째: **1089**, 둘째: **110889**, 셋째: **11108889**,
넷째: **1111088889**입니다.
계산한 값은 단계가 올라갈수록 자릿수가 2개씩 늘어나고 1의 개수와 8의 개수는 그 단계의 수와 같습니다.
1의 뒤에 0이, 8의 뒤에 9가 1개씩 나옵니다.
따라서 일곱째 곱셈식은
$33333333 \times 33333333 = \mathbf{1111111088888889}$
입니다.

19 〔서술형 가이드〕 규칙을 찾아 빈칸에 알맞은 수를 써넣고 이유를 설명해야 합니다.

채점 기준		
빈칸에 알맞은 수를 써넣고 이유를 바르게 설명함.	상
빈칸에 알맞은 수를 써넣고 이유를 설명했으나 미흡함.	중
빈칸에 알맞은 수를 써넣지 못하고 이유도 설명하지 못함.	하

20 파란색 모형: 4개에서 시작하여 2개씩 늘어납니다.
  ⇨ 열째에 알맞은 모양에서 파란색 모형은
    $2 \times 9 = 18$, $4+18 = 22$(개)입니다.
빨간색 모형: 1개에서 시작하여 1개씩 늘어납니다.
  ⇨ 열째에 알맞은 모양에서 빨간색 모형은
    $1 \times 9 = 9$, $1+9 = 10$(개)입니다.
따라서 열째에 알맞은 모양에서 파란색 모형은 빨간색 모형보다 $22-10 = \mathbf{12}$(개) 더 많습니다.

〔다른 풀이〕 파란색 모형은 빨간색 모형보다
첫째는 $4-1 = 3$(개), 둘째는 $6-2 = 4$(개),
셋째는 $8-3 = 5$(개), 넷째는 $10-4 = 6$(개) 더 많습니다.
따라서 다섯째는 7개, 여섯째는 8개, 일곱째는 9개, 여덟째는 10개, 아홉째는 11개, 열째는 12개 더 많습니다.

창의 사고력

❶

14	→	7	→	22	→	11
→	34	→	17	→	52	→
26	→	13	→	40	→	20
→	10	→	5	→	16	→
8	→	4	→	2	→	1

❷ 9번

❶ $14 \to 14 \div 2 = 7 \to 7 \times 3 = 21$, $21+1 = 22$
$\to 22 \div 2 = 11 \to 11 \times 3 = 33$, $33+1 = \mathbf{34}$
$\to 34 \div 2 = \mathbf{17} \to 17 \times 3 = 51$, $51+1 = \mathbf{52}$
$\to 52 \div 2 = \mathbf{26} \to 26 \div 2 = \mathbf{13}$
$\to 13 \times 3 = 39$, $39+1 = \mathbf{40} \to 40 \div 2 = \mathbf{20}$
$\to 20 \div 2 = \mathbf{10} \to 10 \div 2 = \mathbf{5}$
$\to 5 \times 3 = 15$, $15+1 = \mathbf{16}$
$\to 16 \div 2 = \mathbf{8} \to 8 \div 2 = \mathbf{4}$
$\to 4 \div 2 = \mathbf{2} \to 2 \div 2 = \mathbf{1}$

❷ 1번: $2 \times 2 = 4$(마리),
2번: $4 \times 2 = 8$(마리),
3번: $8 \times 2 = 16$(마리),
4번: $16 \times 2 = 32$(마리),
5번: $32 \times 2 = 64$(마리),
6번: $64 \times 2 = 128$(마리),
7번: $128 \times 2 = 256$(마리),
8번: $256 \times 2 = 512$(마리),
9번: $512 \times 2 = 1024$(마리)
⇨ 2마리로 시작하여 1024마리가 되려면 실험을 **9번** 해야 합니다.

	연산		개념		유형		시험 대비	특수 목적	
	개념+문제풀이	문제풀이	개념	개념+문제풀이	개념+문제풀이	문제풀이	문제풀이	창의 사고력	문해력
기초		계산박사	똑똑한 하루 수학	수학리더 개념 / 개념 해결의 법칙				창의력 수학 노크	
기본	연산력 수학 노크	수학리더 연산	개념클릭	수학리더 기본		수학 더 익힘			
실력		빅터연산		우등생 수학 / 수학의 힘 알파 / 수학의 힘 베타	수학리더 기본+응용 / 수학리더 응용·심화	수학리더 유형 / 유형 해결의 법칙	수학 단원평가	사고력 수학 노크	수학도 독해가 힘이다 / 독해가 힘이다 문장제 수학편
심화	창의융합 빅터연산					최고수준S / 응용 해결의 법칙			
최상위					수학리더 최상위	최고수준 / 최강 TOT	HME 수학 학력평가		

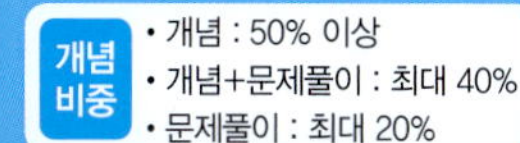

※ 월간지: Go!매쓰, New 해법수학, 해법수학 개념학습, 메릭스 수학, 해법수학 단원평가 마스터

참 잘했어요

 수학의 모든 응용 문제를 풀 정도로
실력이 성장한 것을 축하하며
이 상장을 드립니다. 

이름 _______________________

날짜 ________ 년 _____ 월 _____ 일